Probability and Statistics

一段深く理解する
確率統計

古賀弘樹 著
KOGA, Hiroki

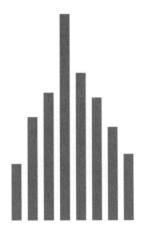

森北出版株式会社

● 本書のサポート情報を当社Webサイトに掲載する場合があります．下記のURLにアクセスし，サポートの案内をご覧ください．

https://www.morikita.co.jp/support/

● 本書の内容に関するご質問は，森北出版 出版部「(書名を明記)」係宛に書面にて，もしくは下記のe-mailアドレスまでお願いします．なお，電話でのご質問には応じかねますので，あらかじめご了承ください．

editor@morikita.co.jp

● 本書により得られた情報の使用から生じるいかなる損害についても，当社および本書の著者は責任を負わないものとします．

■ 本書に記載している製品名，商標および登録商標は，各権利者に帰属します．

■ 本書を無断で複写複製（電子化を含む）することは，著作権法上での例外を除き，禁じられています．複写される場合は，そのつど事前に（一社）出版者著作権管理機構（電話03-5244-5088, FAX03-5244-5089, e-mail：info@jcopy.or.jp）の許諾を得てください．また本書を代行業者等の第三者に依頼してスキャンやデジタル化することは，たとえ個人や家庭内での利用であっても一切認められておりません．

まえがき

　実験データやアンケートの結果などを整理するときは，確率統計の知識は欠かすことができない．たとえば，実験によって得られた測定値を，平均と分散を考慮してグラフに表すことは頻繁に行われる．また，大学の卒業論文などでは，新たに開発した方式の有用性を示すために，既存の方式と新しい方式を多くの人に試してもらった後にアンケートをとり，新しい方式の優位性を統計的に示すこともあるだろう．実験やアンケートにより得られたデータがもつ情報を，ほかの人にみせるときには，データそのものではなく，うまく処理した結果を提示しないと説得力をもたない．データのもつ情報の本質を損うことなく抽出し，いかにしてセンスよく提示するかを考えることが重要になる．

　本書は，確率論と統計学の基礎を，しっかりと身につけたい人向けの教科書である．本書では，大学1・2年次レベルの数学をもとに，確率と統計の背後にある基礎的な理論の部分を，定理などを天下り的に与えることなく，できるだけ平易に説明することを目標とした．読者に目指してほしいのは，中心極限定理などの確率論の定理や，統計における種々の推定・検定の方式について，背後に何があるのかを見極めながら，「ああ，そういうことなのか」と納得する，一段深い理解である．本書の内容が把握できれば，大学学部レベルとしては十分な確率統計の知識が身に付くと思う．

　本書では，確率論の基礎的な知識を習得した後，統計学の学習に無理なく移行できるように，統一的な視点から説明することを試みた．確率統計の基礎が本書で完結するようにトピックスを絞り，細かい式変形も丁寧に書いた．各章には理解を深めるための問いを所々に配置し，章末には「確認問題」と「演習問題」の2種類の問題をつけた．問いは，本文を読み進めながら考えてほしい問題，確認問題は，章のまとめとして，その章を学び終えたときには即答して欲しい問題である．演習問題は，理解を深め定着させるために，実際に手を動かして計算してもらうことを目的としている．

　本書を執筆するにあたり，チャレンジした部分が2つある．1つ目のチャレンジは確率空間についての記述である．確率空間は，確率とは何か，という素朴な問いに対する1つの答えを与えてくれるので，説明したい題材であるが，一方では測度論の知識がないと天下り感が否めない題材でもある．第1章では，まず標本空間が有限集合の場合に確率を定義し，その後で一般的な確率の定義を与えて確率空間を説明することにした．一部には測度論的な記述も含まれるが，細部を完全に理解する必要はなく，流れを追ってもらえればよい．2つ目のチャレンジは特性関数についての記述で

ある．独立な確率変数の和の分布を考えるときは，特性関数の議論に持ち込むのが一番わかりやすい．第6章では，確率密度関数の「裏の世界の顔」として特性関数を導入し，基本的な性質を説明した．正規分布の再生性や中心極限定理は応用上も重要であるが，これらは特性関数を用いて導出される．

確率論と統計学を統一的な視点で学ぶという本書のスタンスは，第10章の内容である順序統計量や十分統計量についての理解がしやすくなるという効果もある．第10章ではまた，クラメル-ラオの不等式の導出や最尤推定量の漸近有効性についても説明した．これらの題材は，学部生向けのほかの教科書にはほとんど記述のないものであるが，詳細を知りたい人向けに一番最後の章で補足説明をするという形をとった．発展的な内容なので，学部レベルでは第10章は興味をもった部分を読む，というスタンスで構わない．今後のさらなる学習のために，確率と統計の分野の広がりを感じてもらえれば幸いである．

逆に，本書をコンパクトにまとめるにあたって，涙を飲んで割愛した部分もある．確率論の分野では，条件付き確率分布，条件付き期待値，3変数以上の多変数正規分布，確率過程などは扱わず，統計学の分野では，適合度検定，回帰などは扱えなかった．これらの内容について知りたい場合は，他書を参照されるとよい．

今日では，統計処理を行うさまざまなソフトウェアが手軽に使えるので，データを与えれば推定や検定のプログラムがパッと動いて，なんとなく結果が出ることがよくある．しかしながら，これはかなり危険なことで，そのプログラムが内部で何をどう処理しているのか，その処理の方式は妥当であるのか，出力結果は直観と合致するのかなど，本当は考えなければならないことがたくさんあるはずである．本書がそうした実践力をつける一助となれば，筆者にとって一番の喜びである．

本書は，筑波大学理工学群工学システム学類の確率統計の講義で用いたプリントを加筆したものであり，履修した学生諸君から頂戴したコメントもいろいろな形で反映されている．また，森北出版のご担当の皆様からは，本書の内容の改善につながるたくさんのコメントをいただいた．この場をお借りして厚く御礼申し上げたい．

2017年12月

古賀　弘樹

目次

- **第1章 確率の定義とその基本的性質** … *1*
  - 1.1 標本空間と事象 … *1*
  - 1.2 標本空間が有限集合の場合の確率 … *3*
  - 1.3 標本空間が一般の場合の確率 … *5*
  - 1.4 条件付き確率 … *9*
  - 1.5 事象の独立性 … *12*
  - 章末問題 … *15*
- **第2章 離散型確率変数** … *16*
  - 2.1 確率変数の定義 … *16*
  - 2.2 離散型確率変数 … *19*
  - 2.3 代表的な離散型分布 … *22*
  - 章末問題 … *27*
- **第3章 連続型確率変数** … *29*
  - 3.1 確率密度関数 … *29*
  - 3.2 代表的な連続型分布 … *33*
  - 章末問題 … *40*
- **第4章 確率変数の独立性と平均・分散の性質** … *43*
  - 4.1 確率変数の同時確率と独立性 … *43*
  - 4.2 平均とその諸性質 … *48*
  - 4.3 分散とその諸性質 … *51*
  - 4.4 確率変数の標準化 … *53*
  - 4.5 高次モーメント … *55*
  - 4.6 共分散と相関係数 … *55*
  - 章末問題 … *58*
- **第5章 大数の弱法則,独立な確率変数の和の分布** … *60*
  - 5.1 大数の弱法則 … *60*
  - 5.2 独立な確率変数の和の分布 … *65*
  - 章末問題 … *71*
- **第6章 確率母関数・特性関数と中心極限定理** … *73*
  - 6.1 確率母関数 … *73*
  - 6.2 モーメント母関数 … *77*
  - 6.3 特性関数 … *79*
  - 6.4 中心極限定理 … *84*
  - 章末問題 … *87*

第7章　統計のための準備　　89
- 7.1　全数調査と標本調査　　89
- 7.2　統計量　　91
- 7.3　統計でよく用いられる分布　　92
- 7.4　標本平均 $\overline{X}$ の性質　　96
- 7.5　不偏分散 S^2 の性質　　97
- 章末問題　　102

第8章　推　定　　103
- 8.1　点推定　　103
- 8.2　区間推定　　108
- 章末問題　　115

第9章　検　定　　116
- 9.1　検定とは　　116
- 9.2　母平均の検定　　118
- 9.3　母分散の検定　　125
- 9.4　母比率の検定　　127
- 9.5　2つの正規母集団に関する検定　　128
- 章末問題　　130

第10章　発展的なトピックス　　132
- 10.1　順序統計量　　132
- 10.2　十分統計量　　135
- 10.3　フィッシャー情報量とクラメル-ラオの不等式　　138
- 10.4　最尤推定量の漸近有効性　　141
- 章末問題　　144

付録A　ガンマ関数とベータ関数　　146

付録B　F 分布と t 分布の確率密度関数の導出　　149
- B.1　F 分布の確率密度関数　　149
- B.2　t 分布の確率密度関数　　151
- B.3　F 分布の性質　　152

問と章末問題の解答　　154
付　表　　177
参考文献　　182
索　引　　183

Chapter 1 確率の定義とその基本的性質

本章では，確率の厳密な定義と，その定義から導かれる確率の基本的な性質について学習する．確率の定義には，中学・高校の頃から学んできた，場合の数を用いた定義（起こりうる事象が何通り，興味をもつ事象が何通りと数え上げて，それらの比として定義するやり方）と，本章で述べる，公理に基づく定義の2通りがある．後者の定義には少々難しい内容も含まれるが，細かい部分にはあまりとらわれず，「確率」を定義する3つの公理から，余事象の法則や確率の和の公式など，高校までに学んだ確率の性質が導き出されることをみてほしい．

1.1 標本空間と事象

われわれの身のまわりには，偶然に支配されていると考えられる事柄が多い．たとえば，1枚のコインを100回投げるときは，表と裏がおよそ半々の比率で出ることはわかっているが，ちょうど50回目に表か裏のどちらが出るかを正しく予見することはできない．同様に，立方体のさいころを100回振るときも，$1, 2, 3, 4, 5, 6$の目が同じくらいの比率で出ることはわかっていても，i回目に何の目が出るかを誤りなく当てることは不可能である．

コインを投げたりさいころを振ったりする場合のように，何がどのくらいの比率で起こるかということはわかっていても，起こる結果が予見できないような操作を**試行** (trial) といい，試行によって起こりうる結果全体のことを**標本空間** (sample space) という．標本空間は，通常Ωで表すことが多い．コインを1回投げて表か裏かをみる場合は$\Omega = \{表, 裏\}$であり，さいころを1回振って何の目が出るかをみる場合は$\Omega = \{1, 2, 3, 4, 5, 6\}$である．

たとえば，さいころを1回振る試行において，時と場合によって，われわれはさまざまなことに興味をもつかもしれない．出る目が1かどうか，偶数かどうか，5以上かどうか，など，興味をもつのは出る目の値そのものに限らない．このように，興味をもつ事柄のことを**事象** (event) という．事象は，数学的には標本空間Ωの任意の部分集合Aとして定義される．とくに，Aが1つのΩの要素ωからなるとき（すなわち$A = \{\omega\}$のとき），Aを**根元事象**という．さいころの場合，標本空間は

$\Omega = \{1, 2, 3, 4, 5, 6\}$ であり,根元事象には $\{1\}, \{2\}, \{3\}, \{4\}, \{5\}, \{6\}$ の 6 個がある.たとえば,出る目が 1 かどうかに興味をもつ場合は $A = \{1\}$,出る目が偶数かどうかに興味をもつ場合は $A = \{2, 4, 6\}$ を考えることになる.

ここで,余事象,和事象,積事象を定義しておこう.事象 $A \subset \Omega$ の**余事象** A^c は

$$A^c = \{\omega \in \Omega : \omega \notin A\}$$

と定義される.つまり,余事象 A^c は,A の補集合に対応する事象であり,たとえば,$\Omega = \{1, 2, 3, 4, 5, 6\}$, $A = \{2, 4, 6\}$ のとき $A^c = \{1, 3, 5\}$ である.また,2 つの事象 $A_1, A_2 \subset \Omega$ の**和事象** $A_1 \cup A_2$,**積事象** $A_1 \cap A_2$ はそれぞれ

$$A_1 \cup A_2 = \{\omega \in \Omega : \omega \in A_1 \text{ または } \omega \in A_2\}$$
$$A_1 \cap A_2 = \{\omega \in \Omega : \omega \in A_1 \text{ かつ } \omega \in A_2\}$$

と定義される.$A_1 \cap A_2 = \phi$(空集合)のとき,2 つの事象 A_1, A_2 は**排反**であるという.たとえば,$\Omega = \{1, 2, 3, 4, 5, 6\}$, $A_1 = \{1, 2\}$, $A_2 = \{2, 3, 4\}$, $A_3 = \{5, 6\}$ を考える.$A_1 \cap A_2 = \{2\}$ なので,A_1 と A_2 は排反ではない.一方,$A_1 \cap A_3 = \phi$ なので,A_1 と A_3 は排反である.また,$A_1 \cap \phi = \phi$ なので,A_1 と ϕ も排反になる.

3 個以上の事象に対しても,和事象と積事象は同様に定義される.一般に,k 個の事象 $A_1, A_2, \ldots, A_k \subset \Omega$ に対して,それらの和集合と積集合はそれぞれ

$$A_1 \cup A_2 \cup \cdots \cup A_k = \{\omega \in \Omega : \text{ある } i = 1, 2, \ldots, k \text{ が存在して } \omega \in A_i\}$$
$$A_1 \cap A_2 \cap \cdots \cap A_k = \{\omega \in \Omega : \text{すべての } i = 1, 2, \ldots, k \text{ に対して } \omega \in A_i\}$$

と定義される.$A_1 \cup A_2 \cup \cdots \cup A_k$ を $\bigcup_{i=1}^{k} A_i$ と表し,$A_1 \cap A_2 \cap \cdots \cap A_k$ を $\bigcap_{i=1}^{k} A_i$ と表す.ド・モルガンの法則から

$$\left(\bigcup_{i=1}^{k} A_i\right)^c = \bigcap_{i=1}^{k} A_i^c, \quad \left(\bigcap_{i=1}^{k} A_i\right)^c = \bigcup_{i=1}^{k} A_i^c$$

が成り立つことに注意しよう.$k = 2$ のときは,$(A_1 \cup A_2)^c = A_1^c \cap A_2^c$, $(A_1 \cap A_2)^c = A_1^c \cup A_2^c$ となる.k 個の事象 $A_1, A_2, \ldots, A_k$ が排反であるとは,すべての $i, j \in \{1, 2, \ldots, k\}$ $(i \neq j)$ に対して $A_i \cap A_j = \phi$ となることと定義する.同様に,可算無限個[†]の事象 $A_1, A_2, \ldots$ が排反であるとは,すべての整数 $i, j \geq 1$ $(i \neq j)$

[†] 正の整数全体の集合のように,1 番目の要素,2 番目の要素,…,と順番に列挙できる集合を**可算無限集合**という.可算無限集合の要素数を可算無限個という.本文で考えている無限個の事象は,$A_1, A_2, \ldots$ と添え字の順に並んでいるため,可算無限個の事象になる.

に対して $A_i \cap A_j = \phi$ を満たすことと定義する．

さらに，2 つの事象 $A_1, A_2 \subset \Omega$ の**差事象**を

$$A_1 \backslash A_2 = \{\omega \in \Omega : \omega \in A_1 \text{ かつ } \omega \notin A_2\}$$

と定義する．明らかに，$A_1 \backslash A_2 = A_1 \cap A_2^c$ である．図 1.1 に示すように，$A_1 \cup A_2$ は $A_1 \backslash A_2, A_1 \cap A_2, A_2 \backslash A_1$ の排反な 3 つの集合の和集合と考えられる．直観的には，差集合 $A_2 \backslash A_1$ は，A_1 に属する要素を A_2 から取り除いた集合と考えればよく，当然 A_1 と $A_2 \backslash A_1$ は排反になる．

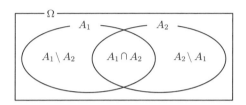

図 1.1 標本空間，和事象，積事象，差事象

1.2 標本空間が有限集合の場合の確率

本節では，Ω の要素数が有限の場合について，確率をどのように定義すべきか考える．

まず，標本空間 Ω を $\Omega = \{1, 2, \ldots, m\}$ と定義する．Ω が有限集合の場合は，Ω の「部分集合全体」の集合を書き下すことができる．Ω の部分集合全体の集合を 2^Ω と表し，**べき集合** (power set) という．たとえば，さいころを 1 回振って出る目を考える場合は $\Omega = \{1, 2, 3, 4, 5, 6\}$ であるが，2^Ω は表 1.1 に挙げる $2^6 = 64$ 個の要素からなる集合である．

表 1.1 さいころのべき集合

要素数	部分集合の数	部分集合
0	1 個	ϕ
1	6 個	$\{1\}, \{2\}, \{3\}, \{4\}, \{5\}, \{6\}$
2	15 個	$\{1,2\}, \{1,3\}, \{1,4\}, \{1,5\}, \{1,6\}, \{2,3\}, \ldots, \{5,6\}$
3	20 個	$\{1,2,3\}, \{1,2,4\}, \{1,2,5\}, \{1,2,6\}, \{1,3,6\}, \ldots, \{4,5,6\}$
4	15 個	$\{1,2,3,4\}, \{1,2,3,5\}, \{1,2,3,6\}, \{1,3,4,5\}, \ldots, \{3,4,5,6\}$
5	6 個	$\{1,2,3,4,5\}, \{1,2,3,4,6\}, \ldots, \{2,3,4,5,6\}$
6	1 個	$\{1,2,3,4,5,6\}$

■ **問 1.1** $\Omega = \{1, 2, 3\}$ のとき，べき集合 2^Ω の要素をすべて書き出せ.

■ **問 1.2** $\Omega = \{1, 2, \ldots, m\}$ であるとき，2^Ω の要素数は 2^m となることを示せ.

以下では，各 $A \in 2^\Omega$ を事象とよぶ．2^Ω は Ω のすべての部分集合をその要素としてもつ集合なので，明らかに $\Omega \in 2^\Omega$, $\phi \in 2^\Omega$ であり，任意の事象 $A \in 2^\Omega$ に対して $A^c \in 2^\Omega$ が成り立つ．また，任意の k 個の事象 $A_1, A_2, \ldots, A_k \in 2^\Omega$ に対しても，$\bigcup_{i=1}^k A_i \in 2^\Omega$, $\bigcap_{i=1}^k A_i \in 2^\Omega$ となる．すなわち，べき集合 2^Ω は，余事象をとる演算と，有限個の事象の和集合・積集合をとる演算について閉じているといえる．

事象 $A \in 2^\Omega$ の確率を $P(A)$ と書く．確率は事象ごとに定まるものであるから，確率を一般的に定義するためには，すべての $A \in 2^\Omega$ に対して，矛盾なく $P(A)$ を定めなければならない．Ω が有限集合の場合は，次の 3 条件 [F1]～[F3] が成り立つように，確率を定めることができる．なお，本書では実数全体を $\boldsymbol{R}$ で表す．

定義 1.1 Ω が有限集合の場合の確率

$P: 2^\Omega \to \boldsymbol{R}$ が次の 3 条件を満たすとき，P を確率という．

[F1] すべての $A \in 2^\Omega$ に対して，$P(A) \geq 0$.

[F2] $P(\Omega) = 1$.

[F3] 任意の 2 つの排反な事象 $A_1, A_2 \in 2^\Omega$ に対して，
$$P(A_1 \cup A_2) = P(A_1) + P(A_2)$$

まず，確率は 0 以上の実数であるから，[F1] は必ず成り立たなければならない．とくに，$A = \Omega$ の場合は全確率になるので，[F2] も必ず成り立たなければならない．[F3] もあたりまえのように思えるかもしれないが，実は非常に強力な要請になっている．[F3] は排反な 2 個の事象に関する要請であるが，[F3] から排反な k 個 ($k \geq 3$) の事象についても

$$P\left(\bigcup_{i=1}^k A_i\right) = \sum_{i=1}^k P(A_i) \tag{1.1}$$

がいえる．たとえば，$k = 3$ の場合は，A_1, A_2, A_3 を排反な事象とすれば $A_1 \cup A_2$ と A_3 も排反になるから，和事象の確率は

$$P(A_1 \cup A_2 \cup A_3) = P((A_1 \cup A_2) \cup A_3) = P(A_1 \cup A_2) + P(A_3)$$
$$= P(A_1) + P(A_2) + P(A_3)$$

と確率の和になる．最後の等号では [F3] をもう 1 度使った．この論理は k 個の排反な事象に対しても成立するので，式 (1.1) がいえるのである．

上の [F1]〜[F3] から，高校までに学んだ確率の性質が導かれる．たとえば，任意の事象 A に対して A と A^c は排反であり，$A \cup A^c = \Omega$ を満たすから，[F2] と [F3] より

$$1 = P(\Omega) = P(A \cup A^c) = P(A) + P(A^c)$$

がいえ，余事象の公式 $P(A^c) = 1 - P(A)$ が導かれる．とくに，Ω の余事象は ϕ であるから，[F2] より $P(\phi) = 0$ である．また，確率の和の公式

$$P(A_1 \cup A_2) = P(A_1) + P(A_2) - P(A_1 \cap A_2) \tag{1.2}$$

も次のように導かれる．$A_1, A_2 \in 2^{\Omega}$ を排反とは限らない任意の事象とし，$A_1 \cup A_2$ を排反な 2 つの事象 $A_1, A_2 \backslash A_1$ に分けると，[F3] より

$$P(A_1 \cup A_2) = P(A_1) + P(A_2 \backslash A_1) \tag{1.3}$$

であるが，事象 A_2 も排反な 2 つの事象 $A_1 \cap A_2, A_2 \backslash A_1$ に分けると，[F3] より $P(A_2) = P(A_1 \cap A_2) + P(A_2 \backslash A_1)$ がいえ，$P(A_2 \backslash A_1) = P(A_2) - P(A_1 \cap A_2)$ となるので，この $P(A_2 \backslash A_1)$ を式 (1.3) に代入して式 (1.2) が導かれる．

[F1]〜[F3] から導かれる別の性質をあと 1 つ挙げておく．2 つの事象 A_1, A_2 が $A_1 \subset A_2$ を満たすとき，$P(A_1) \leq P(A_2)$ がいえる（これを確率の**単調性**という）．これは，A_2 を A_1 と $A_2 \backslash A_1$ の排反な 2 つの部分集合に分割して [F3] を使うことで

$$P(A_2) = P(A_1) + P(A_2 \backslash A_1) \geq P(A_1) \tag{1.4}$$

と導かれる．最後の不等号は [F1] による．任意の事象 A は $A \subset \Omega$ を満たすので，この単調性と [F2] より $P(A) \leq P(\Omega) = 1$ も成り立つ．

実は $\Omega = \{1, 2, \ldots, m\}$ の場合には，根元事象の確率を定めることによって，すべての事象 $A \in 2^{\Omega}$ に対する確率が定まる．いま，$P(\{i\}) = p_i$ $(i = 1, 2, \ldots, m)$ とすると，任意の事象 A $(\neq \phi)$ は根元事象の和事象として書けるから，[F3] より

$$P(A) = P\left(\bigcup_{i \in A} \{i\}\right) = \sum_{i \in A} P(\{i\}) = \sum_{i \in A} p_i \tag{1.5}$$

となる．さいころの場合は $m = 6$ かつ $p_i = 1/6$ $(i = 1, 2, \ldots, 6)$ なので，$|A|$ で A の要素数を表すと $P(A) = |A|/6$ となることがわかる．たとえば，$A = \{1, 2, 3\}$ の場合は，$|A| = 3$ となるから $P(A) = 1/2$ である．

1.3 標本空間が一般の場合の確率

前節では，Ω が有限集合の場合の確率を定義した．まず，確率が定義される事象全

体（べき集合 2^Ω）を考え，その後で確率が満たすべき性質 [F1]〜[F3] を与えた．また，[F1]〜[F3] から重要な確率の性質を導くことができた．

本節では，Ω が非負の整数全体や実数全体の場合に確率を定義する．まず，事象全体の集合を定め，その後で確率が満たすべき性質を与えるというやり方は，前節と同じである．テクニカルな議論も含まれるので，細かい点はあまり気にせず，全体的な話の流れを追ってほしい．

以下では，「部分集合の集合」という意味で**部分集合族**という言葉を用いる．べき集合 2^Ω は，Ω が有限集合の場合の 1 つの部分集合族である．次で定義する完全加法族 $\mathcal{F}$ も Ω の部分集合族である．

定義 1.2　完全加法族

Ω の部分集合族 $\mathcal{F}$ が以下の 3 条件を満たすとき，$\mathcal{F}$ を**完全加法族**という．

[C1] $\Omega \in \mathcal{F}$.

[C2] $A \in \mathcal{F}$ ならば，$A^c \in \mathcal{F}$.

[C3] $A_1, A_2, \ldots \in \mathcal{F}$ ならば，$\bigcup_{i=1}^{\infty} A_i \in \mathcal{F}$.

条件 [C3] は，可算無限個の集合 $A_1, A_2, \ldots$ の和集合が $\mathcal{F}$ に属することを要請している．可算無限個の集合の和集合をいきなり考えることは唐突な感じがするかもしれないが，まずは受け入れてほしい．

完全加法族 $\mathcal{F}$ に対して，[C1]〜[C3] から次の性質が導かれる．

[C4] $\phi \in \mathcal{F}$.

[C5] $A_1, A_2, \ldots, A_k \in \mathcal{F}$ ならば，$\bigcup_{i=1}^{k} A_i \in \mathcal{F}$.

[C6] $A_1, A_2, \ldots \in \mathcal{F}$ ならば，$\bigcap_{i=1}^{\infty} A_i \in \mathcal{F}$.

[C7] $A_1, A_2, \ldots, A_k \in \mathcal{F}$ ならば，$\bigcap_{i=1}^{k} A_i \in \mathcal{F}$.

■問 1.3　上の性質 [C4]〜[C7] を示せ．

[C2], [C5], [C7] より，$\mathcal{F}$ は集合の補集合をとる演算，有限個の集合の和集合・積集合をとる演算について閉じていて，さらには [C3], [C6] より可算無限個の集合の和集合・積集合をとる演算についても閉じていることがわかる．つまり，完全加法族 $\mathcal{F}$ はべき集合の拡張概念である．以下，$\mathcal{F}$ の各要素を事象とよび，$\mathcal{F}$ のすべての要素に対して確率を定義する．

Ω を（有限集合とは限らない）標本空間，$\mathcal{F}$ を Ω の部分集合の完全加法族とする

とき，確率は，$\mathcal{F}$ のすべての要素 A に対して実数値 $P(A)$ を割り当てる写像で，次の [P1]～[P3] の性質を満たすものとして定める．3つ組 $(\Omega, \mathcal{F}, P)$ をとくに**確率空間** (probability space) という．

> **定義 1.3　Ω が一般の集合の場合の確率**
>
> P が次の3条件を満たすとき，P を確率という．
> [P1] すべての $A \in \mathcal{F}$ に対して，$P(A) \geq 0$.
> [P2] $P(\Omega) = 1$.
> [P3] **完全加法性**　$A_1, A_2, \ldots \in \mathcal{F}$ が排反な事象であれば，
> $$P\left(\bigcup_{i=1}^{\infty} A_i\right) = \sum_{i=1}^{\infty} P(A_i)$$

Ω が有限集合のときの確率の定義 [F1]～[F3] と上の [P1]～[P3] は，[F3] と [P3] が違うだけであることに気づくだろう．[F3] が排反な2個の事象の和事象の確率を定めているのに対して，[P3] では排反な可算無限個の事象の和事象の確率を定めている．これら [P1]～[P3] は，Ω が有限集合でないときにも確率を厳密に定義するために必要な最小限の要請だと思ってよい．[P1]～[P3] から種々の確率の性質が導かれる．

[P4] $P(\phi) = 0$.
[P5] **有限加法性**　任意の排反な事象 $A_1, A_2, \ldots, A_k \in \mathcal{F}$ に対して，
$$P\left(\bigcup_{i=1}^{k} A_i\right) = \sum_{i=1}^{k} P(A_i)$$

[P6] **余事象の公式**　任意の事象 $A \in \mathcal{F}$ に対して，
$$P(A^c) = 1 - P(A)$$

[P7] **単調性**　任意の事象 $A_1, A_2 \in \mathcal{F}$ に対して，$A_1 \subset A_2$ ならば，
$$P(A_1) \leq P(A_2)$$

[P8] 任意の $A \in \mathcal{F}$ に対して，$P(A) \leq 1$.
[P9] $B_1, B_2, \ldots \in \mathcal{F}$ が排反な事象であり，$\bigcup_{i=1}^{\infty} B_i = \Omega$ であれば，任意の事象 $A \in \mathcal{F}$ に対して
$$P(A) = \sum_{i=1}^{\infty} P(A \cap B_i)$$

[P10] **和の公式** 任意の 2 つの事象 $A_1, A_2 \in \mathcal{F}$ に対して，

$$P(A_1 \cup A_2) = P(A_1) + P(A_2) - P(A_1 \cap A_2)$$

[P6]～[P8], [P10] については，前節で述べたものと同様なので省略する．それ以外の性質を [P1]～[P3] から導くことは，問 1.4 とする．

■**問 1.4** 上の性質 [P4], [P5], [P9] を，[P1]～[P3] から導け．

$\mathcal{F}$ のすべての要素に対して確率を定義するという立場に立つと，[C3] で可算無限個の事象の和集合を考えることも，[P3] で完全加法性を要請することも説明できる．以下に 2 つ理由を示しておく．

まず，Ω が非負の整数全体の集合 $\{0, 1, 2, \ldots\}$ であるとする．いま，各 $i = 0, 1, 2, \ldots$ に対して $A_i = \{i\}$ とおくと，明らかに $\Omega = \bigcup_{i=0}^{\infty} A_i$ が成り立つ．左辺の Ω の確率は 1 であり，確率が定義されるので，右辺も確率が定義される集合でなければならない．これが [F3] で $\bigcup_{i=0}^{\infty} A_i \in \mathcal{F}$ とする 1 つの理由である．さらに，事象 $A_i\ (i = 0, 1, 2, \ldots)$ は排反なので，[P3] より $P(\Omega)$ は $P(A_i)$ の i に関する和となる．つまり，すべての根元事象の確率の和が 1 であることが導かれる．

$\Omega = \boldsymbol{R}$ の場合は，$\mathcal{F}$ として，すべての半開区間の集合 $\{(a, b] : -\infty \leq a < b \leq \infty\}$ を含む最小の完全加法族（1 次元ボレル集合体ともいう）を $\mathcal{F}$ とすることが多い．$\mathcal{F}$ には $(a, b]$ の形の半開区間のほか，開区間 (a, b) と閉区間 $[a, b]$ も含まれる．というのは，各 $i \geq 1$ に対して定義される区間列 $(a, b - 1/i], (a - 1/i, b]$ に対しては，完全加法族の性質 [C3], [C6] より，

$$\bigcup_{i=1}^{\infty} \left(a, b - \frac{1}{i}\right] = (a, b), \quad \bigcap_{i=1}^{\infty} \left(a - \frac{1}{i}, b\right] = [a, b] \tag{1.6}$$

が成り立つからである†．ゆえに，完全加法族 $\mathcal{F}$ の任意の要素に対して確率を定義

---

† 慣れが必要なところであるが，式 (1.6) の 1 つ目の式は次のように考える．区間 $(a, b - 1/i]$ の右端 $b - 1/i$ は，$b - 1/i < b$ を満たし，$i \to \infty$ とすると b にいくらでも近づくので，b よりもわずかに小さいどんな値も，十分大きな i に対して区間 $(a, b - 1/i]$ に属する．他方，b 自体は，どんなに i を大きくしても区間 $(a, b - 1/i]$ に属することはない．よって，和集合 $\bigcup_{i=1}^{\infty}(a, b - 1/i]$ は開区間 (a, b) に一致する．式 (1.6) の 2 つ目の式は，a よりわずかでも小さい値は i を十分大きくすると $a - 1/i$ 以下となるので，区間 $(a - 1/i, b]$ に属さず，結果として $\bigcap_{i=1}^{\infty}(a - 1/i, b]$ に属さない．他方，a はすべての $i \geq 1$ に対して $a \in (a - 1/i, b]$ を満たすので，$a \in \bigcap_{i=1}^{\infty}(a - 1/i, b]$ といえる．無限個の区間の和集合や積集合を考えることは，区間に対する極限操作であると考えてよい．

すれば，開区間 (a,b) および閉区間 $[a,b]$ に対しても確率が定義される．同様に，$a<c<b$ を満たす c を選べば $[a,b)=[a,c]\cup(c,b)$ となるから，$[a,b)$ の形の半開区間も $\mathcal{F}$ の要素であり，確率が定義される．

本節の最後に，確率の連続性とよばれる 2 つの性質を挙げておく．証明は問 1.5 とする（この証明についてはテクニカルな部分が含まれるので，詳しくみなくてもよい）．

[P11]　$A_1, A_2, \ldots \in \mathcal{F}$ が $A_1 \subset A_2 \subset \cdots$ を満たすとき，

$$P\left(\bigcup_{i=1}^{\infty} A_i\right) = \lim_{i \to \infty} P(A_i)$$

[P12]　$A_1, A_2, \ldots \in \mathcal{F}$ が $A_1 \supset A_2 \supset \cdots$ を満たすとき，

$$P\left(\bigcap_{i=1}^{\infty} A_i\right) = \lim_{i \to \infty} P(A_i)$$

■**問 1.5**　[P11], [P12] を導け．

1.4　条件付き確率

A, B を 2 つの事象とするとき，事象 B が起こるという条件のもとで事象 A が起こる確率を $P(A|B)$ と書き，**条件付き確率** (conditional probability) という．$P(A|B)$ は，$P(B) > 0$ を満たす事象 B に対して

$$P(A|B) = \frac{P(A \cap B)}{P(B)} \tag{1.7}$$

と定義される．条件付き確率は，$P(B) = 0$ を満たす事象 B に対しては定義されない．また，$A \cap B \subset B$ なので，[P7] より $P(A \cap B) \leq P(B)$ であり，$P(A|B) \leq 1$ となる．条件付き確率の定義式 (1.7) は，分母を払うと

$$P(A \cap B) = P(B)P(A|B) \tag{1.8}$$

となる．この式 (1.8) は確率の**積の公式**として知られている．

条件付き確率 $P(A|B)$ は，それ自身が直接定義される場合と，$P(B)$ と $P(A \cap B)$ が先に定まり式 (1.7) から $P(A|B)$ を求める場合との 2 通りがあり，注意が必要である．次の例題は，条件付き確率 $P(A|B)$ が文脈から定義される例である．

例題 1.1 6個の赤球と4個の白球が入っている袋から，無作為に1個の球を取り出す試行を2回繰り返す．取り出した球をもとに戻さないとき，2回とも赤球が取り出される確率を求めよ．

解 2番目に取り出した球が赤である事象を A，最初に取り出した球が赤である事象を B とする．題意より，$P(B) = 6/10, P(A|B) = 5/9$ である．2回とも赤球が取り出される事象は $A \cap B$ と書けるので，積の公式 (1.8) より，求める確率は $P(A \cap B) = P(B)P(A|B) = (6/10) \cdot (5/9) = 1/3$ となる． ∎

次の例題は，条件付き確率の定義 (1.7) から $P(A|B)$ を求める例である．結果は少し直観に反する．

例題 1.2 子どもが2人の家庭において，子どもの性別を考える．無作為に1つの家庭を選んで第1子か第2子のどちらか1人が男児であることがわかったとき，もう1人も男児である確率を求めよ．ただし，男児と女児はどちらも確率 1/2 で生まれるとする．

解 題意より，第1子と第2子を区別すると，

$$\Omega = \{男男, 男女, 女男, 女女\} \quad （左側が第1子の性別）$$

の各要素がそれぞれ確率 1/4 で無作為に選ばれる．いま，一方の子どもが男児であるという事象を B，もう一方の子どもが男児であるという事象を A とすると，$B = \{男男, 男女, 女男\}$ であるから $P(B) = 3/4$ がいえる．また，積事象 $A \cap B$ は男児が2人いる事象を意味するから，$A \cap B = \{男男\}$ となり，$P(A \cap B) = 1/4$ となる．よって，条件付き確率の定義から

$$P(A|B) = \frac{P(A \cap B)}{P(B)} = \frac{1}{3}$$

が求められる． ∎

■**問 1.6** 例題 1.2 と同じ設定で，第1子が男児であることがわかったとき，第2子も男児である確率を求めよ．

条件付き確率を使うと，全確率の公式とベイズの公式が導かれる．

定理 1.1
- **全確率の公式**
    任意の事象 $A \in \mathcal{F}$ と $0 < P(B) < 1$ を満たす任意の事象 $B \in \mathcal{F}$ に対して，

$$P(A) = P(B)P(A|B) + P(B^c)P(A|B^c) \qquad (1.9)$$

が成り立つ．

- **ベイズの公式** (Bayes' formula)

  $P(A) > 0$ を満たす任意の事象 $A \in \mathcal{F}$ と $0 < P(B) < 1$ を満たす任意の事象 $B \in \mathcal{F}$ に対して，

$$P(B|A) = \frac{P(B)P(A|B)}{P(B)P(A|B) + P(B^c)P(A|B^c)} \qquad (1.10)$$

が成り立つ．

定理 1.1 の証明 全確率の公式 (1.9) を示すためには，B, B^c が排反であることから，確率の性質 [P9] より

$$P(A) = P(A \cap B) + P(A \cap B^c)$$

となることを用いる．積の公式 (1.8) から $P(A \cap B) = P(B)P(A|B)$, $P(A \cap B^c) = P(B^c)P(A|B^c)$ となる（$0 < P(B) < 1$ だから，$P(A|B), P(A|B^c)$ ともに定義される）から，式 (1.9) が導かれる．他方，ベイズの公式 (1.10) は，積の公式から

$$P(A \cap B) = P(B)P(A|B) = P(A)P(B|A)$$

となるので，

$$P(B|A) = \frac{P(B)P(A|B)}{P(A)} \qquad (1.11)$$

となることと，全確率の公式 (1.9) から導かれる． □

理解を深めるために，全確率の公式とベイズの公式を使った確率の計算例をみておこう．ベイズの公式は式 (1.10) の形式よりも式 (1.11) の形のほうが使いやすい．

例題 1.3 6 個の赤球と 4 個の白球が入っている袋から，無作為に 1 個の球を取り出す試行を 2 回繰り返す．取り出した球をもとに戻さないとき，2 回目に赤球が取り出される確率を求めよ．

解 2 番目に取り出した球が赤球である事象を A，最初に取り出した球が赤球である事象を B とする．求める確率は $P(A)$ である．全確率の公式 (1.9) から，

$$P(A) = P(B)P(A|B) + P(B^c)P(A|B^c)$$

であり，題意より $P(B) = 6/10, P(A|B) = 5/9, P(B^c) = 4/10, P(A|B^c) = 6/9$ であるから，求める確率は $(6/10) \cdot (5/9) + (4/10) \cdot (6/9) = 6/10$ である．この値は，1 回目に赤球が取り出される確率と変わらない． ■

例題 1.4 赤球 3 個と白球 2 個の入った袋 X と，赤球 1 個と白球 4 個の入った袋 Y があり，X または Y の袋を無作為に選択した後，選択した袋から 1 つの球を無作為に取り出す試行を行うことを考える．いま，取り出した球が赤であるとき，選択した袋が X である確率を求めよ．

解 選択した袋から赤球を取り出す事象を A，袋 X を選ぶ事象を B（したがって，袋 Y を選ぶ事象は B^c）とする．すると，題意より $P(B) = P(B^c) = 1/2$, $P(A|B) = 3/5$, $P(A|B^c) = 1/5$ が成り立っており，最終的に $P(B|A)$ を求めればよい．いま，全確率の公式 (1.9) から，$P(A)$ が

$$P(A) = P(B)P(A|B) + P(B^c)P(A|B^c) = \frac{1}{2} \cdot \frac{3}{5} + \frac{1}{2} \cdot \frac{1}{5} = \frac{2}{5}$$

と求められるので，求める確率は，式 (1.11) より

$$P(B|A) = \frac{P(B)P(A|B)}{P(A)} = \frac{3}{4}$$

と計算できる． ∎

全確率の公式とベイズの公式には，より一般的な形がある．すなわち，$P(A) > 0$ を満たす任意の事象 $A \in \mathcal{F}$ と，$P(B_i) > 0$ $(i = 1, 2, \ldots)$ および $\bigcup_{i=1}^{\infty} B_i = \Omega$ を満たす任意の排反な事象 $B_1, B_2, \ldots \in \mathcal{F}$ に対して，

$$P(A) = \sum_{i=1}^{\infty} P(B_i)P(A|B_i) \tag{1.12}$$

$$P(B_i|A) = \frac{P(B_i)P(A|B_i)}{\sum_{i=1}^{\infty} P(B_i)P(A|B_i)} \quad (i = 1, 2, \ldots) \tag{1.13}$$

がいえる．式 (1.9), (1.10) は，それぞれ式 (1.12), (1.13) において Ω が B と B^c の 2 つに分割される特別な場合である．考え方は同じなので，次の問いで証明してみよう．

■**問 1.7** 式 (1.12) および式 (1.13) を証明せよ．

1.5 事象の独立性

前節でみたとおり，確率 $P(A)$ と条件付き確率 $P(A|B)$ は一般には一致せず，事象 A の起こりやすさは事象 B が起こるかどうかによって変化する．しかしながら，事象 A, B によっては，$P(A) = P(A|B)$ となる場合，すなわち，事象 A の起こりやす

さが事象 B が起こるかどうかと無関係な場合もある．このような 2 つの事象を**独立** (independent) な事象という．

2 つの事象が独立であることは，次のように定義される．

> **定義 1.4 独立な事象**
>
> 2 つの事象 A, B が
> $$P(A \cap B) = P(A)P(B) \tag{1.14}$$
> を満たすとき，事象 A, B は独立であるという．

式 (1.14) は，事象 A と事象 B が同時に起こる確率 $P(A \cap B)$ が，$P(A)$ と $P(B)$ の積に等しいことを示している．もし $P(B) > 0$ であれば，式 (1.14) の両辺を $P(B)$ で割って積の公式 (1.8) を用いれば，$P(A|B) = P(A)$ が成り立つ．また，$P(B) < 1$ であれば $P(A|B^c) = P(A)$ も成り立つ（問 1.8）．つまり，事象 A, B が独立のとき，事象 A の起こりやすさは事象 B が起きても起きなくても，変化しない．

■**問 1.8** 事象 A, B が独立で，$P(B) < 1$ ならば，$P(A) = P(A|B^c)$ が成り立つことを示せ．

たとえば，コインを 2 回投げて，1 回目に表が出る事象を A，2 回目に表が出る事象を B とすると，1 回目のコイン投げの結果は 2 回目のコイン投げの結果にまったく影響を与えないので，式 (1.14) が成り立つことは直観的に明らかだろう．しかしながら，2 つの事象が独立であるかどうかを，直観だけに頼って判断するのは少々危険である．次の例題をみてみよう．

> **例題 1.5** さいころを 2 回振る試行を考える．A を最初の目が 4 である事象，B を目の和が 7 である事象，C を目の和が 9 である事象とする．以下の事象の組は独立かどうか，それぞれ判定せよ．
>
> (1) 事象 A と事象 B　　(2) 事象 A と事象 C

解 (1) 明らかに，$P(A) = 1/6$，$P(B) = 1/6$ が成り立っている（目の和が 7 になるのは $(1,6), (2,5), \ldots, (6,1)$ の 6 通り）．他方，事象 $A \cap B$ は最初の目が 4，次の目が 3 であることを意味するから，$P(A \cap B) = 1/6 \times 1/6 = 1/36$ である．よって，式 (1.14) が成り立ち，事象 A と事象 B は独立である．
(2) $P(A) = 1/6$，$P(C) = 1/9$ であり，$P(A \cap C) = 1/36$ であることが容易に確認できるので，事象 A と事象 C は独立でない． ■

一般に，n 個の事象 $A_1, A_2, \ldots, A_n$ が独立であることは，集合 $\{1, 2, \ldots, n\}$ のす

べての部分集合 $\{i_1, i_2, \ldots, i_k\}$ に対して

$$P(A_{i_1} \cap A_{i_2} \cap \cdots \cap A_{i_k}) = P(A_{i_1})P(A_{i_2})\cdots P(A_{i_k}) \tag{1.15}$$

が成り立つことと定義される．たとえば，$n=3$ のときに式 (1.15) の条件を書き下すと，3つの事象 A, B, C が独立であることの定義は，

$$P(A \cap B) = P(A)P(B), \quad P(B \cap C) = P(B)P(C), \quad P(A \cap C) = P(A)P(C)$$

$$P(A \cap B \cap C) = P(A)P(B)P(C)$$

のすべてが成り立つこととなる．

■問 1.9　1個のさいころを2回振るとき，次の3つの事象が独立であることを確かめよ．

A : 1回目に4以上の目が出る．　B : 2回目に3の倍数の目が出る．

C : 1回目と2回目の目が同じである．

n 個の事象の独立性が定義されると，同じ試行を独立に n 回繰り返す場合の確率を定義できる．1回の試行で事象 A が起こる確率を p とすると，n 回の試行で事象 A がちょうど r 回起こる確率は，2項係数 $\binom{n}{r} = {}_nC_r$ を用いて

$$\binom{n}{r} p^r (1-p)^{n-r} \quad (r = 0, 1, \ldots, n)$$

と書けることになる．この形は，2.3.2項で述べる2項分布の確率関数になっている．

本章の最後に次の例題を考えてみよう．

例題 1.6　さいころを3回振るとき，出る目の最大値が5である確率を求めよ．

解　出る目の最大値が5以下である事象を A，出る目の最大値が4以下である事象を B とすると，求める確率は $P(A \setminus B) = P(A) - P(B)$ である．そして，出る目の最大値が5以下であることは，3回とも5以下の目が出ることを意味するので $P(A) = (5/6)^3$ であり，同様に $P(B) = (4/6)^3$ となる．したがって，求める確率は $(5/6)^3 - (4/6)^3 = 61/216$ となる．■

■問 1.10　さいころを3回振るとき，出る目の最小値が3である確率を求めよ．

章末問題

■確認問題

1.1 $\Omega = \{1, 2, \ldots, 10\}$ のべき集合 2^Ω の要素数はいくつか.

1.2 $P(A) = 2/3$, $P(A \cap B) = 1/5$ のとき, $P(B|A)$ を求めよ.

1.3 $P(A) = 1/2$, $P(B) = 1/3$, $P(A \cap B) = 1/6$ のとき, $P(A \cup B)$ を求めよ.

1.4 $P(A) = 1/2$, $P(B) = 2/3$ で, 事象 A, B が独立であるとき, $P(A \cap B)$ を求めよ.

1.5 事象 A, B について, $P(A) = 3/4$, $P(B|A) = 2/3$, $P(B|A^c) = 1/3$ であるとする. このとき, $P(A^c)$, $P(B)$, $P(A|B)$ を求めよ.

■演習問題

1.6 2つの事象 A, B が $P(A) = 1/4$, $P(B|A) = 1/2$, $P(A|B) = 1/3$ を満たすとき, 以下の確率をそれぞれ求めよ.
(1) $P(A \cap B)$ (2) $P(B)$ (3) $P(A \cup B)$

1.7 事象 A, B が独立で, $P(A) = 2/5$, $P(A \cup B) = 7/10$ を満たすとき, $P(B)$ の値を求めよ.

1.8 2つの独立な事象 A, B について, $P(A \cap B) = 1/14$, $P(A \cup B) = 13/28$ が成り立つとき, $P(A)$ と $P(B)$ を求めよ. $P(A) < P(B)$ を仮定してよい.

1.9 友人が2個のさいころを振る. 2個のうち1個のさいころの目は6であると教えてもらったとき, 2個のさいころの目の和が10以上である確率を求めよ.

1.10 今日これからバス停に友人を迎えにいくとする. バスは, 雨が降っている日は70%の確率で遅れ, 雨が降っていない日は20%の確率で遅れることが経験上わかっている. 天気予報によれば, 今日の降水確率は40%である. バスが遅れて来る確率を求めよ.

1.11 あるウィルス性の病気を発見するための検査キットは, その病気にかかっている人の99%は検査によって陽性を示すが, 健康な人を検査した場合でも2%の陽性を示すという. 1000人の患者のうち1人がその病気にかかっているとしたとき, 検査で陽性を示した人が実際にその病気である確率を求めよ.

1.12 SとTの2名が交代でバスケットボールのゴールにシュートしている. Sが最初にシュートを打つとし, 先にシュートが決まったほうが勝ちとする. Sがシュートを決める確率を $1/5$, Tがシュートを決める確率を t として, 以下の問いに答えよ.
(1) A_k $(k \geq 1)$ を, Sが k 回目のシュートを打った直後にSの勝ちになる事象とする. $P(A_k)$ を t と k を用いて表せ.
(2) Sが勝つ確率を求めよ.
(3) Sが勝つ確率が $1/2$ となるような t の値を求めよ.

Chapter 2 離散型確率変数

本章では,まず確率変数を標本空間 Ω 上の関数として定義する.次に,離散的な集合に値をとる離散型確率変数について学習する.確率変数が非負整数 k に等しい確率は,確率関数という形で与えられる.また,2 項分布やポアソン分布など,離散型確率変数が従う代表的な分布も調べる.なお,本書では,非負整数値をとる離散型確率変数を考えるが,非負整数の有限集合に値をとる場合も同様に議論できる.

2.1 確率変数の定義

1 個のさいころを振る試行では,1 から 6 までの目が確率 $1/6$ で出る.また,表が確率 p で出るコインを n 回投げる試行においては,表が出る回数は $0, 1, \ldots, n$ のいずれかになり,表が r 回出る確率が $\binom{n}{r} p^r (1-p)^{n-r}$ に等しいことはすでにみた.このさいころの出る目やコインの表が出る回数のように,ある確率的な法則に従って値がランダムに変化する量を**確率変数** (random variable) という.確率変数は,イタリック体の大文字(X, Y, Z など)を用いて表すことが多く,本書でもこの慣習にならうことにする.

確率変数には,**離散型確率変数**と**連続型確率変数**の 2 種類がある(表 2.1).離散型確率変数は,離散的な集合に値をとる.たとえば,さいころを 1 回振って出る目は必ず集合 $\{1, 2, 3, 4, 5, 6\}$ に属するので,さいころの目は離散型確率変数である.これに対して,連続型確率変数は,連続的な集合(実数全体 $(-\infty, \infty)$,非負の実数全体 $[0, \infty)$,区間 $[a, b]$ など)に値をとる.たとえば,10 分おきにバスが発車するバス停

表 2.1 確率変数の分類

確率変数	
離散型確率変数	連続型確率変数
・飛び飛びの値をとる. 例:非負整数全体,$\{0, 1, \ldots, n\}$	・連続的な値をとる. 例:実数全体,非負実数全体,区間 $[a, b]$
・確率関数で記述される.	・確率密度関数で記述される.
・代表的な確率分布の例: 2 項分布,幾何分布,ポアソン分布	・代表的な確率分布の例: 一様分布,指数分布,正規分布

に，無作為な時刻に行ったときのバスの待ち時間は，0 分以上 10 分未満のどんな実数値もとりうるので，連続型確率変数である．

最初に，確率変数を，1.2 節で扱った標本空間 Ω が $\Omega = \{1, 2, \ldots, m\}$ の場合に定義する．わかりやすいように，さいころを 1 回振る試行を考えてみる．この場合，$\Omega = \{1, 2, 3, 4, 5, 6\}$ であり，根元事象の確率 $p_i = P(\{i\})$ は $p_i = 1/6$ $(i = 1, 2, \ldots, 6)$ である．

まず，Ω を定義域とする実数値関数 $X = X(\omega)$ を任意に 1 つ固定する．たとえば，さいころを 1 回振って出る目に興味があれば，X を恒等写像 $X(\omega) = \omega$ にすればよいし，さいころの目の 2 乗に興味があれば $X(\omega) = \omega^2$ とすればよい．もし，さいころを 1 回振って 1 か 6 が出れば 100 円もらい，それ以外の目が出れば 50 円払うという状況なら，次のようにすればよい．

$$X(\omega) = \begin{cases} 100 & (\omega = 1 \text{ または } \omega = 6 \text{ のとき}) \\ -50 & (\text{それ以外のとき}) \end{cases} \tag{2.1}$$

実数値関数 $X = X(\omega)$ を任意に 1 つ固定すると，x を任意の実数として，$X(\omega)$ が x 以下となる事象の確率 $P(\{\omega \in \Omega : X(\omega) \leq x\})$ が，根元事象の確率から自動的に定まることに注意しよう．いま，

$$E_x = \{\omega \in \Omega : X(\omega) \leq x\} \tag{2.2}$$

とおくと，$X(\omega) = \omega$ のときは，$x < 1$ のとき $P(E_x) = 0$，$1 \leq x < 2$ のとき $P(E_x) = 1/6$，$\cdots$，$6 \leq x$ のとき $P(E_x) = 1$ と定まる．$X(\omega) = \omega^2$ のときや $X(\omega)$ が式 (2.1) で定まる場合も同様である．たとえば，$X(\omega) = \omega^2$ で $x = 9$ のときは，$\{\omega \in \Omega : \omega^2 \leq 9\} = \{1, 2, 3\}$ となるから，$P(E_9) = 3/6 = 1/2$ となる．また，式 (2.1) の $X(\omega)$ の場合は $x < -50$ のとき $P(E_x) = 0$，$-50 \leq x < 100$ のとき $P(E_x) = 2/3$，$100 \leq x$ のとき $P(E_x) = 1$ となる．

このさいころの例のように，任意の実数 x に対して確率 $P(E_x)$ が定まる実数値関数 $X = X(\omega)$ を確率変数と定義する．$X = X(\omega)$ の選び方は任意なので，この定義によりさまざまな確率変数を考えることができる．

$\Omega = \{1, 2, \ldots, m\}$ の場合の確率変数の定義は次のようになる．

定義 2.1 確率変数（Ω が有限集合の場合）

$\Omega = \{1, 2, \ldots, m\}$ とし，根元事象の確率 $P(\{i\}) = p_i$ $(i = 1, 2, \ldots, m)$ が与えられているとする．Ω 上の実数値関数 $X : \Omega \to \boldsymbol{R}$ と実数 x に対して事象 E_x を式 (2.2) で定める．E_x がすべての実数 x に対して，$E_x \in 2^\Omega$ を満たすとき，$X = X(\omega)$ を確率変数という．

定義 2.1 のもとでは，実数値関数 X が確率変数ならば，すべての実数 x に対して事象 E_x の確率が定まるから，x の関数

$$F_X(x) = P(\{\omega \in \Omega : X(\omega) \leq x\}) = \sum_{i \in E_x} p_i \qquad (2.3)$$

が定義でき，$F_X(x)$ を確率変数 X の**分布関数** (distribution function) という．Ω が有限集合のときは，すべての $A \in 2^\Omega$ に対して確率 $P(A)$ が式 (1.5) で定まることを思い出そう．考えている確率変数が明らかで混乱の恐れがないときには，$F_X(x)$ を $F(x)$ のように添字 X を省略して書くことも多い．また，式 (2.3) の右辺の確率を単に $P(X \leq x)$ とも書く．さいころを 1 回振って出た目 X を確率変数とみるときの分布関数 $F(x)$ の概形を図 2.1 に示す．

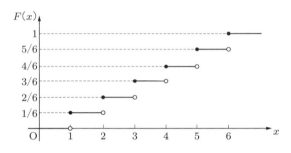

図 2.1 さいころを 1 回振る場合の分布関数

Ω が有限集合とは限らない場合（実数全体の集合や可算無限集合の場合）も，定義 2.1 と同様の方法で確率変数を定義する．以下では 1.3 節で用いた用語を再度用いる．

定義 2.2 確率変数（Ω が一般の集合の場合）

$(\Omega, \mathcal{F}, P)$ を確率空間とし，$X : \Omega \to \mathbf{R}$ を実数値関数とする．式 (2.2) で定義された事象 E_x が，すべての実数 x に対して $E_x \in \mathcal{F}$ を満たすとき，X を確率変数という．

1.3 節では，すべての事象 $A \in \mathcal{F}$ に対して確率 $P(A)$ が定義された．定義 2.2 において，すべての実数 x に対して $E_x \in \mathcal{F}$ であるから，$P(E_x)$ が定まり，分布関数 (2.3) が定義できることに注意しよう．

定義 2.1 と定義 2.2 の差は，$E_x \in 2^\Omega$ とするか，$E_x \in \mathcal{F}$ とするかの違いなので，表面的にはわずかである．しかしながら，定義 2.2 では，実数値関数 $X : \Omega \to \mathbf{R}$ を 1 つ定めたときに，任意の実数 x に対して $E_x \in \mathcal{F}$ であるかどうか定かではない．また，たとえば Ω が実数全体の集合のときは，E_x の確率を根元事象の確率の和として

定義することは，Ω が連続的な集合であるので，一般にはできない†．したがって，定義 2.2 では，任意の x に対して $E_x \in \mathcal{F}$ であることを要請して，分布関数が定まるようにしているのである．

ここで，分布関数の一般的な性質を述べておく．命題 2.1 は 1.3 節で述べた確率の性質から導けるため，証明は問 2.1 とするが，テクニカルな部分も多く含まれるので，証明を細かくみる必要はない．

命題 2.1

確率変数 X の分布関数 $F(x)$ は次の性質をもつ．
(i) $F(x)$ は単調増加で右連続な関数である．すなわち，任意の $x < x'$ に対して $F(x) \leq F(x')$ であり，$\lim_{x' \downarrow x} F(x') = F(x)$ が成り立つ．ここに，$\lim_{x' \downarrow x}$ は，x' を x に，$x < x'$ を満たしながら近づけることを意味する．
(ii) $\lim_{x \to -\infty} F(x) = 0$ および $\lim_{x \to \infty} F(x) = 1$ が成り立つ．

■問 2.1　命題 2.1 を証明せよ．

図 2.1 はさいころを 1 回振る場合の分布関数 $F(x)$ の概形だったが，$F(x)$ は右連続であること，$x < x'$ ならば $F(x) \leq F(x')$ を満たすこと，$x \to -\infty$ とすれば $F(x) \to 0$ であること，$x \to \infty$ とすれば $F(x) \to 1$ であること，などが確認できるだろう．

2.2　離散型確率変数

離散型確率変数 X は，一般には離散的な集合 $\mathcal{V} = \{v_1, v_2, \ldots\}$ に値をとる．$\mathcal{V}$ の要素数は，有限個であっても可算無限個であってもよい．本書では，記法を簡略化するため，原則として $\mathcal{V} = \{0, 1, 2, \ldots\}$ の場合，すなわち確率変数 X が非負の整数の集合に値をとる場合を考える．このような離散型確率変数は，**確率関数** (probability function) によって記述される．確率関数は，すべての $k \in \{0, 1, 2, \ldots\}$ に対して $X = k$ となる確率を定めるものであり，

$$f_X(k) = P(X = k) \quad (k = 0, 1, 2, \ldots)$$

と定義される（図 2.2）．確率が非負であることと全確率が 1 に等しいことから，どん

---

†　実数全体の集合のようにすべての要素を順番に列挙できない集合を**非可算無限集合**という．非可算無限集合のすべての要素の和を定義することはできない．

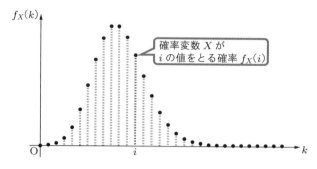

図 2.2 確率関数の例：縦軸は $X = k$ となる確率を表す

な確率関数も

$$f_X(k) \geq 0 \quad (k = 0, 1, 2, \ldots) \quad \text{かつ} \quad \sum_{k=0}^{\infty} f_X(k) = 1 \quad (2.4)$$

を満たしている．考えている確率変数が文脈より明らかで混乱の恐れがないときは，$f_X(k)$ を単に $f(k)$ と書くことも多い．

　非負の整数全体に値をとる確率変数の場合，分布関数は，一般には $x = 0, 1, 2, \ldots$ でジャンプする階段状の関数になる．$x = k$ におけるジャンプの幅は，確率変数 X が k に等しい確率 $f(k)$ に等しい．したがって，$\varepsilon > 0$ を十分小さい数とするとき，

$$f(k) = F(k + \varepsilon) - F(k - \varepsilon) \quad (k = 0, 1, 2, \ldots)$$

が成り立ち，分布関数から確率関数が導かれる．逆に，分布関数は確率関数を用いて

$$F(x) = \sum_{k \leq x} f(k)$$

と書ける．すなわち，確率関数と分布関数は 1 対 1 に対応する．

　離散型確率変数を特徴づける量として，**平均** (mean)（確率変数 X の**期待値** (expectation) ともいう）と**分散** (variance) がある．平均と分散は第 4 章で詳しく扱うが，定義を先に与えておく．いま，X を非負整数全体の集合 $\{0, 1, 2, \ldots\}$ に値をとる確率変数とするとき，平均 $E[X]$ と分散 $V[X]$ はそれぞれ

$$E[X] = \sum_{k=0}^{\infty} k f(k) \quad (2.5)$$

$$V[X] = E[(X - E[X])^2] = \sum_{k=0}^{\infty} (k - E[X])^2 f(k) \quad (2.6)$$

と定義される．分散はまた，$V[X] = E[X^2] - (E[X])^2$ と書ける（定理4.2）．$E[X^2]$ は確率変数 X^2 の平均であり，

$$E[X^2] = \sum_{k=0}^{\infty} k^2 f(k)$$

と定義される．分散の平方根を**標準偏差** (standard deviation) という．平均は，確率変数 X がおよそどのくらいの値をとるかをみる指標であり，分散は，X が平均のまわりでどのくらいばらつくかをみる指標である．

本書では，記法を簡単にするため，確率変数 X が集合 $\mathcal{V} \subset \{0, 1, 2, \ldots\}$ に値をとるときは，$k \notin \mathcal{V}$ に対する確率関数 $f(k)$ の値を 0 と考える．たとえば，さいころを1回振って出る目を確率変数 X とするとき，X は $\mathcal{V} = \{1, 2, 3, 4, 5, 6\}$ に値をとるが，その確率関数を

$$f(k) = \begin{cases} \dfrac{1}{6} & (k = 1, 2, 3, 4, 5, 6 \text{ のとき}) \\ 0 & (k = 0 \text{ または } k \geq 7 \text{ のとき}) \end{cases}$$

と考える．この記法のもとでは，$\sum_{k=0}^{\infty} f(k) = \sum_{k=1}^{6} f(k)$ が成り立つ．すなわち，個々の確率変数を考えるときには，まずその確率変数が値をとる集合 $\mathcal{V}$ を意識して，すべての $k \notin \mathcal{V}$ に対する確率関数の値を $f(k) = 0$ とおいて，平均などの各種の定義を適用する必要がある．

◆ **例 2.1** さいころを1回振って出る目を確率変数 X で表すとき，その平均は

$$E[X] = \sum_{k=1}^{6} k \cdot \frac{1}{6} = \frac{1+2+3+4+5+6}{6} = \frac{7}{2}$$

となり，分散は

$$V[X] = \sum_{k=1}^{6} \left(k - \frac{7}{2}\right)^2 \cdot \frac{1}{6} = \frac{1}{6}\left(\frac{25}{4} + \frac{9}{4} + \frac{1}{4} + \frac{1}{4} + \frac{9}{4} + \frac{25}{4}\right) = \frac{35}{12}$$

となる．分散は，先に

$$E[X^2] = \sum_{k=1}^{6} k^2 \cdot \frac{1}{6} = \frac{1+4+9+16+25+36}{6} = \frac{91}{6}$$

を求めてから，$V[X] = E[X^2] - (E[X])^2 = 91/6 - (7/2)^2 = 35/12$ と計算してもよい．

■ **問 2.2** 1 から 4 までの目が等確率で出る正四面体のさいころを 1 回振って出る目を確率変数 X とするとき，平均 $E[X]$，2 乗平均 $E[X^2]$，分散 $V[X]$ を求めよ．

2.3 代表的な離散型分布

本節では，いくつかの代表的な離散型確率変数をみていく．どの離散型確率変数も，確率関数を具体的に与えることで定義される．

2.3.1 2点分布 $B(1;p)$

確率変数 X が集合 $\{0,1\}$ に値をとり，その確率関数が $f(0)=1-p$, $f(1)=p$ (p は $0<p<1$ を満たす定数) と与えられるとき，確率変数 X は **2点分布** (two-point distribution) $B(1;p)$ に従うという．たとえば，確率 p で当たるくじを1回引く試行は，当たりを1，外れを0と考えることによって，2点分布に従うと考えることができる．

2点分布の場合，平均は $E[X] = 0 \cdot (1-p) + 1 \cdot p = p$, 分散は $V[X] = E[X^2] - (E[X])^2 = p - p^2 = p(1-p)$ となる．

2.3.2 2項分布 $B(n;p)$

確率変数 X が集合 $\{0,1,\ldots,n\}$ に値をとり，その確率関数が

$$f(k) = \binom{n}{k} p^k (1-p)^{n-k} \quad (k=0,1,\ldots,n)$$

(p は $0<p<1$ を満たす定数) と与えられるとき，X は **2項分布** (binomial distribution) $B(n;p)$ に従うという．ここに，$\binom{n}{k}$ は2項係数 $\left(= {}_n\mathrm{C}_k = \dfrac{n!}{k!(n-k)!}\right)$ である．$f(k)$ は，当たる確率が p のくじを n 本引いたときに，ちょうど k 本が当たる確率を意味する．例として，$B(48;p)$ の確率関数の概形を図 2.3 に示す．p の値によりピークの位置が変化することがわかるだろう．

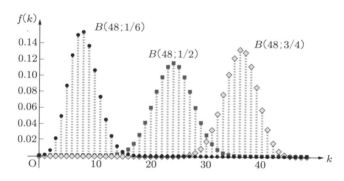

図 2.3 2項分布 $B(n;p)$ の確率関数

確率変数 X が 2 項分布 $B(n;p)$ に従うとき，X の平均と分散はそれぞれ $E[X] = np, V[X] = npq$ となる．ここに，$q = 1 - p$ である．また，確率関数 $f(k)$ は，k が $np = E[X]$ に近いところで最大となる（問 2.5）．

- **問 2.3** 2 項分布の確率関数 $f(k)$ について，$\sum_{k=0}^{n} f(k) = 1$ が成り立つことを確かめよ．
  ［ヒント：2 項定理を利用せよ．］
- **問 2.4** X が 2 項分布 $B(n;p)$ に従うとき，$E[X] = np$ を示せ．［ヒント：2 項定理，および $1 \leq k \leq n$ に対して $k \binom{n}{k} = n \binom{n-1}{k-1}$ が成り立つことを利用せよ．］
- **問 2.5** 2 項分布 $B(n;p)$ に従う X について，$E[X] = np$ が整数であるとき，$f(k)$ は $k = np$ で最大値をとることを示せ．［ヒント：$f(k+1)/f(k) \geq 1$ となる k の範囲を調べよ．］

2 項分布は代表的な離散型分布の 1 つである．次の例題 2.1 のような状況でも，X が 2 項分布に従うとみなせることは面白い．

> **例題 2.1** あるラインで製造される工業製品には，0.1% の割合で不良品が混ざるという．この工業製品 1 万個の中の不良品の個数を X で表す．1 万個の製品は独立に製造されたと考えるとき，X の平均と分散を求めよ．

解 X は 2 項分布 $B(10000; 0.001)$ に従うので，$E[X] = 10000 \cdot 0.001 = 10$ 個，$V[X] = 10000 \cdot 0.001 \cdot 0.999 = 9.99$ となる． ■

第 6 章で改めて述べるが，$X_1, X_2, \ldots, X_n$ を 2 点分布 $B(1;p)$ に従う独立な確率変数とすると，それらの和 $S = X_1 + X_2 + \cdots + X_n$ は 2 項分布 $B(n;p)$ に従う．このことは，S が確率 p で当たるくじを n 本引いたときに出る当たりくじの本数としての意味をもつことから，少なくとも直観的には明らかであろう．

2.3.3 幾何分布 $Ge(p)$

確率変数 X が非負整数全体の集合 $\{0, 1, 2, \ldots\}$ に値をとり，その確率関数が

$$f(k) = p(1-p)^k \quad (k = 0, 1, 2, \ldots)$$

（p は $0 < p < 1$ を満たす定数）と与えられるとき，X は**幾何分布** (geometric distribution) $Ge(p)$ に従うという．幾何分布 $Ge(p)$ の確率関数の概形を図 2.4 に示す．$f(k)$ は，当たる確率が p のくじを繰り返し引く試行において，初めて当たりくじが出るまでに引いたはずれくじの本数が k 本であるという確率を表している．確率変数

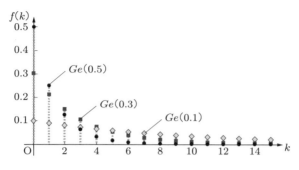

図 2.4 幾何分布 $Ge(p)$ の確率関数

X が幾何分布 $Ge(p)$ に従うとき，平均と分散はそれぞれ

$$E[X] = \sum_{k=0}^{\infty} kp(1-p)^k = \frac{1-p}{p}, \quad V[X] = E[X^2] - (E[X])^2 = \frac{1-p}{p^2}$$

となる．

■**問 2.6** 幾何分布の確率関数 $f(k)$ について，$\sum_{k=0}^{\infty} f(k) = 1$ が成り立つことを確かめよ．

[ヒント：無限級数の和の公式を利用せよ．]

■**問 2.7** X が幾何分布 $Ge(p)$ に従うとき，$E[X] = (1-p)/p$ を導け．

　当たる確率が $1/10$ のくじを繰り返し引くとき，何回くらい引くと当たりくじが出るように感じられるだろうか．おそらく，10 回程度と感じる人は多いだろう．10 回目に初めて当たりくじが出るときには，はずれくじは 9 本引くことになり，$E[X] = \dfrac{1-p}{p} = 9$ は，われわれの直観とも合致する．

　なお，幾何分布の確率関数を $f(0) = 0$, $f(k) = p(1-p)^{k-1}$ $(k = 1, 2, \ldots)$ と定めることもある．X をこの確率関数をもつ確率変数とするとき，X は正整数全体の集合 $\{1, 2, \ldots\}$ に値をとり，$P(X = k) = f(k)$ は k 回目で初めて当たりくじが出る確率を表す．この場合は $E[X] = \dfrac{1}{p}, V[X] = \dfrac{1-p}{p^2}$ となる．

2.3.4　ポアソン分布 $Po(\lambda)$

確率変数 X が非負整数全体の集合 $\{0, 1, 2, \ldots\}$ に値をとり，その確率関数が

$$f(k) = e^{-\lambda} \frac{\lambda^k}{k!} \quad (k = 0, 1, 2, \ldots)$$

(λ は正の定数) と与えられるとき，X は**ポアソン分布** (Poisson distribution) $Po(\lambda)$

に従うという．偶然に起きる現象の回数，たとえば，ある地域で1日に起こる交通事故の件数，1日に来るメールの数，あるコンサートチケットのキャンセルの件数，ある時間帯の飲食店への来客数などは，近似的にポアソン分布に従うと考えることができる．ポアソン分布の確率関数の概形を図 2.5 に示す．λ が大きいほどピークは後ろにシフトし，裾が広がっていくことがみてとれる．

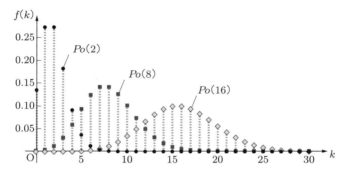

図 2.5　ポアソン分布 $Po(\lambda)$ の確率関数

確率変数 X がポアソン分布 $Po(\lambda)$ に従うとき，その平均 $E[X]$ と分散 $V[X]$ はともに λ に等しい．たとえば，$E[X]$ は次のように計算できる．

$$E[X] = \sum_{k=0}^{\infty} k e^{-\lambda} \frac{\lambda^k}{k!} = \lambda e^{-\lambda} \sum_{k=1}^{\infty} \frac{\lambda^{k-1}}{(k-1)!} = \lambda e^{-\lambda} \sum_{k=0}^{\infty} \frac{\lambda^k}{k!} = \lambda$$

最後の等号は，e^λ のテイラー展開を用いた．

■問 2.8　ポアソン分布の確率関数 $f(k)$ について，$\sum_{k=0}^{\infty} f(k) = 1$ を確かめよ．[ヒント：e^λ のテイラー展開を利用せよ．]

■問 2.9　X がポアソン分布 $Po(\lambda)$ に従うとき，$V[X] = \lambda$ を確かめよ．[ヒント：$k^2 = k(k-1) + k$ を利用せよ．]

ポアソン分布を用いると，次の例題のような確率も計算できる．

例題 2.2　あるビジネスマンには，平日午後1時から2時までの間の1時間に，平均8通の電子メールが来るという．この1時間に届く電子メールの数 X がポアソン分布に従うとみなせるとき，届く電子メールが3通未満である確率を求めよ．

解 $E[X] = 8$ なので，X はポアソン分布 $Po(8)$ に従うと考えられる．$Po(8)$ の確率関数を $f(k)$ とすれば，求める確率は，

$$f(0) + f(1) + f(2) = e^{-8}\left(\frac{8^0}{0!} + \frac{8^1}{1!} + \frac{8^2}{2!}\right) = \frac{41}{e^8}$$

となる．$e = 2.718\cdots$ を用いて数値的に計算すると，この確率は約 0.014 となる． ∎

ポアソン分布と 2 項分布は次の関係をもつ．いま，2 項分布 $B(n;p)$ において，np が一定で，n が十分大きく，p が十分小さい状況を考える．すると，2 項分布の確率関数 $f(k)$ は，$\lambda = np$ のポアソン分布で近似できる（これを，2 項分布のポアソン近似という）．この事実は，次の計算により確かめられる．

$$\begin{aligned} f(k) &= \binom{n}{k} p^k (1-p)^{n-k} = \frac{n(n-1)\cdots(n-k+1)}{k!}\left(\frac{\lambda}{n}\right)^k \left(1 - \frac{\lambda}{n}\right)^{n-k} \\ &= \frac{\lambda^k}{k!}\left\{\left(1-\frac{1}{n}\right)\cdots\left(1-\frac{k-1}{n}\right)\left(1-\frac{\lambda}{n}\right)^{-k}\right\}\left(1-\frac{\lambda}{n}\right)^n \\ &\to e^{-\lambda}\frac{\lambda^k}{k!} \quad (n \to \infty) \end{aligned} \qquad (2.7)$$

最後の極限値の計算では，k, λ が定数であることと $\lim_{n\to\infty}(1-\lambda/n)^n = \lim_{n\to\infty}\{(1-\lambda/n)^{-n/\lambda}\}^{-\lambda} = e^{-\lambda}$ であることを用いた[†]．

このポアソン分布と 2 項分布の関係をもとにすると，ポアソン分布の確率関数の近似を，次のように解釈することもできる．いま，n 個の球を m 個の箱に無作為に投げ入れることを考える．それぞれの球がどの箱に入るかは確率 $1/m$ で等しく，球が入る箱はほかの球がどの箱に入っているかとは無関係に決まるものとする．このとき，ある箱に k 個の球が入る確率 P_k は

$$P_k = \binom{n}{k}\left(\frac{1}{m}\right)^k \left(1-\frac{1}{m}\right)^{n-k}$$

と書ける．P_k は，式 (2.7) において $p = 1/m$ としたものである．このため，m, n を正の定数 λ に対して $n/m = \lambda$ を満たしながら十分大きくすれば，P_k の値は

[†] 先に挙げたポアソン分布に近似的に従う例のうち，交通事故の件数，メールの件数，コンサートチケットのキャンセル数は，この解釈ができる．たとえば，コンサートのチケットを n 人が購入したとする．それぞれの人が，突発的な事情でやむなくキャンセルする確率を p として，n が十分大きく，p が十分小さく，$np = \lambda$（定数）とすれば，式 (2.7) より，キャンセルする人数はポアソン分布に従う．メールや交通事故の件数に関しても同様で，たとえば，メールの場合は，A 君にメールを送る可能性をもつ人が n 人，それぞれが 1 日に A 君にメールを送る確率を p，$np = \lambda$（定数）と考えればよい．

$e^{-\lambda}(\lambda^k/k!)$ に漸近する．つまり，ポアソン分布は，十分大きい個数 n 個の球を n/λ 個程度の箱に無作為に投げ入れるときの，1 つの箱に入る球の数の確率分布であると考えられる†．

2 項分布がポアソン分布で近似できる性質を用いて，以下の例題のように確率を近似的に求めることができる．

> **例題 2.3** ある果樹園から市場に出荷されるみかんの中には，どうしても 0.1% は傷んだものが混ざってしまうという．果樹園から市場へ 1000 個みかんを出荷したとき，3 個以上のみかんが傷んでいる確率を概算せよ．

解 傷んでいるみかんが 2 個以下である確率を求める．この確率は

$$0.999^{1000} + \binom{1000}{1} \times 0.999^{999} \times 0.001 + \binom{1000}{2} \times 0.999^{998} \times 0.001^2$$

と書ける．これは，計算機で計算すると約 0.9198 となるが，手計算で求めるのは無理がある．そこで次のように考える．いま，みかんが傷んでいる確率を $p = 0.001$ とし，$n = 1000, \lambda = np = 1$ とすると，傷んでいるみかんが 2 個以下である確率は，2 項分布がポアソン分布で近似できることを利用して，$e^{-1} + e^{-1} \times 1 + e^{-1}(1^2/2!) = 0.920$ と概算できる．よって，求める確率は $1 - 0.920 = 0.080$ となる． ∎

章末問題

■確認問題

2.1 X を非負の整数値をとる確率変数とし，X の確率関数を $f(k)$ $(k \geq 0)$ と書く．平均 $E[X]$ と分散 $V[X]$ の定義を書け．

2.2 確率 p で当たりが出るくじを n 回繰り返し引く試行において，当たりが出る回数を確率変数 X で表すとき，以下を求めよ．
   (1) $P(X = k)$ (2) X が従う分布名 (3) $E[X]$ (4) $V[X]$

2.3 確率 p で当たりが出るくじを，初めて当たりが出るまで繰り返し引く試行において，当たりが出るまでに引くはずれくじの本数を確率変数 X で表すとき，以下を求めよ．
   (1) $P(X = k)$ (2) X が従う分布名 (3) $E[X]$ (4) $V[X]$

2.4 非負の整数値をとる確率変数 X の確率関数が，ある定数 $\lambda > 0$ を用いて $f(k) = C(\lambda^k/k!)$ $(k = 0, 1, \ldots)$ と書けるとき，定数 C の値を求めよ．また，この確率分布の名称を答えよ．

---

† 飲食店のある時間帯の来客数がポアソン分布に従うことは，このモデルで解釈できる．休日の昼時に街に出かける人が n 人いて，街にランチを提供するレストランが $m = n\lambda$ 店あるとし，どこのレストランに入るかの確率が等しいとすれば，あるレストランに入る客の数は近似的にポアソン分布に従うとみなせる．人が球の代わりになるわけである．

2.5 さいころを 10000 回繰り返し振ったときに出る 5 の目の回数を確率変数 X で表す. X はどのような確率分布に従うか.

■演習問題

2.6 2 個のさいころを 500 回振る試行において, 目の和が 4 以下となる回数を確率変数 X で表す. X が従う確率分布名と, X の平均, 分散, 標準偏差を求めよ.

2.7 確率変数 X が幾何分布に従うとき, 任意の非負整数 k, l に対して, $P(X \geq k+l \mid X \geq k) = P(X \geq l)$ が成り立つことを示せ.

2.8 ある病院に急患で入院する 1 日の患者の数 X は, ポアソン分布 $Po(1)$ に従うという. 急患用のベッドが 3 個用意されているとき, 急患でベッドが不足する確率を求めよ. ただし, 急患で入院する患者は翌日には別の部屋に移されているとする.

2.9 確率 p で表が出るコインを繰り返し投げる試行において, 表が r 回 ($r \geq 1$ は定数) 出るまでに裏が出る回数を確率変数 X で表す. このとき,

$$P(X = k) = \binom{r+k-1}{k} p^r (1-p)^k \quad (k = 0, 1, 2, \ldots)$$

が成り立つことを示せ (この分布を**負の 2 項分布** $Nb(r, p)$ という).

2.10 赤球 a 個と白球 b 個が入った袋から無作為に n 個の球を取り出したときに得られる赤球の数を確率変数 X で表す. $a \geq n, b \geq n$ が成り立つとき, 次式が成り立つことを示せ (この分布を**超幾何分布**という).

$$P(X = k) = \frac{\binom{a}{k}\binom{b}{n-k}}{\binom{a+b}{n}} \quad (k = 0, 1, 2, \ldots, n)$$

2.11 正の整数値をとる確率変数 X の平均 $E[X]$ について, 次式が成り立つことを示せ.

$$E[X] = \sum_{k=1}^{\infty} P(X \geq k)$$

Chapter 3 連続型確率変数

第2章では，離散型確率変数を定義し，代表的な離散型分布についてみてきた．本章では，連続型確率変数を取り扱う．確率変数の定義は離散型と共通であるが，連続型の場合は確率関数の代わりに確率密度関数を用いることに注意してほしい．なお，本書では原則として連続型確率変数 X が実数全体 $(-\infty, \infty)$ に値をとる場合を考えるが，X が非負実数全体 $[0, \infty)$ または有限区間 $[a, b]$ に値をとる場合も同様に議論できる．

3.1 確率密度関数

連続型確率変数の定義は定義 2.2 ですでに述べた．1.3 節の用語を用いれば，$(\Omega, \mathcal{F}, P)$ を確率空間とするとき，確率変数は，すべての実数 x に対して

$$\{\omega \in \Omega : X(\omega) \leq x\} \in \mathcal{F} \tag{3.1}$$

を満たす実数値関数 $X : \Omega \to \mathbf{R}$ として定義された．大事なことは，確率変数 X に対して，分布関数

$$F_X(x) = P(X \leq x) = P(\{\omega \in \Omega : X(\omega) \leq x\}) \tag{3.2}$$

が必ず定まることである．連続型確率変数の分布関数の概形を図 3.1 に示す．

本書では，分布関数 $F_X(x)$ が，積分可能な非負の実数値関数 $f_X(x)$ を用いて，す

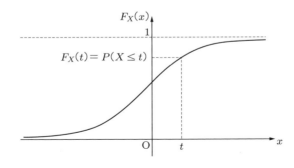

図 3.1 連続型確率変数の分布関数

べての実数 x に対して

$$F_X(x) = \int_{-\infty}^{x} f_X(v)\, dv \tag{3.3}$$

という形で表される連続型確率変数を扱う．式 (3.3) の右辺の $f_X(x)$ を，確率変数 X の**確率密度関数** (probability density function) という．考えている確率変数が文脈から明らかで混乱の恐れのないときは，$F_X(x), f_X(x)$ をそれぞれ単に $F(x), f(x)$ と書くことも多い．X が離散型のときは確率関数を $f(k)$ と，X が連続型のときは確率密度関数を $f(x)$ と，同じ f を用いて表すことになるので，混乱がないように，X が離散型なのか連続型なのかをしっかり意識する必要がある．

$f(x)$ を確率変数 X の確率密度関数とすれば，$F(x) = P(X \le x)$ であったから，

$$P(\alpha < X \le \beta) = P(X \le \beta) - P(X \le \alpha) = F(\beta) - F(\alpha) = \int_{\alpha}^{\beta} f(x)\, dx \tag{3.4}$$

が成り立つ（図 3.2）．とくに，$\alpha \to -\infty, \beta \to \infty$ とすると，上式の左辺は全確率となるから，

$$\int_{-\infty}^{\infty} f(x)\, dx = 1 \tag{3.5}$$

が成り立つ．また，式 (3.3) より，分布関数 $F(x)$ と確率密度関数 $f(x)$ の間に

$$f(x) = \frac{d}{dx} F(x) \tag{3.6}$$

が成り立つこともわかる．確率密度関数よりも分布関数のほうが簡単に求められることが多く，式 (3.6) は分布関数から確率密度関数を求めるときにしばしば用いられる．

連続型確率変数 X の確率密度関数 $f(x)$ は，基本的には X がとりうる値の集合（値域）に限って考えればよい．実際，式 (3.3) の定義から，X が非負整数全体 $[0, \infty)$ に値をとるときは $f(x) = 0\ (x < 0)$ となり，$X \in [a, b]$ の場合には

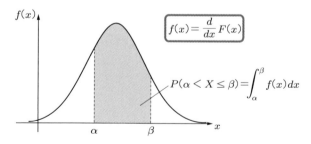

図 3.2　確率密度関数

$f(x) = 0$ $(x < a, b < x)$ となるので，式 (3.5) の代わりにそれぞれ

$$\int_0^\infty f(x)\,dx = 1, \quad \int_a^b f(x)\,dx = 1$$

が成り立つことが容易にわかる．つまり，積分する範囲を，確率変数の値域に一致するように狭めてよいのである．本書では，説明の反復を避けるために，$X \in (-\infty, \infty)$ の場合を基本として考える．一般には，与えられた確率変数に公式などを適用するときには，離散型のときと同様，まずその確率変数がどんな値をとるか十分意識して，必要があれば積分の上端と下端を修正して用いなければならない．

【注意】 式 (3.4) は連続型確率変数 X が区間 $(\alpha, \beta]$ に属する確率を表しているが，実は連続型確率変数が区間 $(\alpha, \beta]$, (α, β), $[\alpha, \beta)$, $[\alpha, \beta]$ に属する確率はいずれも等しい．すなわち，確率を求める区間の両端の等号の有無はまったく気にする必要はない．このことは，次のように考えればよい．第 1 章の式 (1.6) でみたように $(\alpha, \beta) = \bigcup_{i=1}^{\infty}(\alpha, \beta - 1/i]$ であるが，性質 [P11]（1.3 節）より

$$P(X \in (\alpha, \beta)) = \lim_{i \to \infty} P\left(X \in \left(\alpha, \beta - \frac{1}{i}\right]\right) = \lim_{i \to \infty} F\left(\beta - \frac{1}{i}\right) - F(\alpha)$$

が成り立つ．他方，式 (3.6) より F は微分可能な関数であり，したがって連続であるから，$\lim_{i \to \infty} F(\beta - 1/i) = F(\beta)$ が成り立ち，結局 $P(X \in (\alpha, \beta)) = P(X \in (\alpha, \beta])$ がいえる．$P(X \in [\alpha, \beta]) = P(X \in (\alpha, \beta])$ も同様に，$[\alpha, \beta] = \bigcap_{i=1}^{\infty}(\alpha - 1/i, \beta]$ と性質 [P12] を用いて確かめられる．

X を連続型確率変数，$f(x)$ を X の確率密度関数とするとき，X の平均 $E[X]$ と分散 $V[X]$ はそれぞれ

$$E[X] = \int_{-\infty}^{\infty} x f(x)\,dx \tag{3.7}$$

$$V[X] = \int_{-\infty}^{\infty} (x - E[X])^2 f(x)\,dx \tag{3.8}$$

と定義される．離散型の場合（式 (2.5), (2.6)）との違いは，確率関数が確率密度関数になり，和が積分に変わることである．確率変数 X が区間 $[0, \infty)$ に値をとるときは，上記の平均と分散の定義 (3.7), (3.8) は，積分の下端をともに 0 としてよい（すべての $x < 0$ に対して $f(x) = 0$ であることに注意）．また，X が区間 $[a, b]$ に値をとるときは，$x < a$ または $x > b$ で $f(x) = 0$ となるので，平均と分散は

$$E[X] = \int_a^b x f(x)\, dx, \quad V[X] = \int_a^b (x - E[X])^2 f(x)\, dx$$

と書き換えられる．分散については，連続型の場合でも $V[X] = E[X^2] - (E[X])^2$ が成立する（定理 4.2）．ここに，$E[X^2]$ は

$$E[X^2] = \int_{-\infty}^{\infty} x^2 f(x)\, dx$$

と定義される X^2 の平均である．

確率密度関数に慣れるため，次の例題を考えてみよう．

例題 3.1 確率密度関数
$$f(x) = \begin{cases} A(1 - x^2) & (-1 \leq x \leq 1) \\ 0 & (x < -1,\ x > 1) \end{cases}$$
をもつ確率変数 X を考える．A の値，および X の平均と分散を求めよ．

解 全確率が 1 であることと，$x < -1$ と $x > 1$ で $f(x) = 0$ であることから，

$$\int_{-\infty}^{\infty} f(x)\, dx = \int_{-1}^{1} A(1 - x^2)\, dx = 1$$

が成り立つ．$1 - x^2$ は偶関数であるから，上式の第 2 式は

$$\int_{-1}^{1} A(1 - x^2)\, dx = 2A \int_0^1 (1 - x^2)\, dx = 2A \left[x - \frac{x^3}{3} \right]_0^1 = \frac{4A}{3}$$

と計算でき，この値が 1 に等しいから，$A = 3/4$ が求められる．X の平均は，$x(1 - x^2)$ が奇関数であることを用いて

$$E[X] = \int_{-1}^{1} \frac{3}{4} x(1 - x^2)\, dx = 0$$

となる．さらに，

$$E[X^2] = \int_{-1}^{1} \frac{3}{4} x^2 (1 - x^2)\, dx = \frac{3}{4} \cdot 2 \cdot \left[\frac{x^3}{3} - \frac{x^5}{5} \right]_0^1 = \frac{1}{5}$$

より，$V[X] = E[X^2] - (E[X])^2 = 1/5$ が求められる． ∎

3.2 代表的な連続型分布

本節では，応用上重要な確率密度関数をみていく．しばしばガンマ関数とベータ関数を用いるが，これらの関数の定義や性質は付録 A にまとめてある．

3.2.1 一様分布 $U(a,b)$

a, b を $a < b$ を満たす定数とする．確率変数 X が区間 $[a, b]$ に値をとり，確率密度関数が

$$f(x) = \begin{cases} \dfrac{1}{b-a} & (a \leq x \leq b \text{ のとき}) \\ 0 & (x < a \text{ または } b < x \text{ のとき}) \end{cases}$$

と与えられるとき，X は**一様分布** (uniform distribution) $U(a,b)$ に従うという．一様分布の確率密度関数は，区間 $[a, b]$ で一定の値をとり，区間 $[a, b]$ の外では 0 に等しい（図 3.3）．

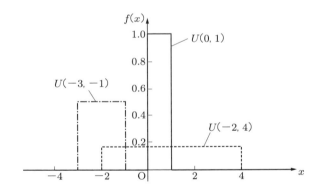

図 3.3 　一様分布 $U(a,b)$ の確率密度関数

確率変数 X が一様分布 $U(a,b)$ に従うとき，平均と分散はそれぞれ

$$E[X] = \int_{-\infty}^{\infty} x f(x)\, dx = \int_a^b \frac{x}{b-a}\, dx = \frac{1}{b-a} \left[\frac{x^2}{2} \right]_a^b = \frac{a+b}{2}$$

$$V[X] = \int_{-\infty}^{\infty} \left(x - \frac{a+b}{2} \right)^2 \frac{1}{b-a}\, dx = \frac{1}{b-a} \left[\frac{1}{3} \left(x - \frac{a+b}{2} \right)^3 \right]_a^b = \frac{(b-a)^2}{12}$$

となる．

例題 3.2 確率変数 X は一様分布 $U(0, 30)$ に従うとする.確率密度関数 $f(x)$, $P(X \geq 20)$, $E[X]$, $V[X]$ をそれぞれ求めよ.

解 区間の幅が 30 であるから,確率密度関数 $f(x)$ は $x \in [0, 30]$ のとき $1/30$,それ以外のとき 0 である.また,

$$P(X \geq 20) = \int_{20}^{30} f(x)\,dx = \frac{1}{3}$$

であり,$E[X] = (0+30)/2 = 15$, $V[X] = (30-0)^2/12 = 75$ となる.■

3.2.2 指数分布 $Ex(\lambda)$

λ を正の定数とする.確率変数 X が非負の実数値をとり,確率密度関数が

$$f(x) = \begin{cases} \lambda e^{-\lambda x} & (x \geq 0 \text{ のとき}) \\ 0 & (x < 0 \text{ のとき}) \end{cases}$$

と与えられるとき,X は**指数分布** (exponential distribution) $Ex(\lambda)$ に従うという.指数分布の確率密度関数の概形を図 3.4 に示す.指数分布 $Ex(\lambda)$ は,機械の部品などの故障時間の分布として使われることが多く,λ が大きいほど,$x \to \infty$ における $f(x)$ の 0 への近づき方が速くなる.

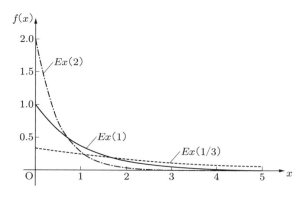

図 3.4 指数分布 $Ex(\lambda)$ の確率密度関数

確率変数 X が指数分布 $Ex(\lambda)$ に従うとき,平均は $E[X] = 1/\lambda$,分散は $V[X] = 1/\lambda^2$ となる.実際,ガンマ関数を使うと,$E[X]$ と $E[X^2]$ を以下のように楽に計算できる.なお,この計算では,$t = \lambda x$ と変数変換している.

$$E[X] = \int_0^\infty x \lambda e^{-\lambda x}\,dx = \int_0^\infty t e^{-t} \frac{1}{\lambda}\,dt = \frac{1}{\lambda}\varGamma(2) = \frac{1}{\lambda} \cdot 1 \cdot \varGamma(1) = \frac{1}{\lambda}$$

$$E[X^2] = \int_0^\infty x^2 \lambda e^{-\lambda x}\, dx = \int_0^\infty \frac{1}{\lambda} t^2 e^{-t} \frac{1}{\lambda}\, dt = \frac{1}{\lambda^2} \Gamma(3) = \frac{1}{\lambda^2} \cdot 2 \cdot 1 \cdot \Gamma(1) = \frac{2}{\lambda^2}$$

$$V[X] = E[X^2] - (E[X])^2 = \frac{2}{\lambda^2} - \left(\frac{1}{\lambda}\right)^2 = \frac{1}{\lambda^2}$$

例題 3.3 ある機械が x 時間以内に故障する確率が $F(x) = 1 - e^{-\frac{x}{100}}$ $(x \geq 0)$ と与えられるとする.このとき,以下を求めよ.
(1) 機械が故障するまでの時間 X が従う分布とその確率密度関数 $f(x)$.
(2) 機械が故障するまでの時間の平均 $E[X]$ と分散 $V[X]$.
(3) この機械が故障するまでの時間が 200 時間を超える確率 p.

解 (1) 機械が故障するまでの時間 X について,$F(x) = P(X \leq x)$ となるので,$F(x)$ は X の分布関数である.よって,式 (3.6) より,$f(x) = \dfrac{d}{dx} F(x) = \dfrac{1}{100} e^{-\frac{x}{100}}$ となる.したがって,X は指数分布 $Ex(1/100)$ に従う.
(2) 指数分布の平均と分散の公式を使って,$E[X] = 100, V[X] = 10000$ となる.
(3) 200 時間までに機械が故障する確率が $F(200) = 1 - e^{-2}$ なので,求める確率は $1 - F(200) = e^{-2}$ となる.もちろん,この値は確率密度関数を用いて

$$p = \int_{200}^\infty \frac{1}{100} e^{-\frac{x}{100}}\, dx = \left[-e^{-\frac{x}{100}}\right]_{200}^\infty = \frac{1}{e^2}$$

としても得られる.■

3.2.3 正規分布 $N(\mu, \sigma^2)$

確率変数 X が実数値をとり,その確率密度関数が

$$f(x) = \frac{1}{\sqrt{2\pi\sigma^2}} \exp\left[-\frac{(x-\mu)^2}{2\sigma^2}\right] \quad (-\infty < x < \infty)$$

という形に書けるとき,X は**正規分布** (normal distribution) $N(\mu, \sigma^2)$ に従うという.ここに,μ は実数の定数,σ は正の定数であり,それぞれ平均 $E[X]$,標準偏差 $\sqrt{V[X]}$ としての意味をもつ.とくに,$\mu = 0, \sigma^2 = 1$ の場合を**標準正規分布** (standard normal distribution) という.標準正規分布の確率密度関数は

$$f(x) = \frac{1}{\sqrt{2\pi}} \exp\left[-\frac{x^2}{2}\right] \quad (-\infty < x < \infty)$$

となる.なお,正規分布は**ガウス分布** (Gaussian distribution) とよばれることもある.

36 第3章 連続型確率変数

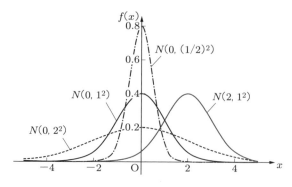

図 3.5 正規分布 $N(\mu, \sigma^2)$ の確率密度関数

正規分布 $N(\mu, \sigma^2)$ の確率密度関数の概形を図 3.5 に示す．確率密度関数は直線 $x = \mu$ に関して対称で，σ^2 が大きいほど左右に広がっていくことがわかるだろう．

■**問 3.1** X を正規分布 $N(\mu, \sigma^2)$ に従う確率変数とするとき，$E[X] = \mu$ を確かめよ．

正規分布は，理論上も実用上も，非常によく現れる．たとえば，通信では，送ろうとする信号 X に対して正規分布 $N(0, \sigma^2)$ に従う確率変数 Z が雑音として加わって，$Y = X + Z$ が観測される通信路を考えることがある．また，第 7 章以降で述べる統計でも，正規分布は中心的な役割を果たす．

正規分布を扱ううえで注意すべきことは，$P(\alpha \leq X \leq \beta)$ の値が一般には手計算で求められない点である．X は連続型確率変数なので，式 (3.4) 自体は成立しているのだが，式 (3.4) 右辺の定積分の値は，ほとんどの場合，正確な値を求めることはできない．これは，e^{-x^2} の不定積分が，初等関数（多項式，三角関数，指数・対数関数など）を用いて表せないためである．したがって，正規分布表（付表）を用いて確率の近似値を計算することになる．

なお，付表の正規分布表では，$f(x)$ を標準正規分布の確率密度関数とするとき，$0 \leq x \leq 3.59$ に対して

$$I(x) = P(0 \leq X \leq x) = \int_0^x f(t)\,dt$$

の近似値が与えてある．x の精度は 3 桁（小数第 2 位まで）与えることができ，上位 2 桁から行を，最後の桁から列を選んで，交わったところの値が $I(x)$ になる．また，$f(x)$ は直線 $x = 0$ に関して対称なので，$P(-x \leq X \leq 0)$ も $I(x)$ に等しく，また全確率は 1 であるから $P(X \geq 0) = P(X \leq 0) = 1/2$ も成り立っている．次の例題をみてみよう．

> **例題 3.4** 標準正規分布に従う確率変数 X に対して,付表の正規分布表を用いて以下の確率を求めよ.
> (1) $P(0 \leq X \leq 2)$ (2) $P(X \geq 2.4)$ (3) $P(-1 \leq X \leq 2)$

解 (1) $I(2.00) = 0.4772$
(2) $P(X \geq 0) - P(0 \leq X \leq 2.4) = 1/2 - I(2.40) = 0.0082$
(3) $P(-1 \leq X \leq 0) + P(0 \leq X \leq 2) = I(1.00) + I(2.00) = 0.8185$ ∎

例題 3.4 では確率変数 X が標準正規分布に従う場合だけを扱ったが,4.4 節で述べる確率変数の**標準化**という操作を用いて,一般の正規分布 $N(\mu, \sigma^2)$ に従う確率変数 X に対しても同様の計算ができる.

3.2.4 ガンマ分布 $G(\alpha, \nu)$

確率変数 X が非負の実数値をとり,その確率密度関数 $f(x)$ が,定数 $\alpha > 0, \nu > 0$ に対して

$$f(x) = \begin{cases} \dfrac{1}{\Gamma(\nu)} \alpha^\nu x^{\nu-1} e^{-\alpha x} & (x \geq 0 \text{ のとき}) \\ 0 & (x < 0 \text{ のとき}) \end{cases} \quad (3.9)$$

と与えられるとき,X は**ガンマ分布** (gamma distribution) $G(\alpha, \nu)$ に従うという.α をスケールパラメータ,ν を形状パラメータという.とくに,$\nu = \alpha = 1$ のとき,ガンマ分布は指数分布 $Ex(1)$ に一致する.また,$G(1/2, n/2)$ は自由度 n の χ^2 **分布** (χ^2 distribution,カイ2乗と読む)として知られている.この分布は 7.3.1 項で再度取り扱う.

ガンマ分布の確率密度関数の概形を図 3.6 に示す.

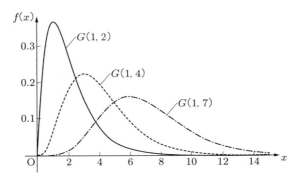

図 3.6 ガンマ分布 $G(1, \nu)$ の確率密度関数

■問 3.2 X をガンマ分布 $G(\alpha,\nu)$ に従う確率変数とするとき，$E[X] = \nu/\alpha$ および $V[X] = \nu/\alpha^2$ が成り立つ．これを示せ．[ヒント：付録 A の定理 A.1 を用いよ．]

次の例題からもわかるように，正規分布とガンマ分布，とくに χ^2 分布の間には，密接な関係がある．

> **例題 3.5** 確率変数 X が標準正規分布に従うとき，確率変数 $Y = X^2$ はガンマ分布 $G(1/2, 1/2)$（自由度 1 の χ^2 分布）に従うことを示せ．

解 Y の分布関数を F_Y とおき，X, Y の確率密度関数をそれぞれ f_X, f_Y とおくと，任意の $y \geq 0$ に対して

$$F_Y(y) = P(Y \leq y) = P(X^2 \leq y) = P(-\sqrt{y} \leq X \leq \sqrt{y})$$
$$= \int_{-\sqrt{y}}^{\sqrt{y}} f_X(x)\,dx = 2\int_0^{\sqrt{y}} f_X(x)\,dx$$

が成り立つ．最後の等号は f_X が偶関数であることを用いた．すると，式 (3.6) より

$$f_Y(y) = 2\frac{d}{dy}\int_0^{\sqrt{y}} f_X(x)\,dx = 2f_X(\sqrt{y})\frac{d}{dy}\sqrt{y} = \frac{1}{\sqrt{2\pi}} y^{-\frac{1}{2}} e^{-\frac{y}{2}}$$

が得られる．ここに，2 番目の等号は合成関数の微分法より導かれる．$G(\alpha,\nu)$ の確率密度関数と比較することにより，$Y = X^2$ が $G(1/2, 1/2)$ に従うことがわかる． ■

3.2.5 ベータ分布 $Be(\alpha, \beta)$

確率変数 X が区間 $[0,1]$ 上に値をとり，その確率密度関数が，定数 $\alpha > 0, \beta > 0$ に対して

$$f(x) = \begin{cases} \dfrac{1}{B(\alpha,\beta)} x^{\alpha-1}(1-x)^{\beta-1} & (0 \leq x \leq 1 \text{ のとき}) \\ 0 & (\text{それ以外のとき}) \end{cases}$$

と与えられるとき，X は**ベータ分布** (beta distribution) $Be(\alpha,\beta)$ に従うという．ここに，$B(\alpha,\beta)$ はベータ関数である．$Be(1,1)$ は一様分布 $U(0,1)$ に一致する．また，$\alpha < 1$ かつ $\beta < 1$ の場合は，確率密度関数 $f(x)$ の値は両端が大きく中央が小さくなり，逆に，$\alpha > 1$ かつ $\beta > 1$ の場合は，両端が 0 で中央に 1 つのピークをもつ（図 3.7）．

■問 3.3 X をベータ分布 $Be(\alpha,\beta)$ に従う確率変数とするとき，$E[X] = \dfrac{\alpha}{\alpha+\beta}$ および

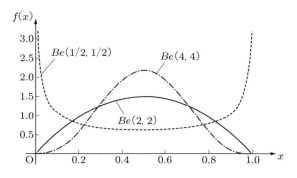

図 3.7 ベータ分布 $Be(\alpha, \beta)$ の確率密度関数

$$V[X] = \frac{\alpha\beta}{(\alpha+\beta+1)(\alpha+\beta)^2}$$ を示せ．[ヒント：付録 A の定理 A.1, A.2 を用いよ．]

3.2.6 コーシー分布 $C(\mu, \alpha)$

確率変数 X が実数値をとり，その確率密度関数が

$$f(x) = \frac{1}{\pi}\frac{\alpha}{(x-\mu)^2 + \alpha^2} \quad (-\infty < x < \infty)$$

と与えられるとき，X は**コーシー分布** (Cauchy distribution) $C(\mu, \alpha)$ に従うという．ここに，$\mu \in (-\infty, \infty)$, $\alpha > 0$ は定数である．コーシー分布の確率密度関数の概形を図 3.8 に示す．

コーシー分布の確率密度関数は，一見すると正規分布の確率密度関数と似ている．ところが，$x \to \pm\infty$ における確率密度関数の振る舞いはまったく異なる．たとえば，標準正規分布 $N(0,1)$ とコーシー分布 $C(0,1)$ を比べてみると，標準正規分布の確率

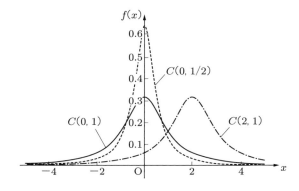

図 3.8 コーシー分布 $C(\mu, \alpha)$ の確率密度関数

密度関数が $x \to \pm\infty$ で $e^{-x^2/2}$ のオーダーで非常に速く 0 に収束するのに対し, コーシー分布の場合は確率密度関数は $1/x^2$ のオーダーで, 標準正規分布と比べるとゆっくり 0 に収束していく. このように, コーシー分布は確率密度関数の $x \to \pm\infty$ での 0 への収束が遅いため, 平均も分散も存在しない確率分布として知られている (4.2 節). また, 統計でよく用いられる t 分布の特別な場合 (自由度が 1 の場合) にもなっている (7.3.2 項).

Column　規格化定数

ここまで複雑な形の確率密度関数がいくつか出てきたが, 確率密度関数については次のように考えてほしい. たとえば, 指数分布の場合, $f(x) = \lambda e^{-\lambda x}$ $(x \geq 0)$ が確率密度関数であるが, この $f(x)$ は x が大きくなるとともに指数関数的に値が小さくなる. この「値が小さくなる度合い」を決めるために, まず $\lambda > 0$ というパラメータが導入され, $f(x) = Ce^{-\lambda x}$ (C は定数) という形が定まる. その後, $f(x)$ を区間 $[0, \infty)$ で積分すると 1 になるように C を決めると, $C = \lambda$ となる. ガンマ分布の場合も, x の次数と指数関数の小さくなる度合いをパラメータとすれば, $f(x) = Cx^{\nu-1}e^{-\alpha x}$ となり, 区間 $[0, \infty)$ で積分すると 1 になるように C を決めると, 確率密度関数は式 (3.9) の形となる (x^ν でなく $x^{\nu-1}$ となっているのはガンマ関数の都合である). このような定数 C を, とくに**規格化定数**という. 確率密度関数は, 規格化定数を除いた部分が, その形を決める最も重要な箇所である.

章末問題

■確認問題

3.1　非負の実数値をとる確率変数 X の確率密度関数を $f(x)$ とするとき, $P(\alpha \leq X \leq \beta), E[X], V[X]$ を $f(x)$ を用いて表せ. ここに, $a, b > 0$ は定数である.

3.2　区間 $[0, 2]$ に値をとる連続型確率変数 X の確率密度関数が $f(x) = 1 - x/2$ $(0 \leq x \leq 2)$ であるとする.
　　(1) $P(0 \leq X \leq 1)$ を求めよ.　　(2) 平均 $E[X]$ を求めよ.

3.3　確率変数 X が, 区間 $[-1, 1]$ 上の一様分布 $U(-1, 1)$ に従うとする.
　　(1) 確率密度関数を求めよ.　　(2) $P(1/3 \leq X \leq 1)$ を求めよ.

3.4　確率変数 X が正規分布 $N(\mu, \sigma^2)$ に従うとする. X の確率密度関数 $f(x)$ のグラフの概形を描き, 平均 $E[X]$ と分散 $V[X]$ を μ, σ を用いて表せ. また, 標準正規分布とは何か答えよ.

3.5　$\Gamma(1), \Gamma(3), \Gamma(1/2), \Gamma(5/2)$ の値はいくつか.

■ 演習問題

3.6 連続型の確率変数 X の確率密度関数が，定数 A を用いて

$$f(x) = \begin{cases} A & (-2 \leq x \leq 2 \text{ のとき}) \\ 0 & (x < -2 \text{ または } x > 2 \text{ のとき}) \end{cases}$$

で表されるとする．以下の問いに答えよ．
(1) A の値を求めよ． (2) $P(-1 \leq X \leq 1)$ を求めよ．
(3) $E[X]$ と $E[X^2]$ を求めよ．

3.7 連続型の確率変数 X の確率密度関数が，定数 B を用いて

$$f(x) = \begin{cases} B(1-|x|) & (|x| \leq 1 \text{ のとき}) \\ 0 & (|x| > 1 \text{ のとき}) \end{cases}$$

と表されるとする．以下の問いに答えよ．
(1) B の値を求めよ． (2) $P(1/2 \leq X \leq 1)$ を求めよ．
(3) $E[X]$ と $E[X^2]$ を求めよ．

3.8 非負の実数値をとる連続型確率変数 X の確率密度関数が $f(x) = Cx^3 e^{-2x}$ （C は定数）であるとする．定数 C の値を求め，X の平均 $E[X]$ を求めよ．

3.9 X が非負の実数値をとる連続型確率変数であるとき，X の平均は

$$E[X] = \int_0^\infty P(X \geq x)\,dx$$

と書ける．これを示せ．

3.10 ガンマ関数 $\Gamma(x)$ を用いて以下の積分の値を求めよ．
(1) $\int_0^\infty x^2 e^{-x}\,dx$ (2) $\int_0^\infty x^3 e^{-x}\,dx$ (3) $\int_{-\infty}^\infty e^{-\frac{x^2}{2}}\,dx$
(4) $\int_{-\infty}^\infty x^2 e^{-\frac{x^2}{2}}\,dx$

3.11 $a > 0$ を定数とするとき，次の定積分 I の値を a を用いて表せ．

$$I = \int_0^\infty ax^3 e^{-ax}\,dx$$

3.12 確率変数 X は実数値をとり，その確率密度関数が正定数 σ と C を用いて

$$f(x) = C\exp\left[-\frac{x^2}{2\sigma^2}\right]$$

と表されるとする．以下の問いに答えよ．
(1) $C = 1/\sqrt{2\pi\sigma^2}$ となることを示せ．
(2) $P(X \geq 0) = 1/2$ である．これを示せ．

(3) $E[X^2]$ を求めよ.

3.13 λ を正の定数とする.確率変数 X が一様分布 $U(0,1)$ に従うとき,確率変数 $Y = (-\log X)/\lambda$ は指数分布 $Ex(\lambda)$ に従うことを示せ.

3.14 確率変数 X が一様分布 $U(0,1)$ に従うとき,確率変数 $Y = \tan[\pi(X - 1/2)]$ はコーシー分布 $C(0,1)$ に従うことを示せ.

3.15 X を標準正規分布に従う確率変数とする.正規分布表(付表)を用いて,以下の確率を求めよ.

(1) $P(X \geq 0)$ (2) $P(1 \leq X \leq 2)$
(3) $P(-2 \leq X \leq 2)$ (4) $P(-1 \leq X \leq 3)$

3.16 非負の実数値をとる確率変数 X の確率密度関数が

$$f(x) = \alpha m x^{m-1} e^{-\alpha x^m} \quad (x \geq 0,\ \alpha > 0,\ m > 0)$$

で与えられている(この分布を**ワイブル分布**という).以下の問いに答えよ.

(1) $f(x)$ が確率密度関数であることを確かめよ.
(2) 確率変数 $Y = X^m$ はどのような分布に従うか.

Chapter 4 確率変数の独立性と平均・分散の性質

これまで，代表的な離散型確率変数と連続型確率変数を学習した．第2章では，非負の整数値をとる離散型の確率変数 X を定めるのは，確率関数 $f_X(k)$ $(k = 0, 1, 2, \ldots)$ であることや，X の平均 $E[X]$ と分散 $V[X]$ は確率関数を用いて

$$E[X] = \sum_{k=0}^{\infty} k f_X(k) \tag{4.1}$$

$$V[X] = \sum_{k=0}^{\infty} (k - E[X])^2 f_X(k) \tag{4.2}$$

と定義されることをみた．2項分布やポアソン分布のような代表的な確率分布に従う確率変数は，その平均や分散が分布のパラメータを用いて簡単な式で書ける．第3章では，実数値をとる連続型確率変数 X が確率密度関数 $f_X(x)$ によって定まり，平均 $E[X]$ と分散 $V[X]$ は確率密度関数を用いて

$$E[X] = \int_{-\infty}^{\infty} x f_X(x)\,dx \tag{4.3}$$

$$V[X] = \int_{-\infty}^{\infty} (x - E[X])^2 f_X(x)\,dx \tag{4.4}$$

と定義されることをみた．さらに，X が正規分布やガンマ分布のような代表的な確率分布に従う場合には，分布のパラメータを用いてこれらの量を表すことができた．

本章では，n 個の確率変数が独立であることを定義し，平均と分散に関する基本的な性質を調べていく．

4.1 確率変数の同時確率と独立性

4.1.1 離散型確率変数の同時確率関数と独立性

まず，2つの確率変数 X, Y が離散型で，X が集合 $\{1, 2\}$ に，Y が集合 $\{1, 2, 3\}$ に値をとる場合を考えよう．2つの確率変数の組 (X, Y) を扱うためには，$(X, Y) = (i, j)$ となる確率がすべての $1 \leq i \leq 2$ と $1 \leq j \leq 3$ に対してわかっていればよい．たとえ

表 4.1 同時確率関数 f_{XY} の例

(a)

$X=i$ \ $Y=j$	1	2	3	合計
1	$\frac{1}{12}$	$\frac{2}{12}$	$\frac{3}{12}$	$\frac{1}{2}$
2	$\frac{3}{12}$	$\frac{2}{12}$	$\frac{1}{12}$	$\frac{1}{2}$
合計	$\frac{1}{3}$	$\frac{1}{3}$	$\frac{1}{3}$	

(b)

$X=i$ \ $Y=j$	1	2	3	合計
1	$\frac{1}{18}$	$\frac{2}{18}$	$\frac{3}{18}$	$\frac{1}{3}$
2	$\frac{2}{18}$	$\frac{4}{18}$	$\frac{6}{18}$	$\frac{2}{3}$
合計	$\frac{1}{6}$	$\frac{2}{6}$	$\frac{3}{6}$	

ば，表 4.1 の 2 つの表は，この確率の例を表している．この表のように，

$$f_{XY}(i,j) = P(X=i \text{ かつ } Y=j)$$

を表す関数を**同時確率関数** (joint probability function) という．

同時確率関数から，X と Y の確率関数を求めることができる．たとえば，表 4.1(a) の $f_{XY}(i,j)$ を，i を固定して j に関して和をとってみる．この値 $f_X(i)$ は $X=i$ かつ $Y \in \{1,2,3\}$ の確率であり，

$$f_X(i) = \sum_{j=1}^{3} f_{XY}(i,j) = \frac{1}{2} \quad (i=1,2)$$

となる．これは $X=i$ である確率 $P(X=i)$ に等しい．同様に，$f_{XY}(i,j)$ を j を固定して i に関して和をとって得られる $f_Y(j)$ は

$$f_Y(j) = \sum_{i=1}^{2} f_{XY}(i,j) = \frac{1}{3} \quad (j=1,2,3)$$

となり，$Y=j$ である確率 $P(Y=j)$ に等しい．このように，片方の確率変数のとりうるすべての値に関して和をとって得られる $f_X(i)$ $(i=1,2)$，$f_Y(j)$ $(j=1,2,3)$ を，**周辺確率関数** (marginal probability function) という．つまり，2 つの確率変数の同時確率関数が与えられると，それぞれの確率変数の確率関数が周辺確率関数として得られることがわかる．

ここで，表 4.1(b) の同時確率関数をみてみよう．この同時確率関数では，実は，

$$f_{XY}(i,j) = f_X(i) f_Y(j) \quad (i=1,2, \ j=1,2,3) \tag{4.5}$$

が成り立っている．このような場合には，確率変数 X と Y は**独立である** (independent) という．一方，同時確率関数 f_{XY} が式 (4.5) のように周辺確率関数の

積で表されないとき，**独立でない** (dependent)（または**従属である**）という．表 4.1(a) の同時確率関数は式 (4.5) を満たさないので（たとえば，$f_{XY}(1,1) = 1/12$, $f_X(1)f_Y(1) = (1/2) \cdot (1/3) = 1/6$），$X$ と Y は独立ではない．

■**問 4.1** 確率変数 X, Y がともに集合 $\{1, 2, 3\}$ に値をとり，$f_{XY}(i, j) = 1/9$ がすべての $i, j \in \{1, 2, 3\}$ に対して成り立つとき，X と Y は独立であることを確かめよ．

表 4.1(b) の例を一般化しよう．一般に，非負の整数値をとる 2 つの離散型確率変数 X, Y が独立であるとは，すべての非負整数 i, j に対して

$$f_{XY}(i, j) = f_X(i)f_Y(j)$$

が成り立つことと定義する．X, Y が独立であれば，A, B を任意の 2 つの非負整数の集合とするとき，$X \in A$ かつ $Y \in B$ となる確率は，

$$P(X \in A \text{ かつ } Y \in B) = P(X \in A)P(Y \in B) \tag{4.6}$$

と書ける．つまり，$X \in A$ となる確率と $Y \in B$ となる確率の積となる．これは，

$$P(X \in A \text{ かつ } Y \in B) = \sum_{(i,j) \in A \times B} f_{XY}(i, j) = \sum_{(i,j) \in A \times B} f_X(i)f_Y(j)$$

$$= \left(\sum_{i \in A} f_X(i)\right)\left(\sum_{j \in B} f_Y(j)\right) = P(X \in A)P(Y \in B)$$

となることから明らかである．

同様に，非負の整数値をとる n 個の離散型確率変数 $X_1, X_2, \ldots, X_n$ が独立であるとは，

$$f_{X_1 X_2 \cdots X_n}(k_1, k_2, \ldots, k_n) = f_{X_1}(k_1)f_{X_2}(k_2) \cdots f_{X_n}(k_n) \tag{4.7}$$

がすべての非負整数 $k_1, k_2, \ldots, k_n$ に対して成り立つことと定義する．ここに，$f_{X_1 X_2 \cdots X_n}$ は $X_1, X_2, \ldots, X_n$ の同時確率関数であり，f_{X_i} は $f_{X_1 X_2 \cdots X_n}$ の周辺確率関数（すべての X_j ($j \neq i$) のとりうる値に関して $f_{X_1 X_2 \cdots X_n}$ の和をとったもの）を表す．

n 個の確率変数 $X_1, X_2, \ldots, X_n$ の同時確率関数 $f_{X_1 X_2 \cdots X_n}$ は，$X_1, X_2, \ldots, X_n$ が**独立で同一の分布に従う** (i.i.d., independent and identically distributed)（**独立同分布**という）という仮定のもとでは，簡単な形になる．すなわち，$X_1, X_2, \ldots, X_n$ が同一の分布に従うとき，その確率関数を $f(k)$ ($k \geq 0$) と書けば，$f_{X_1}(k) = f_{X_2}(k) = \cdots = f_{X_n}(k) = f(k)$ がすべての整数 $k \geq 0$ に対して成り立つ．すると，

$X_1, X_2, \ldots, X_n$ が独立であることと合わせて,

$$f_{X_1 X_2 \cdots X_n}(k_1, k_2, \ldots, k_n) = f(k_1) f(k_2) \cdots f(k_n) \tag{4.8}$$

がすべての非負整数 $k_1, k_2, \ldots, k_n$ に対して成り立つ．上式の右辺は $k_1, k_2, \ldots, k_n$ には依存するが，どの $X_1, X_2, \ldots, X_n$ が $k_1, k_2, \ldots, k_n$ に等しいかには依存しない．

◆ **例 4.1** 確率変数 X, Y が独立で同一の 2 項分布 $B(n; p)$ に従うとき, 同時確率関数は $f_{XY}(i, j) = P(X = i)P(Y = j) = \binom{n}{i} p^i (1-p)^{n-i} \binom{n}{j} p^j (1-p)^{n-j} = \binom{n}{i}\binom{n}{j} p^{i+j} (1-p)^{2n-i-j}$ となる．

4.1.2 連続型確率変数の同時確率密度関数と独立性

次に，連続型確率変数に対しても独立性を定義しよう．簡単のために，まず 2 個の連続型確率変数 X, Y が実数全体の集合に値をとる場合を考える．X, Y の**同時確率密度関数** (joint probability density function) $f_{XY}(x, y)$ は，非負の値をとり，xy-平面内の任意の領域 D に対して

$$P\{(X, Y) \in D\} = \iint_D f_{XY}(x, y)\, dx dy$$

を満たす 2 変数関数である．上式の左辺は，確率変数の組 (X, Y) が，xy-平面内のある領域 D に属する確率を表している．とくに，$D = \boldsymbol{R}^2$ (xy-平面全体) であるとき，上式の右辺は 1 に等しい．また，同時確率密度関数から得られる

$$f_X(x) = \int_{-\infty}^{\infty} f_{XY}(x, y)\, dy, \quad f_Y(y) = \int_{-\infty}^{\infty} f_{XY}(x, y)\, dx$$

を**周辺確率密度関数** (marginal probability density function) という．$f_X(x), f_Y(y)$ はそれぞれ，X, Y の確率密度関数としての意味をもつ．

確率変数 X, Y が**独立である** (independent) とは，すべての (x, y) に対して

$$f_{XY}(x, y) = f_X(x) f_Y(y)$$

が成り立つことをいう．X, Y が独立であるとき，任意の 2 つの事象 A, B に対して $X \in A$ かつ $Y \in B$ となる確率について，式 (4.6) と同じ性質が得られる．証明は，和が積分になるだけなので，各自試みてほしい．

◆ **例 4.2** 確率変数 X, Y が独立で，ともに標準正規分布 $N(0, 1)$ に従うとき，同時確率密度関数は

$$f_{XY}(x,y) = f_X(x)f_Y(y) = \frac{1}{\sqrt{2\pi}} \exp\left[-\frac{x^2}{2}\right] \cdot \frac{1}{\sqrt{2\pi}} \exp\left[-\frac{y^2}{2}\right]$$
$$= \frac{1}{2\pi} \exp\left[-\frac{x^2+y^2}{2}\right] \tag{4.9}$$

となる．

他方，確率変数 X,Y の確率密度関数が，ある定数 ρ ($|\rho|<1$, $\rho\neq 0$) に対して

$$f_{XY}(x,y) = \frac{1}{2\pi\sqrt{1-\rho^2}} \exp\left[-\frac{x^2-2\rho xy+y^2}{2(1-\rho^2)}\right] \tag{4.10}$$

と与えられるとき，式 (4.10) の $f_{XY}(x,y)$ は，式 (4.9) の 3 つ目の式のように，x の関数と y の関数の積の形で書くことができないので，X,Y は独立でない．やや複雑な計算になるが，式 (4.10) の同時確率密度関数 f_{XY} から周辺確率密度関数 f_X, f_Y を求めると，X,Y はいずれも標準正規分布に従うことが確かめられる（問 4.2）．

■**問 4.2** 式 (4.10) の f_{XY} から周辺確率密度関数 f_X を求め，X が標準正規分布に従うことを確かめよ．

n 個の連続型確率変数 $X_1, X_2, \ldots, X_n$ を考える場合も同様である．$(X_1, X_2, \ldots, X_n)$ がある n 次元空間内の領域 D に入る確率は，$X_1, X_2, \ldots, X_n$ の同時確率密度関数 $f_{X_1 X_2 \cdots X_n}(x_1, x_2, \ldots, x_n)$ を用いて

$$P\{(X_1, X_2, \ldots, X_n) \in D\} = \iint \cdots \int_D f_{X_1 X_2 \cdots X_n}(x_1, x_2, \ldots, x_n)\, dx_1 dx_2 \cdots dx_n$$

と与えられる．とくに，$f_{X_i}(x_i)$ ($i=1,2,\ldots,n$) を周辺確率密度関数（$f_{X_1 X_2 \cdots X_n}(x_1, x_2, \ldots, x_n)$ を x_i 以外のすべての変数に関して積分したもの）として，すべての $(x_1, x_2, \ldots, x_n)$ に対して

$$f_{X_1 X_2 \cdots X_n}(x_1, x_2, \ldots, x_n) = f_{X_1}(x_1) f_{X_2}(x_2) \cdots f_{X_n}(x_n) \tag{4.11}$$

が成り立つとき，$X_1, X_2, \ldots, X_n$ は独立であるという．とくに，$X_1, X_2, \ldots, X_n$ が独立で同一の分布に従うとき，ある確率密度関数 $f(x)$ に対して

$$f_{X_1 X_2 \cdots X_n}(x_1, x_2, \ldots, x_n) = f(x_1) f(x_2) \cdots f(x_n) \tag{4.12}$$

が成り立つ．

次の例題は，これまで得られた知識の集大成のような問題である．

例題 4.1 $X_1, X_2, \ldots, X_n$ を一様分布 $U(0,1)$ に従う独立な確率変数とするとき，$X_{\max} = \max_{1 \leq i \leq n} X_i$ の確率密度関数と平均 $E[X_{\max}]$ を求めよ．

解 $x \in [0,1]$ を任意に固定すると，$X_1, X_2, \ldots, X_n$ の独立性から

$$P(X_{\max} \leq x) = P(X_1 \leq x, X_2 \leq x, \ldots, X_n \leq x)$$
$$= P(X_1 \leq x) P(X_2 \leq x) \cdots P(X_n \leq x)$$
$$= \left(\int_0^x 1 \, dx \right)^n = x^n$$

が成り立つ．ここに，3 番目の等号は，X_i が $U(0,1)$ に従うことと式 (3.4) による．左辺の $P(X_{\max} \leq x)$ は $X_{\max}$ の分布関数だから，式 (3.6) より $X_{\max}$ の確率密度関数は $\frac{d}{dx} x^n = n x^{n-1}$ となるので，$X_{\max}$ の平均は

$$E[X_{\max}] = \int_0^1 x n x^{n-1} \, dx = n \left[\frac{x^{n+1}}{n+1} \right]_0^1 = \frac{n}{n+1}$$

と求められる．■

■**問 4.3** 例題 4.1 と同じ設定のもとで，$X_{\min} = \min_{1 \leq i \leq n} X_i$ の確率密度関数と平均 $E[X_{\min}]$ を求めよ．

例題 4.1 と問 4.3 では n 個の確率変数の最大値と最小値だけを考えたが，もっと一般化して小さい順に k 番目を考えたとき，その確率密度関数と平均はどのようになるだろうか．10.1 節では，この問題を再度考える．

4.2 平均とその諸性質

平均とは，確率変数 X がおよそどのくらいの値をとるかという指標である．確率変数 X の平均は，離散型のときは式 (4.1) で，連続型のときは式 (4.3) で定義される．本節では，確率変数の平均に関する基本的な性質をまとめておく．

確率変数 X の平均は，厳密には X の絶対値 $|X|$ の平均 $E[|X|]$ が有限の値になるときに定義される．3.2 節で述べた指数分布，正規分布，ガンマ分布は，確率密度関数の裾が指数関数的に 0 になっていくので，$E[|X|]$ は有限の値をとり，平均をもつことが簡単に確認できる．ところが，コーシー分布 $C(0,1)$ は，その確率密度関数 $f(x) = \dfrac{1}{\pi(x^2+1)}$ を用いて $E[|X|]$ を計算すると，

$$E[|X|] = \int_{-\infty}^{\infty} |x| \frac{1}{\pi(x^2+1)} \, dx = \frac{2}{\pi} \int_0^{\infty} \frac{x}{x^2+1} \, dx = \frac{2}{\pi} \lim_{u \to \infty} \left[\frac{1}{2} \log(1+x^2) \right]_0^u$$
$$= \infty$$

となってしまい，平均をもたない．本書では，とくに断わらない限り，平均をもつ確率変数を考えていく．

いま，確率変数 X を非負の整数値をとる離散型確率変数とする．すると，$aX+b$ (a, b は定数)，X^2 はともに確率変数となり，それぞれ平均は

$$E[aX+b] = \sum_{k=0}^{\infty} (ak+b) f_X(k), \quad E[X^2] = \sum_{k=0}^{\infty} k^2 f_X(k)$$

と定まる．ここに，$f_X(k)$ は X の確率関数である．すなわち，$X=k$ のときに確率変数のとる値（$aX+b$ のときは $ak+b$）に $P(X=k)$ をかけて，k に関して和をとったものが平均となる．

離散型確率変数の場合と同様に，確率変数 X を $(-\infty, \infty)$ に値をとる連続型の確率変数であるとすると，$aX+b$ (a, b は定数) および X^2 の平均は，それぞれ

$$E[aX+b] = \int_{-\infty}^{\infty} (ax+b) f_X(x) \, dx, \quad E[X^2] = \int_{-\infty}^{\infty} x^2 f_X(x) \, dx$$

と定まる．$f_X(x)$ は X の確率密度関数である．連続型のときは，確率関数が確率密度関数に変わり，和が積分に変わるだけであることがわかるだろう．

次に，確率変数が n 個の場合の平均について考える．簡単のため，確率変数 X, Y を非負の整数値をとる2つの離散型確率変数とすると，確率変数 $aX+bY$ (a, b は定数) の平均は

$$E[aX+bY] = \sum_{k=0}^{\infty} \sum_{l=0}^{\infty} (ak+bl) f_{XY}(k, l)$$

と定まる．上式において，f_{XY} は X, Y の同時確率関数である．定義の基本的な考え方は上と同じで，$(X, Y) = (k, l)$ の場合の値 $ak+bl$ に $f_{XY}(k, l) = P(X=k$ かつ $Y=l)$ をかけて，すべての (k, l) について和をとっている．X, Y が実数値をとる連続型確率変数の場合も同様で，

$$E[aX+bY] = \int_{-\infty}^{\infty} \int_{-\infty}^{\infty} (ax+by) f_{XY}(x, y) \, dxdy$$

と定める．$f_{XY}(x, y)$ は (X, Y) の同時確率密度関数である．平均のこの性質は，一般に n 個の確率変数 $X_1, X_2, \ldots, X_n$ を考える場合も変わらない．

以下では，平均の基本的な性質を述べていく．この性質 [E1]〜[E3] は，確率変数が離散型であっても連続型であっても成り立つ．

定理 4.1　平均の性質

[E1] 任意の確率変数 X と実数 a, b に対して，

$$E[aX + b] = aE[X] + b$$

が成り立つ．

[E2] 任意の確率変数 X, Y に対して，

$$E[X + Y] = E[X] + E[Y]$$

が成り立つ．一般に，任意の確率変数 $X_1, X_2, \ldots, X_n$ に対して，

$$E[X_1 + X_2 + \cdots + X_n] = E[X_1] + E[X_2] + \cdots + E[X_n]$$

が成り立つ．

[E3] 確率変数 X, Y が独立であれば，

$$E[XY] = E[X]E[Y]$$

が成り立つ．一般に，確率変数 $X_1, X_2, \ldots, X_n$ が独立であれば，

$$E[X_1 X_2 \cdots X_n] = E[X_1]E[X_2] \cdots E[X_n]$$

が成り立つ．

性質 [E1], [E2] は，平均をとる操作が線形であることを述べている．また，性質 [E2] は任意の n 個の確率変数に対して成り立つが，性質 [E3] は，n 個の確率変数が独立であるという条件のもとで成り立つことに注意しよう．

定理 4.1 の証明　説明の繰り返しを避けるため，以下に出てくる確率変数は連続型で実数値をとるとし，離散型の場合は，問 4.6 とする．

まず，性質 [E1] は，積分の性質を用いて

$$E[aX + b] = \int_{-\infty}^{\infty} (ax + b) f(x)\, dx = a \int_{-\infty}^{\infty} x f(x)\, dx + b \int_{-\infty}^{\infty} f(x)\, dx$$
$$= aE[X] + b$$

と簡単に確かめられる．

性質 [E2] を $n=2$ の場合に証明するために，X,Y の同時確率密度関数を f_{XY} とし，f_{XY} の周辺確率密度関数を f_X, f_Y と表す．すると，

$$\begin{aligned} E[X+Y] &= \int_{-\infty}^{\infty}\int_{-\infty}^{\infty}(x+y)f_{XY}(x,y)\,dxdy \\ &= \int_{-\infty}^{\infty}x\left[\int_{-\infty}^{\infty}f_{XY}(x,y)\,dy\right]dx + \int_{-\infty}^{\infty}y\left[\int_{-\infty}^{\infty}f_{XY}(x,y)\,dx\right]dy \\ &= \int_{-\infty}^{\infty}xf_X(x)\,dx + \int_{-\infty}^{\infty}yf_Y(y)\,dy \\ &= E[X]+E[Y] \end{aligned}$$

となることがわかる．ここに，3番目の等号は，周辺確率密度関数の定義から導かれる．$n \geq 3$ の場合も，$n=2$ の結果を用いて容易に導かれる（問 4.4）．

性質 [E3] も，$n=2$ の場合に証明する．f_{XY}, f_X, f_Y を上の [E2] の証明と同様に定義すると，X,Y の独立性より $f_{XY}(x,y) = f_X(x)f_Y(y)$ がすべての x,y に対して成り立つから，

$$\begin{aligned} E[XY] &= \int_{-\infty}^{\infty}\int_{-\infty}^{\infty}xyf_{XY}(x,y)\,dxdy = \int_{-\infty}^{\infty}\int_{-\infty}^{\infty}xyf_X(x)f_Y(y)\,dxdy \\ &= \left(\int_{-\infty}^{\infty}xf_X(x)\,dx\right)\left(\int_{-\infty}^{\infty}yf_Y(y)\,dy\right) = E[X]E[Y] \end{aligned}$$

となる．$n \geq 3$ の場合も，$n=2$ の結果を用いて容易に導かれる（問 4.5）． □

- ■問 4.4 性質 [E2] の証明を，3つの確率変数 X, Y, Z の場合に拡張せよ．また，n 変数の場合も同様に証明が拡張できることを確認せよ．
- ■問 4.5 性質 [E3] の証明を，n 個の確率変数 $X_1, X_2, \ldots, X_n$ の場合に拡張せよ．
- ■問 4.6 性質 [E1]〜[E3] は，X, Y が離散的な場合にもそのまま成り立つことを確かめよ．

4.3 分散とその諸性質

確率変数 X の分散は，確率変数が平均 $\mu = E[X]$ のまわりでどのくらいばらつくかというばらつきの指標である．確率変数 X の分散は，X が離散型と連続型のどちらであっても

$$V[X] = E[(X - E[X])^2] \tag{4.13}$$

と定義される．この分散の定義を離散型と連続型の場合に書き下したものが，それぞれ式 (4.2), (4.4) である．また，この分散の平方根が標準偏差である．

X の分散が小さければ，X は高い確率で μ に近い値をとることが予想されるが，逆に分散が大きければ，X は μ から離れた値をとることも無視できない確率で起こる．直観的には，X の確率密度関数（または確率関数）が，分散の大小に応じて図 4.1 のようになるとイメージすればよい．実際，平均 μ のまわりに確率が集中していれば分散は小さくなり，μ から離れたところに少なからず確率があれば分散は大きくなる．

以下，分散の性質について述べる．平均の場合と同様に，以下に述べる性質 [V1]～[V4] は，確率変数が離散型であっても連続型であっても，どちらでも成り立つ．

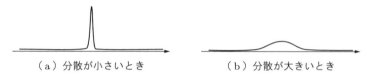

(a) 分散が小さいとき　　　　(b) 分散が大きいとき

図 4.1　分散の大小と確率密度関数

定理 4.2　分散の性質

[V1] 任意の確率変数 X に対して，$V[X] \geq 0$ が成り立つ．

[V2] 任意の確率変数 X に対して，$V[X] = E[X^2] - (E[X])^2$ が成り立つ．

[V3] 任意の確率変数 X と任意の実数 a, b に対して，$V[aX + b] = a^2 V[X]$ が成り立つ．

[V4] 確率変数 X, Y が独立であれば，
$$V[X + Y] = V[X] + V[Y]$$
が成り立つ．一般に，n 個の確率変数 $X_1, X_2, \ldots, X_n$ が独立であれば，
$$V[X_1 + X_2 + \cdots + X_n] = V[X_1] + V[X_2] + \cdots + V[X_n]$$
が成り立つ．

性質 [V4] は，平均の性質 [E2] とは異なり，$X_1, X_2, \ldots, X_n$ が独立という条件のもとで成り立つことに注意する．

定理 4.2 の証明　性質 [V1] は，分散の定義式 (4.13)（または式 (4.2), (4.4)）から明らかである．

性質 [V2] は，$\mu = E[X]$ とおくと，平均の性質 [E1], [E2] を用いて次のように導かれる．

$$V[X] = E[(X-\mu)^2] = E[X^2 - 2\mu X + \mu^2]$$
$$= E[X^2] - 2\mu E[X] + \mu^2 \quad (性質 [E1], [E2] より)$$
$$= E[X^2] - \mu^2 \quad (\mu = E[X] より)$$

性質 [V3] の証明も簡単である．性質 [E2] より $E[aX+b] = a\mu + b$ なので，次のようになる．

$$V[aX+b] = E[(aX+b-a\mu-b)^2]$$
$$= a^2 E[(X-\mu)^2] \quad (性質 [E1] より)$$
$$= a^2 V[X] \quad (分散の定義 (4.13) より)$$

性質 [V4] は，ここでは $n=2$ の場合を証明し，一般の n の場合への拡張は問 4.7 とする．いま，独立な確率変数 X, Y に対して $\mu_X = E[X], \mu_Y = E[Y]$ とおくと，性質 [E2] より $E[X+Y] = \mu_X + \mu_Y$ である．$X' = X - \mu_X, Y' = Y - \mu_Y$ とおくと，性質 [E1] より $E[X'] = E[Y'] = 0$ が成り立つ．さらに，X', Y' はそれぞれ X, Y から定数 μ_X, μ_Y を引いただけなので，X' と Y' は独立である．よって，性質 [E3] より，$E[X'Y'] = E[X']E[Y'] = 0$ が成り立つ．以上の準備のもとで，$V[X+Y]$ は以下のように計算できる．

$$V[X+Y] = E[(X+Y-\mu_X-\mu_Y)^2]$$
$$= E[(X-\mu_X)^2 + 2(X-\mu_X)(Y-\mu_Y) + (Y-\mu_Y)^2]$$
$$= E[(X-\mu_X)^2] + 2E[(X-\mu_X)(Y-\mu_Y)] + E[(Y-\mu_Y)^2]$$
$$(4.14)$$

ここに，最後の等号は性質 [E2] による．式 (4.14) において，式 (4.13) より，第 1 項は $V[X]$ に，第 3 項は $V[Y]$ に等しい．一方，第 2 項は $E[(X-\mu_X)(Y-\mu_Y)] = E[X'Y'] = E[X']E[Y'] = 0$ となる．よって，性質 [V4] が $n=2$ のときに成り立つことが示された． □

■問 4.7 帰納法を用いて，$n \geq 3$ の場合に性質 [V4] を証明せよ．

4.4 確率変数の標準化

平均 μ，分散 $\sigma^2 < \infty$ をもつ確率変数 X に対して，新しい確率変数 $Z = \dfrac{X-\mu}{\sigma}$ を作る操作を，確率変数の**標準化**という．標準化によって得られる確率変数 Z は，

$E[Z] = 0$ および $V[Z] = 1$ を満たす．実際，性質 [E1], [V3] から

$$E[Z] = E\left[\frac{X-\mu}{\sigma}\right] = \frac{1}{\sigma}(E[X] - \mu) = 0, \quad V[Z] = V\left[\frac{X-\mu}{\sigma}\right] = \frac{1}{\sigma^2}V[X] = 1$$

となることが容易に確認できる．

標準化は，次の例題のように，正規分布 $N(\mu, \sigma^2)$ に従う確率変数を扱うときに有用である．

例題 4.2 確率変数 X が正規分布 $N(1, 2^2)$ に従うとき，$P(-1 \leq X \leq 4)$ を求めよ．

解 $Z = \dfrac{X-1}{2}$ とおいて標準化すると，$-1 \leq X \leq 4$ は $-1 \leq Z \leq 3/2$ と対応するから，

$$P(-1 \leq X \leq 4) = P\left(-1 \leq Z \leq \frac{3}{2}\right) \tag{4.15}$$

が成り立っている．後は，正規分布表（付表）を用いて右辺の値を求めればよい．標準正規分布の確率密度関数は直線 $x=0$ に関して対称だから，$P(-1 \leq Z \leq 3/2) = P(0 \leq Z \leq 1) + P(0 \leq Z \leq 3/2) = 0.3413 + 0.4332 = 0.7745$ として求められる． ∎

ところで，上の例題 4.2 において，式 (4.15) はなぜ成り立つのだろうか．別の視点から考えてみよう．まず，X を正規分布 $N(\mu, \sigma^2)$ に従う確率変数とし，定数 $\alpha < \beta$ に対して $P(\alpha \leq X \leq \beta)$ を求めたいとする．この確率は，定積分を用いて

$$P(\alpha \leq X \leq \beta) = \int_\alpha^\beta f_X(x)\,dx = \int_\alpha^\beta \frac{1}{\sqrt{2\pi\sigma^2}}\exp\left[-\frac{(x-\mu)^2}{2\sigma^2}\right]dx$$

と表される．いま，$z = \dfrac{x-\mu}{\sigma}$ という変数変換を行うと，$dz = \dfrac{dx}{\sigma}$ を考慮して

$$P(\alpha \leq X \leq \beta) = \int_{\frac{\alpha-\mu}{\sigma}}^{\frac{\beta-\mu}{\sigma}} \frac{1}{\sqrt{2\pi}}\exp\left[-\frac{z^2}{2}\right]dz$$

となる．上式右辺の被積分関数は標準正規分布 $N(0,1)$ の確率密度関数だから，標準正規分布に従う確率変数を Z とすると，右辺は $\dfrac{\alpha-\mu}{\sigma} \leq Z \leq \dfrac{\beta-\mu}{\sigma}$ となる確率を意味する．よって，一般に

$$P(\alpha \leq X \leq \beta) = P\left(\frac{\alpha-\mu}{\sigma} \leq Z \leq \frac{\beta-\mu}{\sigma}\right) \tag{4.16}$$

が成り立つことがわかる．これが式 (4.15) が成り立つ理由である．

4.5 高次モーメント

平均と分散のほかにも，確率関数や確率密度関数を特徴づけるものとして，次のような量がある．$l \geq 1$ は任意の整数である．

- 平均のまわりの l 次モーメント： $E[(X-\mu)^l]$
- 平均のまわりの l 次絶対モーメント： $E[|X-\mu|^l]$
- 原点のまわりの l 次モーメント： $E[X^l]$
- 原点のまわりの l 次絶対モーメント： $E[|X|^l]$

高次モーメントは，これらの量の総称である．これらのよび方にならえば，平均は原点のまわりの 1 次モーメントであり，分散は平均のまわりの 2 次モーメントである．すなわち，高次モーメントは平均や分散の拡張概念になっている．

例題 4.3 指数分布 $Ex(\lambda)$ に従う確率変数 X の原点のまわりの 3 次モーメントを求めよ．

解 X は非負の実数全体に値をとり，確率密度関数は $f_X(x) = \lambda e^{-\lambda x}$ となるから，原点のまわりの 3 次モーメントは，

$$\int_0^\infty x^3 \lambda e^{-\lambda x}\, dx = \int_0^\infty \left(\frac{t}{\lambda}\right)^3 e^{-t}\, dt = \frac{\Gamma(4)}{\lambda^3} = \frac{6}{\lambda^3}$$

となる．ここで，最初の等号では，$t = \lambda x$ とおいて変数変換を行った． ∎

■問 4.8 指数分布 $Ex(\lambda)$ に従う確率変数 X の平均のまわりの 3 次モーメントを求めよ．

4.6 共分散と相関係数

独立でない 2 つの確率変数の平均や分散を扱うときには，**共分散** (covariance) という概念が有用である．いま，X, Y を 2 つの確率変数であるとし，$\mu_X = E[X], \mu_Y = E[Y]$ とおく．X と Y の共分散は，

$$Cov(X, Y) = E[(X - \mu_X)(Y - \mu_Y)]$$

と定義される．つまり，$Cov(X, Y)$ は，X と Y からそれぞれの平均を引いて平均を 0 にした 2 つの確率変数 $X - \mu_X$ と $Y - \mu_Y$ の積の平均である．X と Y が独立であれば，性質 [E3] より $E[(X - \mu_X)(Y - \mu_Y)] = E[X - \mu_X]E[Y - \mu_Y]$ となるので，共分散は 0 である．また，定義から明らかに $Cov(X, Y) = Cov(Y, X)$ であり，$Cov(X, X) = V[X]$ も成り立っている．

実は，分散の性質 [V4] を導く際に用いた式 (4.14) は，
$$V[X+Y] = V[X] + 2\,Cov(X,Y) + V[Y] \tag{4.17}$$
にほかならない．性質 [V4] は X, Y が独立のときだけを考えているが，式 (4.17) は独立とは限らない X, Y に対しても成り立つ．X, Y が独立ならば $Cov(X,Y) = 0$ であり，性質 [V4] が成り立つ．しかしながら，$Cov(X,Y) = 0$ であっても X と Y は独立とは限らないので，注意が必要である（章末問題 4.16）．

共分散を用いた計算は，平均が 0 の確率変数を考えるとわかりやすい．たとえば，X, Y, Z をいずれも平均が 0 の確率変数とすると，性質 [E2] より $E[X + Y + Z] = 0$ が成り立つから，

$$\begin{aligned}
V[X+Y+Z] &= E[(X+Y+Z)^2] \\
&= E[X^2 + Y^2 + Z^2 + 2XY + 2YZ + 2ZX] \\
&= E[X^2] + E[Y^2] + E[Z^2] + 2E[XY] + 2E[YZ] + 2E[ZX] \\
&= V[X] + V[Y] + V[Z] \\
&\quad + 2Cov(X,Y) + 2Cov(Y,Z) + 2Cov(Z,X) \tag{4.18}
\end{aligned}$$

がいえることがわかる．3番目の等号は性質 [E2]，4番目の等号は性質 [V2] と X, Y, Z の平均が 0 であることから導かれる．つまり，平均と分散の性質を既知とすれば，実際には式 (4.18) の式変形は，$(X+Y+Z)^2$ の展開公式と分散および共分散の定義を用いているにすぎないのである．

■問 4.9　一般に，平均が 0 でない 3 つの確率変数 X, Y, Z に対しても式 (4.18) が成り立つことを確認せよ．

確率変数 X, Y の相関の強さを表す指標として，**相関係数** (correlation coefficient) がある．相関係数は

$$r(X,Y) = \frac{Cov(X,Y)}{\sqrt{V[X]}\sqrt{V[Y]}}$$

と定義され，$-1 \leq r(X,Y) \leq 1$ の値をとる．X, Y が独立のときは $r(X,Y) = 0$ であり，$Y = X$ のときは $r(X, X) = 1$，$Y = -X$ のときは $r(X, -X) = -1$ となる．

■問 4.10　X, Y を確率変数，t を任意の実数とするとき，$V[tX + Y]$ は t の値によらずに 0 以上の値をとる．この性質を利用して，$Cov(X,Y)^2 \leq V[X]V[Y]$ が成り立つことを示せ．なお，この不等式より，明らかに $|r(X,Y)| \leq 1$ がいえる．

確率変数 X, Y に対して，

$$\Sigma = \begin{bmatrix} V[X] & Cov(X,Y) \\ Cov(X,Y) & V[Y] \end{bmatrix}$$

と定まる行列を**分散共分散行列**という．X, Y の平均をそれぞれ μ_X, μ_Y とし，$\boldsymbol{\mu} = (\mu_X, \mu_Y)^T$ とおく．上付きの T は転置を表す．X, Y の同時確率密度関数が，$\boldsymbol{x} = (x,y)^T$ として

$$f_{XY}(x,y) = \frac{1}{2\pi\sqrt{\det(\Sigma)}} \exp\left[-\frac{(\boldsymbol{x}-\boldsymbol{\mu})^T \Sigma^{-1} (\boldsymbol{x}-\boldsymbol{\mu})}{2}\right] \tag{4.19}$$

と書けるとき，(X, Y) は**2次元正規分布**に従うという．ここに，Σ^{-1} は Σ の逆行列，$\det(\Sigma)$ は Σ の行列式を表す．$\det(\Sigma) = V[X]V[Y] - Cov(X,Y)^2$ であるから，問 4.10 からわかるように，$|Cov(X,Y)| < 1$ の場合は Σ は逆行列をもつ．とくに，$\mu_X = \mu_Y = 0$ であり，$V[X] = V[Y] = 1, Cov(X,Y) = \rho$ のときに，式 (4.19) を書き下すと式 (4.10) の形になる．なお，式 (4.10) の ρ は X, Y の相関係数 $r(X,Y)$ になっている．2次元正規分布の同時確率密度関数の概形を図 4.2 に示す．図中の細い線は確率密度関数が同じ値の点を結んだ線（等高線）である．$r(X,Y) = 0$ のときは等高線は円であるが，$r(X,Y) \neq 0$ のときには等高線は楕円になる．

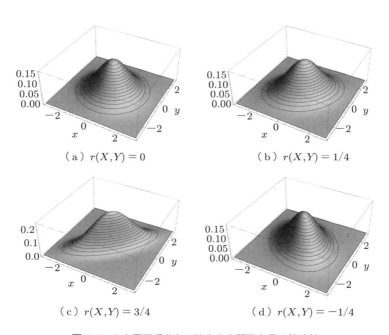

図 4.2　2次元正規分布の確率密度関数とその等高線

章末問題

■確認問題

4.1 連続型確率変数 X が非負の実数値をとり，その確率密度関数が $f(x) = (1/2)e^{-x/2}$ であるとする．$P(2 \le X \le 4)$ および $E[X], E[X^2], V[X]$ を求めよ．

4.2 確率変数 X, Y が独立で，それぞれ2項分布 $B(n; p), B(m; p)$ に従うとする．このとき，$P(X = 1$ かつ $Y = 1)$ の値を求めよ．また，X, Y が独立に同じポアソン分布 $Po(\lambda)$ に従うときはどうなるか考えよ．

4.3 確率変数 X の平均が3，分散が2であり，また確率変数 Y の平均が -1，分散が1であるとする．X と Y が独立であるとき，$E[X+Y], E[XY], V[X+Y]$ の値を求めよ．

4.4 確率変数 X, Y がそれぞれ正規分布 $N(1, 2), N(-2, 3)$ に従い，独立であるとする．このとき，$E[X - 3Y], V[X - 3Y]$ の値を求めよ．

4.5 確率変数 X, Y の共分散 $Cov(X, Y)$ の定義を書け．また，X, Y が独立ならば，$Cov(X, Y) = 0$ になることを確かめよ．

4.6 確率変数 X の平均が3，分散が2であり，また確率変数 Y の平均が -1，分散が1であるとする．X と Y の共分散が -1 であるとき，$V[X+Y]$ の値を求めよ．

4.7 確率変数 X が標準正規分布 $N(0, 1)$ に従うとき，原点のまわりの1次モーメントおよび1次絶対モーメントを求めよ．

■演習問題

4.8 X, Y をともに一様分布 $U(0, 1)$ に従う独立な確率変数とする．$P(Y \le 2X)$ を求めよ．

4.9 X, Y をそれぞれ指数分布 $Ex(\lambda), Ex(\lambda')$ に従う独立な確率変数とする．$P(X \le Y)$ を λ, λ' を用いて表せ．

4.10 確率変数 X に対して，$E[(X-c)^2]$ を最小にする c は $c = E[X]$ であることを示せ．ただし，$V[X] < \infty$ であるとする．

4.11 さいころを3回振るとき，出る目の積の平均を求めよ．

4.12 X が正規分布 $N(60, 10^2)$ に従うとき，正規分布表を用いて次の確率の近似値を求めよ．
 (1) $P(X \le 40)$ (2) $P(X \ge 90)$ (3) $P(50 \le X \le 80)$

4.13 確率変数 X, Y は，平均がともに0，分散がともに1であり，共分散は ρ（定数）であるとする．$Z = X + \alpha Y$ とおくとき，以下の問いに答えよ．
 (1) $E[Z] = 0$ を示せ．
 (2) $Cov(Y, Z) = 0$ となる α を ρ を用いて表せ．
 (3) (2)のとき，$V[Z]$ を ρ を用いて表せ．

4.14 任意の確率変数 X, Y と定数 a, b, c に対して，$V[aX + bY + c] = a^2 V[X] + 2ab Cov(X, Y) + b^2 V[Y]$ が成り立つことを示せ．また，X, Y が独立であるとき

はどのようになるか答えよ．

4.15 X が正規分布 $N(\mu, \sigma^2)$ に従うとき，平均のまわりの 4 次モーメント $E[(X-\mu)^4]$ を求めよ．

4.16 確率変数 X, Y が集合 $\{0, 1, 2\}$ に値をとり，同時確率関数が $f_{XY}(0,0) = f_{XY}(0,2) = f_{XY}(2,0) = f_{XY}(2,2) = 1/6$, $f_{XY}(1,1) = 1/3$, $f_{XY}(1,0) = f_{XY}(0,1) = f_{XY}(1,2) = f_{XY}(2,1) = 0$ を満たすとする．以下の問いに答えよ．
(1) 周辺確率関数 f_X, f_Y を求めよ．また，X, Y が独立であるかどうか調べよ．
(2) $Cov(X, Y)$ を求めよ．

Chapter 5

大数の弱法則, 独立な確率変数の和の分布

　本章では，独立で同一の分布に従う確率変数の和の振る舞いを考察する．最初に扱うのは大数の弱法則である．この法則は，独立で同一の分布に従う n 個の確率変数に対して，n が十分大きいときには，それらの和を n で割った値が 1 に近い確率で平均に近い値をとることを示している．たとえば，偏りのないコインを 100 回投げる試行を何回か行うことを考えると，表が出る回数は毎回 50 回程度と予想がつくであろう．この根拠となるのが大数の弱法則である．次に，2 つ以上の確率変数の和の確率分布を与える公式を導く．和の確率分布は「たたみ込み」という特徴的な形で表される．たとえば，ポアソン分布に従う独立な確率変数の和は，別のポアソン分布に従うことが，たたみ込みの形の和を計算することで確認できる．

5.1　大数の弱法則

　本節では，**大数の弱法則** (weak law of large numbers) を説明する．いま，$X_1, X_2, \ldots, X_n$ を独立で同一の分布に従う n 個の確率変数とすると，明らかに $E[X_1] = E[X_2] = \cdots = E[X_n]$ および $V[X_1] = V[X_2] = \cdots = V[X_n]$ が成り立つ．$S_n = X_1 + X_2 + \cdots + X_n$ とし $E[X_1] = \mu$ とおくと，平均の性質 [E1], [E2] より

$$E\left[\frac{S_n}{n}\right] = E\left[\frac{1}{n}\sum_{i=1}^{n} X_i\right] = \frac{1}{n}\sum_{i=1}^{n} E[X_i] = \mu \tag{5.1}$$

が成り立つことがわかる．すなわち，S_n/n の平均は n によらない．他方，$V[X_1] = \sigma^2$ とおくと，分散の性質 [V3], [V4] から

$$V\left[\frac{S_n}{n}\right] = V\left[\frac{1}{n}\sum_{i=1}^{n} X_i\right] = \frac{1}{n^2}\sum_{i=1}^{n} V[X_i] = \frac{\sigma^2}{n} \tag{5.2}$$

も成り立つことがわかる．ゆえに，S_n/n の分散は $n \to \infty$ のときにはいくらでも小さくなる．したがって，$X_1, X_2, \ldots, X_n$ が離散型であっても連続型であっても，S_n/n の確率分布は，その平均である $x = \mu$ の 1 点だけに確率が集中するような形となる（図 5.1）．

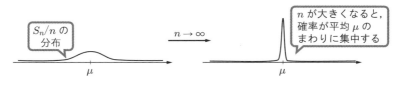

図 5.1　大数の弱法則の直観的な理解

S_n/n のこの性質を厳密な形で述べたのが，以下に示す大数の弱法則である．証明は本節の最後に述べる．

定理 5.1　大数の弱法則

$X_1, X_2, \ldots, X_n$ を独立で同一の確率分布に従う n 個の確率変数であるとし，$E[X_1] = \mu$, $S_n = X_1 + X_2 + \cdots + X_n$ とおく．$V[X_1] < \infty$ であれば，任意の定数 $\varepsilon > 0$ に対して，

$$\lim_{n \to \infty} P\left(\left|\frac{S_n}{n} - \mu\right| \geq \varepsilon\right) = 0 \tag{5.3}$$

が成り立つ．

式 (5.3) は，次のように解釈できる．式 (5.1) でみたとおり，$E[S_n/n] = \mu$ であるから，$|S_n/n - \mu|$ は，S_n/n の平均からのずれを表している．$\varepsilon > 0$ は定数であるから，ε より大きいずれが生じる確率は，$n \to \infty$ で 0 に収束する．S_n/n の平均からのずれを指定する $\varepsilon > 0$ は任意であるから，いくらでも小さくとれるのだが，仮にとても小さい ε を選んだとしても，選んだ ε に応じて n を十分大きくすれば，ε より大きいずれが生じる確率が 0 に近づくことを，式 (5.3) は保証している．

定理 5.1 は，n 個の確率変数 $X_1, X_2, \ldots, X_n$ が独立で同一の分布に従っていて，$V[X_1] < \infty$ を満たせば，従う確率分布によらずに成立することに注意しよう．図 5.2 に，X_i ($i = 1, 2, \ldots, n$) が 2 点分布 $B(1; 0.3)$ に従うときに，$n = 5, 25, 125, 625$ と n を大きくしながら，S_n/n を 10000 回計算機に発生させたときの分布を示す．図 5.2 より，n が大きくなるにつれて，S_n/n の分布が $B(1; 0.3)$ の平均である 0.3 に集中していくことがわかるだろう．なお，S_n/n は $\{0, 1/n, 2/n, \ldots, n/n\}$ の離散的な値をとるが，n が大きいときには S_n/n はほぼ連続的な値をとると考えられる．直観的には S_n/n は連続型確率変数と思ってよい．図 5.3 は，X_i ($i = 1, 2, \ldots, n$) が一様分布 $U(0, 1)$ に従うときに，$n = 10, 100, 1000, 10000$ に対して同様の実験を行った図である．図 5.2 と同様に，S_n/n の分布が平均 $1/2$ に集中していく様子がみてとれる．

大数の弱法則から導かれる例を 2 つ挙げておこう．

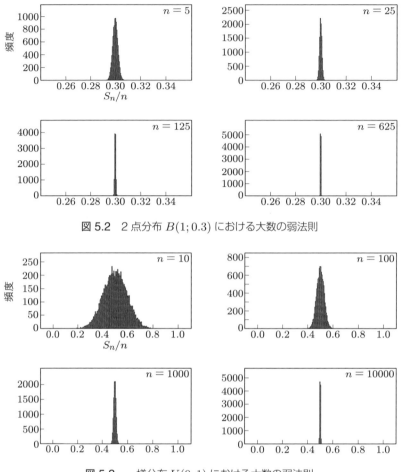

図 5.2　2 点分布 $B(1; 0.3)$ における大数の弱法則

図 5.3　一様分布 $U(0,1)$ における大数の弱法則

- **例 5.1**　偏りのないコインを n 回繰り返し投げる試行において，表が出る回数が全体の 51% 以上または 49% 以下である確率は，n が十分大きければ 0 とみなせる．

- **例 5.2**　1 回 100 円で引けるくじがあり，当たりが出ると 1000 円もらえて外れが出ると何ももらえないとする．このくじを n 回繰り返し引く試行を考える．当たりが出る確率を p とし，p は何度くじを引いても変化がないとする．n が十分大きいとき，n 回のくじ引きによる収支は，1 に近い確率でおよそ $(1000p - 100)n$ 円となる．$p > 0.1$ ならば収支はプラス（しかも，利益は n に比例する）となり，$p = 0.1$ なら収支は 0 でほぼ均衡し，$p < 0.1$ ならば収支はマイナス（n に比例する損失）となる．

例 5.1 は，次のように考えればよい．いま，$i = 1, 2, \ldots, n$ に対して

$$X_i = \begin{cases} 1 & (i \text{ 回目に投げたコインが表である}) \\ 0 & (i \text{ 回目に投げたコインが裏である}) \end{cases}$$

と定義すると，$X_i\ (i=1,2,\ldots,n)$ は独立に 2 点分布 $B(1;1/2)$ に従い，$E[X_i] = 1 \cdot 1/2 + 0 \cdot 1/2 = 1/2$ である．表が出る回数は $S_n = X_1 + X_2 + \cdots + X_n$，表が出る比率は S_n/n であるから，大数の弱法則より，任意の定数 $\varepsilon > 0$ に対して

$$\lim_{n \to \infty} P\left(\left| \frac{S_n}{n} - \frac{1}{2} \right| \geq \varepsilon \right) = 0$$

が成り立つ．$\varepsilon = 0.01$ ととれば，例 5.1 の主張に一致する．もちろん，主張が正しいという意味では，ε は 0.01 に限らず，0.001 や 0.0001 など，いくらでも小さくとってよい．

例 5.2 も考え方は同様である．$i = 1, 2, \ldots, n$ に対して

$$X_i = \begin{cases} 1000 & (i \text{ 回目に引いたくじが当たりである}) \\ 0 & (i \text{ 回目に引いたくじが外れである}) \end{cases}$$

と定義すると，$X_i\ (i = 1, 2, \ldots, n)$ は独立であり，$E[X_i] = 1000 \cdot p + 0 \cdot (1-p) = 1000p$ である．n 回くじを引いたときにもらえる金額は $S_n = X_1 + X_2 + \cdots + X_n$ と表せるから，大数の弱法則より，任意の定数 $\varepsilon > 0$ に対して

$$\lim_{n \to \infty} P\left(\left| \frac{S_n}{n} - 1000p \right| \geq \varepsilon \right) = 0$$

が成り立つことになる．つまり，大雑把には 1 に近い確率で $S_n \approx 1000pn$ 円もらえることになるから，くじを n 回買うため代金 $100n$ 円を差し引いた，およそ $(1000p - 100)n$ 円が収支となる．

物理実験において，長さや重さなどの物理量を測定するとき，対象を何回か測定して，得られた測定結果の平均をとって最終的な測定結果とする方法がある．たとえば，ある物体の長さを「ものさし」を使って測るときには，一番小さい目盛りの 1/10 まで目分量で読むことが求められることが多く，その際ランダムな誤差が測定値に加わる．測定結果の平均をとる測定法は，次の例題 5.1 で述べるように，大数の弱法則を用いて測定精度を上げていると考えることができる．

例題 5.1 ある物理量を n 回測定するとき，i 回目の測定値 X_i には測定誤差 N_i が加わっているという．測定誤差 $N_i\ (i = 1, 2, \ldots, n)$ が従う確率分布が同一であり，測定ごとに独立で，平均が 0，分散が有限と考えられるとき，この物理量

の真の値 C を求める有効な方法を考察せよ．

解 仮定より，$X_i = C + N_i$ $(i = 1, 2, \ldots, n)$ と書ける．題意より，$E[N_i] = 0$ であるから，$E[X_i] = C$ が成り立つことに注意する．いま，$S_n = \sum_{i=1}^{n} X_i$ とおくと，n が十分大きいときには，大数の弱法則より，S_n/n は $C = E[X_i]$ のまわりに分布する．とくに，十分小さい定数 $\varepsilon > 0$ に対して n を十分大きくすれば，$|S_n/n - C| < \varepsilon$ が 1 に近い確率で成り立つ．ゆえに，S_n/n を測定結果として用いると，1 に近い確率で真の値 C に近い値が得られる． ∎

最後に，大数の弱法則（定理 5.1）を証明しよう．証明では，**チェビシェフの不等式** (Chebyshev's inequality) として知られている不等式が重要な役割を果たす．

補題 5.1 チェビシェフの不等式

$\varepsilon > 0$ を任意定数とすると，$E[X] = \mu, V[X] = \sigma^2 < \infty$ を満たす任意の確率変数 X に対して，
$$P(|X - \mu| \geq \varepsilon) \leq \frac{\sigma^2}{\varepsilon^2}$$
が成り立つ．

証明 Y を非負の実数値をとる連続型確率変数とするとき，任意定数 $a > 0$ に対して

$$P(Y \geq a) = \int_a^\infty f(y)\, dy \leq \int_a^\infty \frac{y}{a} f(y)\, dy \leq \frac{1}{a} \int_0^\infty y f(y)\, dy = \frac{E[Y]}{a} \quad (5.4)$$

が成り立つ（この式を**マルコフの不等式** (Markov's inequality) という）．ここに，最初の不等号は，積分の範囲が $y \geq a$ なので必ず $y/a \geq 1$ が成り立つことから導かれる．チェビシェフの不等式は，マルコフの不等式において $Y = (X - \mu)^2, a = \varepsilon^2$ とおくと得られる． □

Y が離散型の場合もマルコフの不等式が成り立つ（問 5.1）ので，上の証明と同様に，チェビシェフの不等式が導かれる．

■**問 5.1** 補題 5.1 の証明における確率変数 Y が，離散型で非負の整数値をとる場合にも，マルコフの不等式が成り立つことを確認せよ．

定理 5.1 の証明 補題 5.1 において，$X = S_n/n$ とすると，式 (5.1), (5.2) より $E[S_n/n] = \mu, V[S_n/n] = \sigma^2/n$ であるから，次式が成り立つ．

$$P\left(\left|\frac{S_n}{n} - \mu\right| \geq \varepsilon\right) \leq \frac{\sigma^2}{n\varepsilon^2} \to 0 \quad (n \to \infty)$$

ここに，$\varepsilon > 0$ は定数であることに注意せよ．以上で，大数の弱法則の証明が完了した． □

■**問 5.2** $X_1, X_2, \ldots, X_n$ が独立（確率分布が同一とは限らない）で，かつ分散が有限であれば，任意の定数 $\varepsilon > 0$ に対して，

$$P\left(\left|\frac{S_n}{n} - \bar{\mu}\right| \geq \varepsilon\right) \leq \frac{V_{\max}}{n\varepsilon^2} \tag{5.5}$$

が成り立つ．これを示せ．ここに，$\mu_i = E[X_i]$ $(i = 1, 2, \ldots, n)$, $\bar{\mu} = \dfrac{\mu_1 + \mu_2 + \cdots + \mu_n}{n}$, $V_{\max} = \max_{1 \leq i \leq n} V[X_i]$ と定義した．なお，この式 (5.5) より，もしある定数 C が存在して $V[X_i] \leq C$ $(i = 1, 2, \ldots)$ が成り立てば，$n \to \infty$ で左辺の確率は 0 に収束することがわかる．

Column 大数の強法則

確率論では，大数の弱法則（定理 5.1）のほかに，**大数の強法則** (strong law of large numbers) とよばれる定理もある．大数の強法則は，定理 5.1 と同じ記法のもとで

$$P\left(\lim_{n\to\infty} \frac{S_n}{n} = \mu\right) = 1$$

を主張していて，大数の弱法則よりも強力な定理になる．たとえば，例 5.1 で述べた偏りのないコインを n 回投げる試行において，第 i 回目で表が出るとき $X_i = 1$, 裏が出るとき $X_i = 0$ とおくと，表が出る回数は $S_n = X_1 + X_2 + \cdots + X_n$ となる．大数の弱法則は，任意の定数 $\varepsilon > 0$ に対して $P(|S_n/n - 1/2| > \varepsilon)$ が $n \to \infty$ で 0 に近づくことを述べていた．実際，$n = 1000, \varepsilon = 1/20$ とおき，$|S_n/n - 1/2| > 1/20$ を満たす確率を計算機で求めると約 0.0013 である．この確率は，もし 10000 人で独立に 1000 回のコイン投げを行えば，表が出る回数がこの範囲に入らない人が約 13 人いる勘定である．これに対して，大数の強法則は，この 13 人を含む 10000 人全員が，n を十分大きくすると，$|S_n/n - 1/2| \leq 1/20$ を満たすことを意味する．$\varepsilon > 0$ はいくらでも小さくできるので，偏りのないコインを永遠に投げ続ける試行では，誰がコインを投げても表が出る比率が $1/2$ に収束することが，大数の強法則からいえるのである．

5.2 独立な確率変数の和の分布

大数の弱法則は，独立で同一の確率分布に従う n 個の確率変数 $X_1, X_2, \ldots, X_n$ の和 S_n に対して，S_n/n の確率分布が，n が十分大きいときには $\mu = E[X_1]$ の近くに集中することを述べていた．ところが，チェビシェフの不等式を用いた前節の証明では，S_n/n の分散が $n \to \infty$ で 0 に収束することが本質的であり，S_n の確率分布その

ものを求める必要はなかった．本節では，S_n の確率分布がどのようになるか，より深く考察する．

5.2.1 ▎2つの離散型確率変数の和の場合

まず，簡単な例から始める．いま，さいころを2回振る試行を考え，最初に出る目と2回目に出る目をそれぞれ確率変数 X, Y で表す．もちろん，$X, Y \in \{1, 2, 3, 4, 5, 6\}$ であり，

$$P(X = i) = P(Y = i) = \frac{1}{6} \quad (i = 1, 2, 3, 4, 5, 6) \tag{5.6}$$

が成り立っている．X と Y は独立だから，

$$P(X = i \text{ かつ } Y = j) = P(X = i)P(Y = j) \quad (i, j = 1, 2, 3, 4, 5, 6) \tag{5.7}$$

が成り立つことにも注意する．いま，$S = X + Y$ とおくと，S は集合 $\{2, 3, \ldots, 12\}$ に値をとる確率変数となる．

さて，ここで $S = 4$ となる確率を求めてみよう．$S = 4$ となるのは，$(X, Y) = (1, 3), (2, 2), (3, 1)$ のいずれかの場合であるから，

$P(S = 4)$
$= P(X = 1 \text{ かつ } Y = 3) + P(X = 2 \text{ かつ } Y = 2) + P(X = 3 \text{ かつ } Y = 1)$

となるが，X, Y の独立性（式 (5.7)）を考慮すると，

$$P(S = 4) = P(X = 1)P(Y = 3) + P(X = 2)P(Y = 2) + P(X = 3)P(Y = 1) \tag{5.8}$$

と書ける．式 (5.6) より，求める確率は $3/36 = 1/12$ である．式 (5.8) の右辺が，$S = 4$ となるすべての X, Y の組合せに対する確率の積の和の形になっていることに注意しよう．

それでは，この考え方をもとにして，$S = k$ ($k \in \{2, 3, \ldots, 12\}$) の場合を考えてみよう．そのためには，さいころのモデルを少し拡張して，

$$P(X = i) = \begin{cases} \dfrac{1}{6} & (i = 1, 2, 3, 4, 5, 6 \text{ のとき}) \\ 0 & (i = 0 \text{ または } i = 7, 8, \ldots \text{ のとき}) \end{cases}$$

としておくとわかりやすい．つまり，0と7以上の整数の目も仮想的に考えて，それらの確率を0とおくのである．Y も同様の形に拡張する．すると，$S = k$ となるのは $(X, Y) = (j, k - j)$ ($j = 0, 1, \ldots, k$) のいずれかの場合と考えられるから，その確

率は

$$P(S=k) = \sum_{j=0}^{k} P(X=j \text{ かつ } Y=k-j) = \sum_{j=0}^{k} P(X=j)P(Y=k-j) \quad (5.9)$$

と書ける．ここに，2番目の等号は，拡張されたさいころでも式 (5.7) の独立性がそのまま成り立つことを用いた．式 (5.9) の右辺には，k と j の値によっては X, Y が 0 または 7 以上である確率も含まれる（たとえば，$k=8$ の場合は $j=0,1,7,8$ が該当する）が，拡張されたさいころではこれらの目の確率は 0 と定義されているので，右辺の和の値には影響しない（図 5.4）．

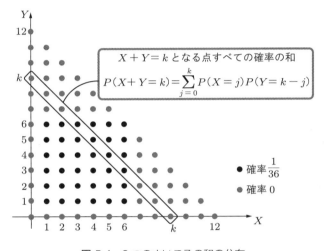

図 5.4 2 つのさいころの和の分布

式 (5.9) の形は，実はさいころとは限らないもっと一般的な場合の公式になっている．実際，X と Y を非負整数値をとる独立な離散型確率変数とし，$S = X+Y$ とおくと，

$$P(S=k) = \sum_{j=0}^{k} P(X=j)P(Y=k-j) \quad (k=0,1,2,\ldots) \quad (5.10)$$

が成り立つ．式 (5.10) は，確率関数を用いて

$$f_S(k) = \sum_{j=0}^{k} f_X(j)f_Y(k-j) \quad (k=0,1,2,\ldots) \quad (5.11)$$

と表すこともできる．ここに，X, Y, S の確率関数をそれぞれ f_X, f_Y, f_S とした．

次の例題は，ポアソン分布に従う独立な確率変数の和がポアソン分布に従うことを示している．

例題 5.2 X, Y を，それぞれポアソン分布 $Po(\lambda_1), Po(\lambda_2)$ に従う独立な確率変数とするとき，$S = X + Y$ はポアソン分布 $Po(\lambda_1 + \lambda_2)$ に従うことを示せ．

解 確率変数 X, Y の確率関数を f_X, f_Y とおくと，題意より，すべての整数 $k \geq 0$ に対して $f_X(k) = e^{-\lambda_1} \frac{\lambda_1^k}{k!}, f_Y(k) = e^{-\lambda_2} \frac{\lambda_2^k}{k!}$ が成り立っている．よって，式 (5.11) より，任意の非負整数 k に対して

$$f_S(k) = \sum_{j=0}^{k} f_X(j) f_Y(k-j) = \sum_{j=0}^{k} e^{-\lambda_1} \frac{\lambda_1^j}{j!} \cdot e^{-\lambda_2} \frac{\lambda_2^{k-j}}{(k-j)!}$$

$$= e^{-(\lambda_1 + \lambda_2)} \frac{1}{k!} \sum_{j=0}^{k} \frac{k!}{j!(k-j)!} \lambda_1^j \lambda_2^{k-j}$$

$$= e^{-(\lambda_1 + \lambda_2)} \frac{(\lambda_1 + \lambda_2)^k}{k!} \tag{5.12}$$

が成り立つ．最後の等号は 2 項定理による．式 (5.12) の右辺は $Po(\lambda_1 + \lambda_2)$ の確率関数に一致するので，S は $Po(\lambda_1 + \lambda_2)$ に従うことがわかる． ■

> **Column 確率分布の再生性**
>
> 例題 5.2 では，ポアソン分布に従う独立な確率変数の和が，再びポアソン分布に従うことを示した．例題 5.2 のように，同じ種類の確率分布に従う独立な確率変数の和が，再び同じ種類の確率分布に従う性質をもつとき，その確率分布は**再生性**をもつという．再生性をもつ離散型確率分布の例として，ポアソン分布のほかに，2 項分布や負の 2 項分布（章末問題 2.9）がある．また，連続型確率分布にも，正規分布やガンマ分布のように，再生性をもつものがある．これらの確率分布の再生性は，第 6 章で別の角度から改めて考察する．

5.2.2 2 つの連続型確率変数の和の場合

連続型確率変数の和の場合も，基本的な考え方は離散型の場合と同じになる．いま，X と Y を実数値をとる独立な連続型確率変数であるとし，X, Y の確率密度関数をそれぞれ f_X, f_Y と書く．また，$S = X + Y$ とおくと，S の確率密度関数 f_S は

$$f_S(x) = \int_{-\infty}^{\infty} f_X(t) f_Y(x - t) \, dt \tag{5.13}$$

と表される．式 (5.13) の右辺を f_X, f_Y の**たたみ込み積分** (convolution) といい，$f_X * f_Y$ と表す．式 (5.13) は，$X = t$ かつ $Y = x - t$ となる確率密度を，起こりうるすべての t に関して積分することを意味しているので，$S = X + Y$ の確率密度関数になることは直観的に明らかであろう．

式 (5.13) は次のように導かれる．X, Y の同時確率密度関数を f_{XY} とすると，$S \leq x$ となる確率は $X = u$ のときに $Y \leq x - u$ となる確率を足し合わせたものだから，S の分布関数 F_S は

$$F_S(x) = P(X + Y \leq x) = \int_{-\infty}^{\infty} \left[\int_{-\infty}^{x-u} f_{XY}(u, v) \, dv \right] du$$

と書ける．ここで，X と Y は独立だから $f_{XY}(u, v) = f_X(u) f_Y(v)$ となるので，

$$F_S(x) = \int_{-\infty}^{\infty} \left[\int_{-\infty}^{x-u} f_X(u) f_Y(v) \, dv \right] du = \int_{-\infty}^{\infty} f_X(u) \left[\int_{-\infty}^{x-u} f_Y(v) \, dv \right] du$$

が成り立つ．よって，両辺を x で微分して微分と積分の順序を交換すれば

$$f_S(x) = \frac{d}{dx} F_S(x) = \int_{-\infty}^{\infty} f_X(u) \frac{d}{dx} \left[\int_{-\infty}^{x-u} f_Y(v) \, dv \right] du$$

$$= \int_{-\infty}^{\infty} f_X(u) f_Y(x - u) \, du$$

となり，式 (5.13) が得られる．

■**問 5.3** 上記の S の確率密度関数は

$$f_S(x) = \int_{-\infty}^{\infty} f_X(x - t) f_Y(t) \, dt$$

とも書ける．理由を述べよ．

X, Y が連続型で非負の実数全体に値をとる独立な確率変数であるときは，この後の例題 5.3 でもみるように，$S = X + Y$ の確率密度関数は

$$f_S(x) = \int_0^x f_X(t) f_Y(x - t) \, dt \tag{5.14}$$

と表せる．これは，式 (5.13) において $f_X(t) = 0 \ (t < 0)$ かつ $f_Y(x - t) = 0 \ (t > x)$ が成り立つからである．次の例題をみてみよう．

例題 5.3 X, Y をともに指数分布 $Ex(\lambda)$ に従う独立な確率変数とするとき，$S = X + Y$ はガンマ分布 $G(\lambda, 2)$ に従うことを示せ．

解 X, Y, S の確率密度関数を f_X, f_Y, f_S とすると，式 (5.14) より

$$f_S(x) = \int_0^x f_X(t) f_Y(x-t)\, dt = \int_0^x \lambda e^{-\lambda t} \lambda e^{-\lambda(x-t)}\, dt = \lambda^2 x e^{-\lambda x}$$

が得られる．この f_S の形が，S がガンマ分布 $G(\lambda, 2)$ に従うことを意味する． ∎

5.2.3 n 個の確率変数の場合

これまでは 2 つの独立な確率変数の和の分布を考えたが，3 つ以上の確率変数の和も同様に考えることができる．いま，X, Y, Z を独立で，それぞれ確率密度関数 f_X, f_Y, f_Z をもつ確率変数であるとし，$S = X + Y + Z$ とおく．すると，S の確率密度関数 f_S は

$$f_S = f_X * f_Y * f_Z \tag{5.15}$$

と書ける．この考え方は，独立な n 個の確率変数 $X_1, X_2, \ldots, X_n$ に対しても拡張でき，それらの和 S の確率密度関数は

$$f_S = f_{X_1} * f_{X_2} * \cdots * f_{X_n} \tag{5.16}$$

と **n 重のたたみ込み積分**で表される．この結果は，確率変数が離散型の場合でも，たたみ込み積分 (5.13) をたたみ込みの和の形 (5.11) で置き換えることによって成り立つ．

■**問 5.4** 独立な連続型確率変数 X, Y, Z に対して，$(f_X * f_Y) * f_Z = f_X * (f_Y * f_Z)$ が成り立つ（すなわち，たたみ込みについて結合法則が成り立つ）ことを説明せよ（実は，f_S を式 (5.15) の形に括弧を省いて書いてよいのは，たたみ込みについて結合法則が成り立つからである）．

たたみ込み積分を計算することは，$X_1, X_2, \ldots, X_n$ が同一の確率分布に従う場合であっても面倒な場合が多いが，第 6 章で述べる確率母関数や特性関数を用いれば容易に計算できる場合がある．たとえば，確率変数 $X_1, X_2, \ldots, X_n$ が独立で，X_i が 2 項分布 $B(m_i; p)$ に従うとき，$S_n = X_1 + X_2 + \cdots + X_n$ は 2 項分布 $B(m_1 + m_2 + \cdots + m_n; p)$ に従う（**2 項分布の再生性**という）．また，X_i が正規分布 $N(\mu_i, \sigma_i^2)$ に従うとき，$S_n = X_1 + X_2 + \cdots + X_n$ は正規分布 $N(\mu_1 + \cdots + \mu_n, \sigma_1^2 + \cdots + \sigma_n^2)$ に従う（**正規分布の再生性**という）．これらの性質は応用上も重要である．

章末問題

■確認問題

5.1 確率変数 X の平均と分散をそれぞれ μ, σ^2 $(\sigma > 0)$ と書く．ある定数 a, b $(a > 0)$ に対して確率変数 Y を $Y = aX + b$ と定めると，$E[Y] = 0, V[Y] = 1$ になるという．a, b を μ, σ を用いて表せ．

5.2 独立で同一分布に従う n 個の確率変数 $X_1, X_2, \ldots, X_n$ が $E[X_1] = \mu, V[X_1] = \sigma^2$ を満たすとき，$S_n = X_1 + X_2 + \cdots + X_n$ に対して $E[S_n/n]$ と $V[S_n/n]$ を，μ, σ^2, n を用いて表せ．

5.3 大数の弱法則とは何か説明せよ．

5.4 確率変数 X, Y が独立で，それぞれポアソン分布 $Po(\lambda_1), Po(\lambda_2)$ に従うとき，$S = X + Y$ の確率関数を求めよ．

■演習問題

5.5 確率変数 X と Y が独立で，ともに一様分布 $U(0, 1)$ に従うとき，$S = X + Y$ の確率密度関数を求めよ．

5.6 X, Y を，それぞれガンマ分布 $G(\alpha, \nu_1), G(\alpha, \nu_2)$ に従う独立な確率変数とするとき，確率変数 $S = X + Y$ はガンマ分布 $G(\alpha, \nu_1 + \nu_2)$ に従うこと（再生性）を示せ．

5.7 X, Y をともに集合 $\{1, 2, \ldots, 8\}$ に値をとる独立な確率変数であるとし，$P(X = i) = P(Y = i) = 1/8$ $(i = 1, 2, \ldots, 8)$ が成り立つとする．$S = X + Y$ とおくとき，以下の問いに答えよ．

(1) $P(S = 4)$ を求めよ． (2) $P(S = k)$ が最大となる k の値はいくつか．

5.8 さいころを 3 回振る試行において，最初に出る目を X，2 回目に出る目を Y，3 回目に出る目を Z とする．$U = X + Y, V = X + Y + Z$ とおくとき，以下の問いに答えよ．

(1) U は集合 $\{2, 3, \ldots, 12\}$ に値をとる確率変数になる．表 5.1 の空欄（ア），（イ）にあてはまる値を入れよ．

(2) $P(V = 8)$ を求めよ． (3) $P(V = k)$ が最大となる k の値を求めよ．

表 5.1

k	2	3	4	5	6	7	8	9	10	11	12
$P(U=k)$	$\frac{1}{36}$	$\frac{2}{36}$	$\frac{3}{36}$	$\frac{4}{36}$	$\frac{5}{36}$	（ア）	$\frac{5}{36}$	（イ）	$\frac{3}{36}$	$\frac{2}{36}$	$\frac{1}{36}$

5.9 確率変数 X, Y が独立で，それぞれポアソン分布 $Po(\lambda_1), Po(\lambda_2)$ に従うとき，任意の非負整数 l に対して次式が成り立つことを示せ．

$$P(X = k | X + Y = l) = \binom{l}{k} \left(\frac{\lambda_1}{\lambda_1 + \lambda_2}\right)^k \left(\frac{\lambda_2}{\lambda_1 + \lambda_2}\right)^{l-k} \quad (k = 0, 1, \ldots, l)$$

5.10 $r \geq 2$ を任意の整数とし，$X_1, X_2, \ldots, X_r$ を幾何分布 $Ge(p)$ に従う独立な確率変数

とする．以下の問いに答えよ．

(1) 確率変数 Y を $Y = X_1 + X_2$ と定めると，Y の確率関数 f_Y が次の形になることを示せ．
$$f_Y(k) = (k+1)p^2(1-p)^k \quad (k=0,1,2,\ldots)$$

(2) 確率変数 Z を $Z = X_1 + X_2 + \cdots + X_r \ (r \geq 2)$ と定めると，Z は負の 2 項分布 $Nb(r,p)$ に従うこと，すなわち Z の確率関数 f_Z が
$$P(Z = k) = \binom{r+k-1}{k} p^r (1-p)^k \quad (k=0,1,2,\ldots)$$

となることを帰納法で示せ．

5.11 $X_1, X_2, \ldots, X_r$ を指数分布 $Ex(\lambda)$ に従う独立な確率変数とする．以下の問いに答えよ．

(1) 確率変数 Y を $Y = X_1 + X_2$ と定めると，Y はガンマ分布 $G(\lambda, 2)$ に従うことを示せ．

(2) 確率変数 Z を $Z = X_1 + X_2 + \cdots + X_r \ (r \geq 2)$ と定めると，Z はガンマ分布 $G(\lambda, r)$ に従うことを帰納法で示せ．

5.12 マルコフの不等式（式 (5.4)）を用いて，任意の確率変数 X と任意の定数 a および $t > 0$ に対して
$$P(X \geq a) \leq \frac{E[e^{tX}]}{e^{ta}}$$

であることを示せ．なお，$t > 0$ は任意であるから，上式の右辺を $t > 0$ に関して最小化した次式を考えることができ，これを**チェルノフ限界**（Chernoff 限界）という．
$$P(X \geq a) \leq \min_{t>0} \frac{E[e^{tX}]}{e^{ta}}$$

5.13 $X_1, X_2, \ldots, X_n$ が独立で同一の 2 点分布 $B(1; p)$ に従う（$P(X_1 = 1) = p, P(X_1 = 0) = 1-p$）とし，$S = X_1 + X_2 + \cdots + X_n$ とおく．このとき，任意の $0 < \delta < 1$ に対して不等式
$$P(|S - m| \geq \delta m) \leq 2e^{-m\delta^2/3} \tag{5.17}$$

が成り立つことが知られている．ここに，$m = E[S]$ である．表と裏がそれぞれ確率 $1/2$ で出るコインを n 回投げるとき，表が出る回数 X について
$$P\left(\left|X - \frac{n}{2}\right| \geq \frac{1}{2}\sqrt{6n \ln n}\right) \leq \frac{2}{n}$$

が成り立つことを示せ．［ヒント：章末問題 5.12 のチェルノフ限界を利用せよ．］
［注意：たとえば，$n = 10000$ とすれば，上記の不等式の確率は $X < 4628$ または $X > 5372$ の確率に等しい．］

Chapter 6 確率母関数・特性関数と中心極限定理

　第5章では，独立で同一の分布に従う n 個の確率変数 $X_1, X_2, \ldots, X_n$ の和 S_n について，大数の弱法則が成り立つことを学んだ．大数の弱法則は，n が十分大きいとき，1に近い確率で S_n/n が平均 $\mu = E[X_1]$ に近い値をとることを示していた．

　本章の目標は，大数の弱法則と同じく，$n \to \infty$ における S_n の性質を記述した中心極限定理を導出することである．この定理は，確率変数 $\dfrac{S_n - n\mu}{\sqrt{n}\sigma}$ の分布が，n が十分大きいときにはほぼ標準正規分布 $N(0,1)$ とみなせると主張している．ここに，$\sigma = \sqrt{V[X_1]}$ は標準偏差である．中心極限定理は，後の第8章，第9章で扱う統計の理論でも重要な役割を果たす．

　5.2節で学んだように，$X_1, X_2, \ldots, X_n$ が連続型のとき，和 S_n の確率密度関数は n 重のたたみ込み積分で表される（離散型のときは，確率関数がたたみ込みの和の形で表される）．中心極限定理を導出するためには，たたみ込みの形の確率密度関数や確率関数をうまく扱う必要がある．6.1節で述べる確率母関数と6.3節で述べる特性関数は，n 重のたたみ込みをうまく扱うための道具という意味合いが強い．実際，2項分布や正規分布が再生性をもつことは，確率母関数や特性関数を通してみたほうが理解しやすい．

6.1 確率母関数

　X を非負整数値をとる離散型確率変数とし，$f(k)$ $(k \geq 0)$ を X の確率関数とする．X の**確率母関数** (probability generating function) は

$$G_X(z) = E[z^X] = \sum_{k=0}^{\infty} f(k)z^k \tag{6.1}$$

と定義される．確率母関数は，変数 z を含んだ（形式的な）無限級数であり，混乱の恐れがないときは，X の確率母関数を単に $G(z)$ と書くこともある．

　$G(z)$ は，$|z| \leq 1$ の範囲では，三角不等式より

$$|G(z)| = \left|\sum_{k=0}^{\infty} f(k)z^k\right| \le \sum_{k=0}^{\infty} f(k)|z^k| \le \sum_{k=0}^{\infty} f(k) = 1$$

と有界になる．式 (6.1) の両辺を z で微分すると

$$G'(z) = \sum_{k=1}^{\infty} kf(k)z^{k-1} \tag{6.2}$$

となるので†，式 (6.2) で $z = 1$ とおくと，$k = 0$ のときは $kf(k) = 0$ だから

$$G'(1) = \sum_{k=1}^{\infty} kf(k) = \sum_{k=0}^{\infty} kf(k) = E[X] \tag{6.3}$$

が成り立つ．さらに，式 (6.2) の両辺を z で微分すると

$$G''(z) = \sum_{k=2}^{\infty} k(k-1)f(k)z^{k-2} \tag{6.4}$$

となるので，式 (6.4) で $z = 1$ とおくと，$k = 0, 1$ のときは $k(k-1)f(k) = 0$ だから

$$G''(1) = \sum_{k=2}^{\infty} k(k-1)f(k) = \sum_{k=0}^{\infty} k(k-1)f(k) = E[X^2] - E[X] \tag{6.5}$$

が成り立つ．式 (6.3), (6.5) より，X の平均と分散は確率母関数を用いて以下のように表される．

$$E[X] = G'(1) \tag{6.6}$$

$$V[X] = G''(1) + G'(1) - (G'(1))^2 \tag{6.7}$$

◆ **例 6.1** 確率変数 X が 2 項分布 $B(n; p)$ に従う場合の確率母関数を求めてみよう．そのために，確率関数を

$$f(k) = \begin{cases} \binom{n}{k} p^k (1-p)^{n-k} & (k = 0, 1, \ldots, n) \\ 0 & (k = n+1, n+2, \ldots) \end{cases}$$

と $k > n$ に対しても定義しておく．すると，確率母関数は，2 項定理を用いて

$$G(z) = \sum_{k=0}^{\infty} f(k)z^k = \sum_{k=0}^{n} \binom{n}{k} (pz)^k (1-p)^{n-k} = (pz + q)^n$$

と計算できる．ここに，$q = 1 - p$ とおいた．$G'(z) = np(pz+q)^{n-1}$, $G''(z) = n(n-1)p^2(pz+q)^{n-2}$ となることが容易にわかるので，式 (6.6), (6.7) を使って

---

† 式 (6.1) において，右辺の $k = 0$ の項は定数項なので，z で微分すると 0 になる．式 (6.2) 右辺の和が $k = 1$ から始まるのはこのためである．式 (6.2) から式 (6.4) が得られるのも同じ理由である．

$E[X] = np, V[X] = npq$ が求められる.

■問 6.1 確率変数 X がポアソン分布 $Po(\lambda)$ に従うとき，X の確率母関数が $G(z) = e^{\lambda(z-1)}$ となることを示せ．また，$E[X] = V[X] = \lambda$ を式 (6.6), (6.7) を用いて確かめよ．

ここで，離散型確率変数 X の確率母関数 $G(z)$ が与えられたとき，$G(z)$ に対応する X の確率関数 $f(k)$ ($k \geq 0$) を求めることを考えてみよう．いま，確率母関数 $G(z)$ を z で l 回微分すると

$$G^{(l)}(z) = \sum_{k=l}^{\infty} k(k-1)\cdots(k-l+1)f(k)z^{k-l}$$

となるから，$z = 0$ を代入すると右辺は定数項だけが残り，$G^{(l)}(0) = l!f(l)$ となる．よって，

$$f(l) = \frac{G^{(l)}(0)}{l!} \quad (l = 0, 1, 2, \ldots) \tag{6.8}$$

が成り立ち，確率母関数から確率関数が得られることがわかる．つまり，確率母関数が与えられれば，式 (6.8) から確率関数が定まる．すなわち，確率関数と確率母関数は 1 対 1 に対応する．代表的な離散型分布の確率母関数を，表 6.1 に示す．

次の定理は，独立な確率変数の和の確率母関数が，それぞれの確率変数に対応する確率母関数の積として書けることを示している．

表 6.1 代表的な離散型確率分布とその平均，分散，確率母関数

分布名 (パラメータとその範囲)	確率関数 (k の範囲)	平均	分散	確率母関数
2 点分布 $B(1;p)$ ($0 < p < 1$, $q = 1-p$)	$p^k q^{n-k}$ ($k = 0, 1$)	p	pq	$pz + q$
2 項分布 $B(n;p)$ ($0 < p < 1$, $q = 1-p$)	$\binom{n}{k} p^k q^{n-k}$ ($k = 0, 1, \ldots, n$)	np	npq	$(pz + q)^n$
幾何分布 $Ge(p)$ ($0 < p < 1$, $q = 1-p$)	pq^k ($k = 0, 1, 2, \ldots$)	$\dfrac{q}{p}$	$\dfrac{q}{p^2}$	$\dfrac{p}{1-qz}$
負の 2 項分布 $Nb(r,p)$ ($0 < p < 1$, $q = 1-p$, $r \geq 1$)	$\binom{r+k-1}{k} p^r q^k$ ($k = 0, 1, 2, \ldots$)	$\dfrac{rq}{p}$	$\dfrac{rq}{p}$	$\left(\dfrac{p}{1-qz}\right)^r$
ポアソン分布 $Po(\lambda)$ ($\lambda > 0$)	$e^{-\lambda}\dfrac{\lambda^k}{k!}$ ($k = 0, 1, 2, \ldots$)	λ	λ	$e^{\lambda(z-1)}$

定理 6.1

r を任意の正整数，$X_1, X_2, \ldots, X_r$ を非負整数に値をとる r 個の独立な確率変数であるとし，$S = X_1 + X_2 + \cdots + X_r$ とおく．このとき，X_i と S の確率母関数をそれぞれ $G_{X_i}(z), G_S(z)$ と書くと

$$G_S(z) = G_{X_1}(z) G_{X_2}(z) \cdots G_{X_r}(z)$$

が成り立つ．とくに，$X_1, X_2, \ldots, X_r$ が独立で同一の分布に従う場合は，$G_S(z) = (G_{X_1}(z))^r$ が成り立つ．

証明 一般の r に対しては帰納法を用いる必要があるが，$r = 2$ のときで証明の本質は尽きるので，以下 $r = 2$ のときを示し，$r \geq 3$ のときは問 6.2 とする．いま，$S = X_1 + X_2$ とおくと，X_1, X_2 は独立だから，式 (5.10) より

$$P(S = k) = \sum_{l=0}^{k} P(X_1 = l) P(X_2 = k - l)$$

が成り立っている．両辺に z^k をかけて $k = 0, 1, \ldots$ に関する和をとると，

$$G_S(z) = \sum_{k=0}^{\infty} P(S = k) z^k = \sum_{k=0}^{\infty} \sum_{l=0}^{k} P(X_1 = l) z^l P(X_2 = k - l) z^{k-l}$$

$$= \left(\sum_{l=0}^{\infty} P(X_1 = l) z^l \right) \left(\sum_{k=0}^{\infty} P(X_2 = k) z^k \right) = G_{X_1}(z) G_{X_2}(z)$$

となることがわかる．3 番目の等号は，数列 $\{a_n\}_{n=0}^{\infty}, \{b_n\}_{n=0}^{\infty}$ に対して $\sum_{k=0}^{\infty} \sum_{l=0}^{k} a_l b_{k-l} = \left(\sum_{k=0}^{\infty} a_k \right) \left(\sum_{l=0}^{\infty} b_l \right)$ が成り立つこと[†] から導かれる． □

■**問 6.2** r に関する帰納法を用いて，定理 6.1 の証明を完結させよ．

[†] 等式 $\sum_{k=0}^{\infty} \sum_{l=0}^{k} a_l b_{k-l} = \left(\sum_{k=0}^{\infty} a_k \right) \left(\sum_{l=0}^{\infty} b_l \right)$ は，右辺から左辺を導くことを考えると理解しやすい．すなわち，右辺は $(a_0 + a_1 + a_2 + \cdots)(b_0 + b_1 + b_2 + \cdots)$ であり，これを展開すると $a_k b_l$ ($k \geq 0, l \geq 0$) の項が現れるが，これを添え字の和 ($k + l$) が順に $0, 1, 2, \ldots$ となるように並べ替えて足し合わせる．添え字の和が 0 になる項は $a_0 b_0$ だけ，1 になるのは $a_0 b_1, a_1 b_0$ の 2 項，2 になるのは $a_0 b_2, a_1 b_1, a_2 b_0$ の 3 項，… となり，結局，添え字の和が k になるのは $a_0 b_k, a_1 b_{k-1}, \ldots, a_k b_0$ の $k + 1$ 項なので，これらを添え字の和の小さい順に足し合わせた $a_0 b_0 + (a_0 b_1 + a_1 b_0) + (a_0 b_2 + a_1 b_1 + a_2 b_0) + \cdots$ が左辺になる．

確率母関数を用いて，5.2.3 項で言及した 2 項分布の再生性を容易に示せる．

> **例題 6.1** X_1, X_2 をそれぞれ 2 項分布 $B(m; p), B(n; p)$ に従う独立な確率変数とするとき，$S = X_1 + X_2$ は 2 項分布 $B(m+n; p)$ に従うことを示せ．

解 X_1, X_2, S の確率母関数をそれぞれ $G_{X_1}(z), G_{X_2}(z), G_S(z)$ とおく．例 6.1 でみたように，$G_{X_1}(z) = (pz+q)^m, G_{X_2}(z) = (pz+q)^n$（ただし，$q = 1-p$）であるから，定理 6.1 より $G_S(z) = G_{X_1}(z)G_{X_2}(z) = (pz+q)^{m+n}$ となる．$G_S(z)$ の形は，$G_{X_1}(z)$ において m を $m+n$ で置き換えただけであるから，$G_S(z) = (pz+q)^{m+n}$ は S が 2 項分布 $B(m+n; p)$ に従うことを意味する． ■

なお，例題 6.1 の解答において，式 (6.8) を用いて $G_S(z) = (pz+q)^{m+n}$ から S の確率関数を求める必要はまったくない．実際，2 項分布 $B(m+n; p)$ に従う確率変数の確率母関数は，例 6.1 と同様に $(pz+q)^{m+n}$ となるはずであるから，確率関数と確率母関数が 1 対 1 に対応することと合わせて，S が $B(m+n; p)$ に従うことが結論づけられる．

■**問 6.3（2 項分布の再生性）** 確率変数 $X_1, X_2, \ldots, X_r$ が独立で，各 X_i が 2 項分布 $B(n_i; p)$ に従うとき，$S = X_1 + X_2 + \cdots + X_r$ は 2 項分布 $B(n_1 + n_2 + \cdots + n_r; p)$ に従うことを示せ．

■**問 6.4（ポアソン分布の再生性）** 確率変数 $X_1, X_2, \ldots, X_r$ が独立で，各 X_i がポアソン分布 $Po(\lambda_i)$ に従うとき，$S = X_1 + X_2 + \cdots + X_r$ はポアソン分布 $Po(\lambda_1 + \lambda_2 + \cdots + \lambda_r)$ に従うことを示せ．

6.2 モーメント母関数

前節で述べた確率母関数は，非負整数値をとる離散型の確率変数に対して定義されるものであった．本節では，連続型の確率変数を含む，より一般の確率変数に対して定義される**モーメント母関数** (moment generating function) を説明する．

確率変数 X のモーメント母関数は，θ の関数として

$$M_X(\theta) = E[e^{\theta X}] \tag{6.9}$$

と定義される．ここに，θ は実数値をとる．混乱の恐れがないときは $M_X(\theta)$ を単に $M(\theta)$ と表す．

X が非負整数値をとる離散型確率変数のときは，式 (6.9) より，X のモーメント母関数 $M(\theta)$ は

$$M(\theta) = E[e^{\theta X}] = \sum_{k=0}^{\infty} e^{\theta k} f(k) \qquad (6.10)$$

となり，X が実数値をとる連続型確率変数のときは，

$$M(\theta) = \int_{-\infty}^{\infty} e^{\theta x} f(x)\, dx \qquad (6.11)$$

となる．ここに，式 (6.10) の $f(k)$ は X の確率関数，式 (6.11) の $f(x)$ は X の確率密度関数である．指数分布やガンマ分布のように，確率変数 X が $[0, \infty)$ に値をとる場合は，式 (6.11) において $f(x) = 0$ $(x < 0)$ と考え，積分範囲を $[0, \infty)$ とする．

モーメント母関数は，厳密には $\theta = 0$ を含む適当な θ の区間で式 (6.9)～(6.11) の右辺の値が有限であるときに定義される．なお，モーメント母関数は，$\theta = 0$ のときは，確率関数および確率密度関数の性質から必ず $M(0) = 1$ を満たす．

式 (6.11) の $M(\theta)$ が $\theta = 0$ を含む区間で定義されるとき，両辺を θ で l 回微分し，微分と積分の順序を入れ換えると，$M(\theta)$ の第 l 次導関数 $M^{(l)}(\theta)$ は

$$M^{(l)}(\theta) = \int_{-\infty}^{\infty} x^l e^{\theta x} f(x)\, dx$$

となる．よって，$\theta = 0$ とおくと，

$$M^{(l)}(0) = \int_{-\infty}^{\infty} x^l f(x)\, dx \qquad (6.12)$$

となる．すなわち，$M^{(l)}(0)$ は，4.5 節で定義した原点のまわりの l 次モーメントにほかならない．確率変数 X の原点のまわりの l 次モーメントを M_l と書くとき，$e^{\theta x}$ のテイラー展開を用いれば，和と積分の順序を入れ換えることにより

$$M(\theta) = \int_{-\infty}^{\infty} \sum_{l=0}^{\infty} \frac{(\theta x)^l}{l!} f(x)\, dx = \sum_{l=0}^{\infty} \frac{1}{l!} \left(\int_{-\infty}^{\infty} x^l f(x)\, dx \right) \theta^l = \sum_{l=0}^{\infty} \frac{M_l}{l!} \theta^l \qquad (6.13)$$

となる．つまり，モーメント母関数は確率変数 X の原点まわりの l 次モーメント ($l = 0, 1, \ldots$) の情報をすべて，その $\theta = 0$ におけるテイラー展開の係数としてもつ．モーメント母関数の名前は，この性質が由来になっている．

確率変数 X が標準正規分布 $N(0, 1)$ に従うときのモーメント母関数を求めてみよう．標準正規分布の確率密度関数は $f(x) = \dfrac{1}{\sqrt{2\pi}} e^{-\frac{x^2}{2}}$ であったから，モーメント母関数は

$$M(\theta) = \int_{-\infty}^{\infty} e^{\theta x} \frac{1}{\sqrt{2\pi}} e^{-\frac{x^2}{2}} dx = \frac{1}{\sqrt{2\pi}} e^{\frac{\theta^2}{2}} \int_{-\infty}^{\infty} e^{-\frac{(x-\theta)^2}{2}} dx = e^{\frac{\theta^2}{2}} \quad (6.14)$$

と計算できる．ここに，2番目の等号は指数部分の平方完成，最後の等号は $x' = x - \theta$ という変数変換を用いた．

■問 6.5 X が正規分布 $N(\mu, \sigma^2)$ に従うとき，そのモーメント母関数は

$$M(\theta) = \exp\left[\mu\theta + \frac{\sigma^2}{2}\theta^2\right] \quad (6.15)$$

となる．これを示せ．

6.3 特性関数

前節の式 (6.10), (6.11) で定義されるモーメント母関数は，$\theta = 0$ を含む区間（まわり）で値が有限のときに定義される実数値関数であった．モーメント母関数は扱いやすいが，確率関数や確率密度関数によっては（たとえば，3.2.6項のコーシー分布などでは）定義されない場合もある．そこで，モーメント母関数と似た形の，確率変数 X の**特性関数** (characteristic function) とよばれる，

$$\varphi_X(t) = E[e^{itX}] \quad (6.16)$$

で定義される複素数値関数を考える．ここに，t は実数値をとり，i は虚数単位 ($i^2 = -1$) である．混乱の恐れがないときは，$\varphi_X(t)$ を単に $\varphi(t)$ と書く．以下に示すように，特性関数 $\varphi(t)$ はすべての実数 t に対して $|\varphi(t)| \leq 1$ を満たすので，いつでも存在する．ここに，複素数 z に対して $|z|$ は複素数の絶対値を表す．

式 (6.16) より，確率変数 X が非負整数値をとる離散型の確率変数のときは，その特性関数 $\varphi(t)$ は

$$\varphi(t) = \sum_{k=0}^{\infty} e^{itk} f(k) \quad (6.17)$$

となり，X が実数値をとる連続型の確率変数のときは，

$$\varphi(t) = \int_{-\infty}^{\infty} e^{itx} f(x) \, dx \quad (6.18)$$

となる．たとえば，X が連続型のときには，式 (6.18) より

$$|\varphi(t)| = \left|\int_{-\infty}^{\infty} e^{itx} f(x) \, dx\right| \leq \int_{-\infty}^{\infty} \left|e^{itx}\right| f(x) \, dx = \int_{-\infty}^{\infty} f(x) \, dx = 1$$

であることが確認できる．離散型のときも同様に $|\varphi(t)| \leq 1$ が確認できる．

モーメント母関数が存在する場合は，形式的に $\theta = \mathrm{i}t$ とおくことによって特性関数が得られる．たとえば，確率変数 X が標準正規分布に従うときは，式 (6.14) より $\varphi(t) = e^{-t^2/2}$ であり，特性関数の指数部分 $-t^2/2$ と確率密度関数の指数部分 $-x^2/2$ は同じ形になる．一方，X が正規分布 $N(\mu, \sigma^2)$ に従うときは，式 (6.15) より，特性関数は

$$\varphi(t) = \exp\left[\mathrm{i}\mu t - \frac{\sigma^2}{2}t^2\right] \tag{6.19}$$

となる．式 (6.19) の $\varphi(t)$ の指数部分は t の2次式となり，1次の項の係数は $\mathrm{i}\mu$ と純虚数，2次の項の係数は $-\sigma^2/2$ と実数になる．

以下，簡単のため $X \in (-\infty, \infty)$ を連続型の確率変数であると仮定し，特性関数と平均・分散の関係を考えよう．式 (6.18) の両辺を t で微分して微分と積分の順序を入れ換えると

$$\varphi'(t) = \int_{-\infty}^{\infty} \mathrm{i}x f(x) e^{\mathrm{i}tx}\, dx, \quad \varphi''(t) = \int_{-\infty}^{\infty} (-x^2) f(x) e^{\mathrm{i}tx}\, dx$$

となるから，$t = 0$ を代入すると

$$\varphi'(0) = \int_{-\infty}^{\infty} \mathrm{i}x f(x)\, dx = \mathrm{i}E[X]$$

$$\varphi''(0) = \int_{-\infty}^{\infty} (-x^2) f(x)\, dx = -E[X^2]$$

が得られる．よって，特性関数を用いて，平均と分散が

$$E[X] = -\mathrm{i}\,\varphi'(0), \quad V[X] = -\varphi''(0) + (\varphi'(0))^2$$

と表されることがわかる．

特性関数 $\varphi(t)$ が与えられたとき，$\varphi(t)$ に対応する確率密度関数 $f(x)$ を**反転公式**

$$f(x) = \frac{1}{2\pi} \int_{-\infty}^{\infty} e^{-\mathrm{i}tx} \varphi(t)\, dt \tag{6.20}$$

を用いて求めることができる．たとえば，X が標準正規分布に従うときは $\varphi(t) = e^{-t^2/2}$ であるが，反転公式より

$$f(x) = \frac{1}{2\pi} \int_{-\infty}^{\infty} e^{-\frac{t^2}{2}} e^{-\mathrm{i}tx}\, dt = \frac{1}{2\pi} e^{-\frac{x^2}{2}} \int_{-\infty}^{\infty} e^{-\frac{1}{2}(t+\mathrm{i}x)^2}\, dt = \frac{1}{\sqrt{2\pi}} e^{-\frac{x^2}{2}}$$

となり，特性関数から標準正規分布の確率密度関数が求められる．最後の等号は，任

意に固定した実数 x に対して

$$\int_{-\infty}^{\infty} e^{-\frac{1}{2}(t+\mathrm{i}x)^2} dt = \sqrt{2\pi}$$

が成り立つことによる（厳密には，複素関数論の知識が必要となる）．ただし，本書で扱う範囲では反転公式を使うことはなく，特性関数と確率密度関数が 1 対 1 に対応することを用いて特性関数の形から確率密度関数を求めることがほとんどである．代表的な連続型分布の特性関数を表 6.2 に示す．

表 6.2 代表的な連続型確率分布とその平均，分散，特性関数

分布名 (パラメータとその範囲)	確率密度関数 (x の範囲)	平均	分散	特性関数 モーメント母関数
一様分布 $U(a,b)$ (a,b)	$\dfrac{1}{b-a}$ $(a \leq x \leq b)$	$\dfrac{b-a}{2}$	$\dfrac{(b-a)^2}{12}$	$\dfrac{e^{\mathrm{i}bt}-e^{\mathrm{i}at}}{\mathrm{i}(b-a)t}$ $\dfrac{e^{b\theta}-e^{a\theta}}{(b-a)\theta}$
指数分布 $Ex(\lambda)$ $(\lambda > 0)$	$\lambda e^{-\lambda x}$ $(0 \leq x < \infty)$	$\dfrac{1}{\lambda}$	$\dfrac{1}{\lambda^2}$	$\dfrac{\lambda}{\lambda-\mathrm{i}t}$ $\dfrac{\lambda}{\lambda-\theta}$
正規分布 $N(\mu,\sigma^2)$ $(\mu, \sigma^2 > 0)$	$\dfrac{1}{\sqrt{2\pi\sigma^2}}\exp\left[-\dfrac{(x-\mu)^2}{2\sigma^2}\right]$ $(-\infty < x < \infty)$	μ	σ^2	$\exp\left[\mathrm{i}\mu t - \dfrac{\sigma^2}{2}t^2\right]$ $\exp\left[\mu\theta + \dfrac{\sigma^2}{2}\theta^2\right]$
ガンマ分布 $G(\alpha,\nu)$ $(\alpha > 0, \nu > 0)$	$\dfrac{1}{\Gamma(\nu)}\alpha^\nu x^{\nu-1} e^{-\alpha x}$ $(0 \leq x < \infty)$	$\dfrac{\nu}{\alpha}$	$\dfrac{\nu}{\alpha^2}$	$\left(\dfrac{\alpha}{\alpha-\mathrm{i}t}\right)^\nu$ $\left(\dfrac{\alpha}{\alpha-\theta}\right)^\nu$
コーシー分布 $C(\mu,\alpha)$ $(\mu, \alpha > 0)$	$\dfrac{1}{\pi}\dfrac{\alpha}{(x-\mu)^2+\alpha^2}$ $(-\infty < x < \infty)$	存在しない	存在しない	$\exp\left[\mathrm{i}\mu t - \alpha\lvert t\rvert\right]$ 存在しない

ここで，確率変数 X の特性関数 $\varphi_X(t)$ と，確率変数 $Y = aX + b$（a, b は定数）の特性関数 $\varphi_Y(t)$ との関係を考えてみよう．$\varphi_X(t) = E[e^{\mathrm{i}tX}]$ であるから，$\varphi_X(t)$ と $\varphi_Y(t)$ には

$$\varphi_Y(t) = E[e^{\mathrm{i}tY}] = E[e^{\mathrm{i}t(aX+b)}] = e^{\mathrm{i}tb}E[e^{\mathrm{i}(at)X}] = e^{\mathrm{i}tb}\varphi_X(at) \tag{6.21}$$

の関係があることがわかる．この関係も時々使われる．

■ 問 6.6　X が標準正規分布に従うとき，確率変数 $Y = \sigma X + \mu$ は正規分布 $N(\mu, \sigma^2)$ に従うことを特性関数を用いて確かめよ．

次の定理は，独立な確率変数の和の特性関数は特性関数の積に対応することを意味している．

> **定理 6.2**
> $X_1, X_2, \ldots, X_r$ を独立な確率変数であるとし，$S = X_1 + X_2 + \cdots + X_r$ とおく．すると，X_i の特性関数 $\varphi_{X_i}(t)$ と S の特性関数 $\varphi_S(t)$ に対して
> $$\varphi_S(t) = \varphi_{X_1}(t)\varphi_{X_2}(t) \cdots \varphi_{X_r}(t)$$
> が成り立つ．とくに，$X_1, X_2, \ldots, X_r$ が独立で同一の分布に従うときは，$\varphi_S(t) = (\varphi_{X_1}(t))^r$ が成り立つ．

証明 $r = 2$ の場合に示せば，一般の r に対しては問 6.2 と同様に帰納法で示せるので，以下では $r = 2$ の場合のみを示す．$S = X_1 + X_2$ とおくと，X_1, X_2 の独立性から，S の確率密度関数 $f_S(x)$ は，X_1, X_2 の確率密度関数 $f_{X_1}(x), f_{X_2}(x)$ を用いて

$$f_S(x) = \int_{-\infty}^{\infty} f_{X_1}(u) f_{X_2}(x-u)\, du$$

と表される（式 (5.13)）．よって，積分の順序を交換することにより

$$\begin{aligned}
\varphi_S(t) &= \int_{-\infty}^{\infty} \left[\int_{-\infty}^{\infty} f_{X_1}(u) f_{X_2}(x-u)\, du \right] e^{itx}\, dx \\
&= \int_{-\infty}^{\infty} \left[\int_{-\infty}^{\infty} f_{X_2}(x-u) e^{it(x-u)}\, dx \right] f_{X_1}(u) e^{itu}\, du \\
&= \varphi_{X_2}(t) \int_{-\infty}^{\infty} f_{X_1}(u) e^{itu}\, du = \varphi_{X_1}(t) \varphi_{X_2}(t)
\end{aligned}$$

がいえる．3 番目の等号は，変数変換 $x' = x - u$ による．□

◆ **例 6.2（正規分布の再生性）** r 個の確率変数 $X_1, X_2, \ldots, X_r$ が独立で，各 X_i が正規分布 $N(\mu_i, \sigma_i^2)$ に従う場合に，定理 6.2 を適用してみよう．式 (6.19) より，X_i の特性関数 $\varphi_{X_i}(t)$ について $\varphi_{X_i}(t) = \exp\left[i\mu_i t - \dfrac{\sigma_i^2}{2} t^2 \right]$ が成り立つので，定理 6.2 より

$$\varphi_S(t) = \prod_{i=1}^{r} \exp\left[i\mu_i t - \frac{\sigma_i^2}{2} t^2 \right] = \exp\left[i\mu t - \frac{\sigma^2}{2} t^2 \right]$$

である．ここに，$\mu = \mu_1 + \mu_2 + \cdots + \mu_r$，$\sigma^2 = \sigma_1^2 + \sigma_2^2 + \cdots + \sigma_r^2$ とおいた．上の $\varphi_S(t)$ の形は，正規分布 $N(\mu, \sigma^2)$ の特性関数の形をしているので，S が正規分布 $N(\mu, \sigma^2)$ に従うことがわかる．

例題 6.2 X, Y を，それぞれ正規分布 $N(2,3), N(-1,1)$ に従う独立な確率変数であるとする．このとき，$U = X+Y, W = X-Y$ はどのような分布に従うか．

解1 正規分布の再生性を既知とせず，特性関数を利用して考える．X, Y, U, W の特性関数をそれぞれ $\varphi_X(t), \varphi_Y(t), \varphi_U(t), \varphi_W(t)$ と書く．X, Y は正規分布に従うので，式 (6.19) より $\varphi_X(t) = \exp\left[2it - \frac{3}{2}t^2\right]$, $\varphi_Y(t) = \exp\left[-it - \frac{1}{2}t^2\right]$ が成り立つ．よって，定理 6.2 より，$\varphi_U(t) = \varphi_X(t)\varphi_Y(t) = \exp\left[it - \frac{4}{2}t^2\right]$ がいえ，この特性関数の形から U が正規分布 $N(1,4)$ に従うことがわかる．また，$-Y$ の特性関数を $\varphi_{-Y}(t)$ と書くと，$\varphi_{-Y}(t) = E[e^{it(-Y)}] = E[e^{i(-t)Y}] = \varphi_Y(-t)$ が成り立つので，$\varphi_{-Y}(t) = \exp\left[it - \frac{1}{2}t^2\right]$ となり，再び定理 6.2 より $\varphi_W(t) = \varphi_X(t)\varphi_{-Y}(t) = \exp\left[3it - \frac{4}{2}t^2\right]$ となるので，W は正規分布 $N(3,4)$ に従うことがわかる．■

解2 正規分布の再生性を既知として次のように考えてもよい．X, Y が正規分布に従うので，U が正規分布に従い，$E[U] = E[X] + E[Y] = 1, V[U] = V[X] + V[Y] = 4$ から，U は正規分布 $N(1,4)$ に従う．同様に，W は正規分布 $N(3,4)$ に従う．■

正規分布の再生性は，応用上重要である．たとえば，信号 X に対して，何らかの形で雑音 Z_1 と Z_2 が加わり，X が $Y = X + Z_1 + Z_2$ の形で観測されたとする（この状況は，通信や信号処理など，さまざまな状況で起こりうる）．もし，Z_1 と Z_2 が独立で，それぞれ正規分布 $N(0, \sigma_1^2), N(0, \sigma_2^2)$ に従っているとすると，正規分布の再生性より，この状況は信号 X に 1 つの雑音 Z が加わっている状況と何ら変わらないことがわかる．ここに，Z は正規分布 $N(0, \sigma_1^2 + \sigma_2^2)$ に従う確率変数である．Z_1 と Z_2 が独立だから，$V[Z_1 + Z_2] = V[Z_1] + V[Z_2]$ が成り立つことに注意しよう．

■**問 6.7** 定理 6.2 と同じ設定のもとで，各 X_i のモーメント母関数 $M_{X_i}(\theta)$ が存在すれば
$$M_S(\theta) = M_{X_1}(\theta) M_{X_2}(\theta) \cdots M_{X_r}(\theta)$$
が成り立つ．これを示せ．

Column 確率母関数や特性関数の解釈

確率母関数や特性関数は，確率関数や確率密度関数の「裏の世界の顔」と考えるとよい．定理 6.1 と定理 6.2 でみたように，独立な確率変数の和の分布は，表の確率の世界ではたたみ込みであるが，裏の世界を考えることで積になり，扱いやすくなる．親しい友人であれば，顔をみなくても，後ろ姿をみただけで誰だかわかるのと同じである．確率母関数や特性関数は，そんなイメージでとらえておくとよい．なお，信号処理や制御工学などの分野では，（定義が少々異なるが）確率母関数は z 変換として，特性関数はフーリエ変換として，別の名前のもとで有用な道具として使われている．

6.4 中心極限定理

本章の最後に，**中心極限定理** (central limit theorem) について述べる．中心極限定理も，大数の弱法則と同じく，独立な n 個の確率変数の和に関する極限定理である．

いま，独立で同一の分布に従う n 個の確率変数 $X_1, X_2, \ldots, X_n$ を考え，$V[X_1]$ が有限であると仮定する．$E[X_1] = \mu$, $V[X_1] = \sigma^2$ とおくと，新しく確率変数

$$S_n^* = \frac{X_1 + X_2 + \cdots + X_n - n\mu}{\sqrt{n}\sigma} \tag{6.22}$$

を定義できる．第 4 章で述べた性質 [E1], [E2], [V3], [V4] を用いると

$$E[S_n^*] = \frac{\sum_{i=1}^{n} E[X_i] - n\mu}{\sqrt{n}\sigma} = 0, \quad V[S_n^*] = \frac{\sum_{i=1}^{n} V[X_i]}{n\sigma^2} = 1$$

となるので，S_n^* は標準化されていることがわかる．

中心極限定理の主張は次のとおりである．

定理 6.3 中心極限定理

独立で同一の分布に従う n 個の確率変数 $X_1, X_2, \ldots, X_n$ （ただし，$E[X_1] = \mu$, $V[X_1] = \sigma^2 < \infty$）に対して，式 (6.22) によって S_n^* を定義すると，S_n^* の分布は $n \to \infty$ で漸近的に標準正規分布 $N(0, 1)$ に近づく．より厳密には，任意の実数 a に対して

$$\lim_{n \to \infty} P(S_n^* \leq a) = \int_{-\infty}^{a} \frac{1}{\sqrt{2\pi}} e^{-\frac{x^2}{2}} dx \tag{6.23}$$

が成り立つ．

なお，定理 6.3 の確率分布に関する仮定は $V[X_1] < \infty$ だけなので，中心極限定理は，$V[X_1] < \infty$ を満たす任意の確率分布に対して成り立つ．

中心極限定理を数値的に確かめてみよう．一様分布 $U(0, 1)$ に従う独立な n 個の確率変数 $X_1, X_2, \ldots, X_n$ を，計算機で 10 万回発生させる．1 回ごとに式 (6.22) の S_n^* の値を求め，得られた 10 万個のサンプルの分布を調べる．$n = 2, 5, 10, 20$ の場合の結果を図 6.1 に示す．この図から，$n = 5$ 程度で S_n^* の分布はかなり標準正規分布に近いこと，また，$n = 20$ で S_n^* の分布はほとんど標準正規分布とみなせることがわかる．

同じ実験を指数分布 $Ex(1)$ に対して行った結果を図 6.2 に示す．$n = 5, 10, 20, 100$

6.4 中心極限定理　**85**

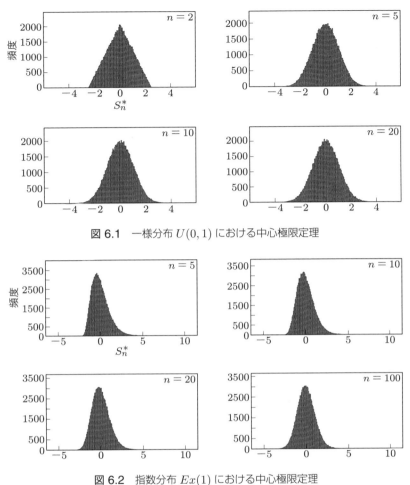

図 6.1　一様分布 $U(0,1)$ における中心極限定理

図 6.2　指数分布 $Ex(1)$ における中心極限定理

であり，S_n^* は 10 万個発生させている．指数分布の場合は $X_1, X_2, \ldots, X_n$ は非負の実数値をとる．図 6.2 より，$n = 100$ 程度で S_n^* の分布はほとんど標準正規分布とみなせることがわかる．

定理 6.3 の証明の概略　$Y_1 = \dfrac{X_1 - \mu}{\sigma}$ の特性関数を $\varphi_{Y_1}(t)$，$S_n = Y_1 + Y_2 + \cdots + Y_n$ の特性関数を $\varphi_{S_n}(t)$，$S_n^* = S_n/\sqrt{n}$ の特性関数を $\varphi_{S_n^*}(t)$，標準正規分布の特性関数を $\varphi_0(t)$ と書く．本書の範囲を超えるが，任意の実数 t に対して $\varphi_{S_n^*}(t) \to \varphi_0(t)$ ($n \to \infty$) が成り立てば，任意の実数 a に対して式 (6.23) が成り立つことが示せる[†]．ゆえ

---

† たとえば，文献 [4] の定理 13.1，定理 14.2 を参照のこと．

に，実数 t を任意に固定して，$\varphi_{S_n^*}(t) \to \varphi_0(t)$ $(n \to \infty)$ が示せれば十分である．

いま，Y_i $(i=1,2,\ldots,n)$ が独立で同一の分布に従うことから，定理 6.2 より任意の実数 t に対して

$$\varphi_{S_n}(t) = (\varphi_{Y_1}(t))^n \tag{6.24}$$

が成り立っている．また，式 (6.21) より

$$\varphi_{S_n^*}(t) = \varphi_{S_n}\left(\frac{t}{\sqrt{n}}\right) \tag{6.25}$$

が成り立つこともわかる．ここで，一般に確率変数 X に対して，e^{itx} の $x=0$ におけるテイラー展開から，その特性関数について

$$\varphi(t) = \int_{-\infty}^{\infty} e^{itx} f(x)\, dx = \int_{-\infty}^{\infty} \left\{1 + itx + \frac{(itx)^2}{2} + o(t^2)\right\} f(x)\, dx$$
$$= 1 + itM_1 - \frac{t^2}{2} M_2 + o(t^2)$$

が成り立つことに注意する．ここに，$M_1 = E[X]$，$M_2 = E[X^2]$ と定義し，$o(t^2)$ は t^2 より高次の項である．上式で $X = Y_1$ とすると，$M_1 = E[Y_1] = 0$，$M_2 = E[Y_1^2] = V[Y_1] = 1$ となるので，

$$\varphi_{Y_1}(t) = 1 - \frac{t^2}{2} + o(t^2) \tag{6.26}$$

となることがわかる．よって，式 (6.24)〜(6.26) より，任意に固定した t に対して

$$\varphi_{S_n^*}(t) = \left\{1 - \frac{t^2}{2n} + o\left(\frac{1}{n}\right)\right\}^n$$

がいえる．ここで，$n \to \infty$ とすれば

$$\lim_{n \to \infty} \varphi_{S_n^*}(t) = \lim_{n \to \infty} \left\{1 - \frac{t^2}{2n} + o\left(\frac{1}{n}\right)\right\}^n = e^{-\frac{t^2}{2}} = \varphi_0(t)$$

が導かれる．最後の極限値の計算は，$x > -1$ で成り立つ不等式 $x - x^2/2 \leq \log(1+x) \leq x$ を用いて，

$$\left\{1 - \frac{t^2}{2n} + o\left(\frac{1}{n}\right)\right\}^n = e^{n \log\left[1 - \frac{t^2}{2n} + o\left(\frac{1}{n}\right)\right]}$$

の指数部分を評価することで確かめられる． □

章末問題

■ 確認問題

6.1 X が 2 項分布 $B(n;p)$ に従うとき，確率母関数が $G(z) = (pz+1-p)^n$ となることを確認せよ．また，この結果を使って $E[X] = np$, $V[X] = np(1-p)$ を示せ．

6.2 X がポアソン分布 $Po(\lambda)$ に従うとき，確率母関数が $G(z) = e^{\lambda(z-1)}$ であることを確認せよ．また，この結果を使って $E[X] = V[X] = \lambda$ であることを示せ．

6.3 ある離散型確率変数 X の確率母関数が $G(z) = \left(\dfrac{9}{10}z + \dfrac{1}{10}\right)^8$ であるとき，X の従う分布を求めよ．

6.4 ある離散型確率変数 X の確率母関数が $G(z) = e^{\frac{z-1}{2}}$ であるとき，X の従う分布を求めよ．

6.5 X, Y をそれぞれ 2 項分布 $B(n;p), B(m;p)$ に従う独立な確率変数とするとき，確率母関数を用いて $S = X + Y$ が従う分布を求めよ．

6.6 X, Y をそれぞれポアソン分布 $Po(\lambda_1), Po(\lambda_2)$ に従う独立な確率変数とするとき，確率母関数を用いて $S = X + Y$ が従う分布を求めよ．

6.7 確率変数 Y, Z の特性関数が，それぞれ $\varphi_Y(t) = \exp[-t^2/2], \varphi_Z(t) = \exp[-\mathrm{i}t - 2t^2]$ であるとする．Y, Z が従う確率分布を求めよ．ここで，正規分布 $N(\mu, \sigma^2)$ に従う確率変数 X の特性関数は $\varphi_X(t) = \exp[\mathrm{i}\mu t - (\sigma^2/2)t^2]$ であることを用いてよい．

6.8 確率変数 X, Y をそれぞれ正規分布 $N(1,4), N(-2,1)$ に従う独立な確率変数であるとする．$S = X + Y$ の従う確率分布を特性関数を用いて（正規分布の再生性を既知とせずに）求めよ．

6.9 独立で同一の分布に従う n 個の確率変数 $X_1, X_2, \ldots, X_n$ に対して

$$S_n^* = \frac{X_1 + X_2 + \cdots + X_n - n\mu}{\sqrt{n}\sigma}$$

とおく．ここに，$E[X_1] = \mu, V[X_1] = \sigma^2$ である．S_n^* の平均と分散を計算せよ．

6.10 正規分布の再生性とは何か説明せよ．

6.11 中心極限定理とは何か説明せよ．

■ 演習問題

6.12 幾何分布 $Ge(p)$ の確率関数は $f(k) = pq^k$ ($k \geq 0$ は整数) である．ここに，$q = 1-p$ である．

(1) 幾何分布の確率母関数 $G(z)$ を求めよ．[ヒント：z は十分小さく，$|qz| < 1$ が満たされるとして考えてよい．]

(2) X を幾何分布 $Ge(p)$ に従う確率変数とする．(1) の確率母関数を利用して，$E[X]$ および $V[X]$ を求めよ．

(3) $X_1, X_2, \ldots, X_r$ を幾何分布 $Ge(p)$ に従う独立な確率変数とし，$S = X_1 + X_2 + \cdots + X_r$ とおく．S の確率母関数 $G_S(z)$ を求めよ．

(4) S が負の 2 項分布 $Nb(r,p)$ に従うことを確かめよ．

6.13 X を指数分布 $Ex(\lambda)$ に従う確率変数とする．
(1) 指数分布 $Ex(\lambda)$ のモーメント母関数 $M(\theta)$ を求めよ．$\theta < \lambda$ であるとしてよい．
(2) X の原点まわりの l 次モーメント（$l \geq 1$ は整数）$E[X^l]$ を，モーメント母関数を使って計算せよ．

6.14 一様分布 $U(a,b)$ に従う確率変数 X のモーメント母関数 $M(\theta)$ を求めよ．

6.15 モーメント母関数 $M(\theta)$ の対数をとって $\theta = 0$ のまわりで級数展開した
$$\log M(\theta) = \sum_{k=1}^{\infty} \frac{c_k}{k!} \theta^k$$
を**キュムラント母関数**といい，c_k を k 次の**キュムラント**という（$M(0) = 1$ なので，自明に $c_0 = 0$ であり，$k = 0$ は上式の和に含まれていない）．次の (1), (2) を確認せよ．
(1) ポアソン分布 $Po(\lambda)$ は $c_k = \lambda$ ($k = 1, 2, \ldots$) を満たす．
(2) 正規分布 $N(\mu, \sigma^2)$ は $c_1 = \mu$, $c_2 = \sigma^2$ かつ $c_k = 0$ ($k = 3, 4, \ldots$) を満たす．

6.16 $X_1, X_2, \ldots, X_r$ を指数分布 $Ex(\lambda)$ に従う独立な確率変数とし，$S = X_1 + X_2 + \cdots + X_r$ とおく．以下の問いに答えよ．
(1) S の特性関数 $\varphi_S(t)$ を求めよ．
(2) S がガンマ分布 $G(\lambda, r)$ に従うことを確かめよ．

6.17 コーシー分布に従う確率変数 X の特性関数を $\varphi_X(t)$ とする．
(1) X の分布が $C(0,1)$ であるとき，$\varphi_X(t) = \exp[-|t|]$ を示せ．[ヒント：複素関数論の知識が必要．]
(2) X の分布が $C(\mu, \alpha)$ であるとき，$\varphi_X(t) = \exp[i\mu t - \alpha|t|]$ を示せ．
(3) $X_1, X_2, \ldots, X_r$ がそれぞれコーシー分布 $C(\mu_i, \alpha_i)$ に従う独立な確率変数であるとき，$S = X_1 + X_2 + \cdots + X_r$ はコーシー分布 $C(\mu', \alpha')$ に従うこと（再生性）を示せ．ここに，$\mu' = \sum_{i=1}^{r} \mu_i, \alpha' = \sum_{i=1}^{r} \alpha_i$ である．

6.18 X を $N(\mu, \sigma^2)$ に従う確率変数とする．定数 a, b に対して，確率変数 Y を $Y = aX + b$ と定めるとき，Y が従う確率分布を求めよ．

6.19 X, Y, Z を標準正規分布 $N(0,1)$ に従う独立な確率変数であるとする．$U = X + Y + Z$, $W = (X + Y + Z)/\sqrt{3}$ が従う分布を求めよ．

6.20 1 枚のコインを n 回繰り返し投げて，表が出る回数を S とする．$|S/n - 1/2| \leq 0.01$ となる確率が 0.99 以上となる n を，中心極限定理を使って見積もれ．100 未満を切り上げて答えること．

Chapter 7

統計のための準備

　ここまで確率についてさまざまな定理や性質を学んできた．この章以降は，統計の基礎について学んでいく．統計の理論も確率の考え方を使っているので，用いる数学的な道具立てはこれまでの章と共通である．この章ではまず，統計的な問題を，確率の問題として定式化するための「単純ランダムサンプリング」という方法について説明する．次に，統計でよく使われる確率変数（標本平均，不偏分散など）や確率分布（χ^2 分布，t 分布など）を定義し，それらの性質を調べる．この章の内容は，次章以降で扱う内容の基礎になるのでよく読んでほしい．

7.1 全数調査と標本調査

　日々の生活の中で，われわれが統計的な考え方に接する機会は多い．テレビではよくアナウンサーが「最近の世論調査の結果，○○内閣の支持率は前回の調査から 1.5 ポイント下がって 38.2% になりました」といった調査結果を報道している．内閣支持率の調査は，すべての有権者を調査するのではなく，数千人程度の有権者を無作為に選んで調査した結果であるが，多くの人たちは，すべての有権者の支持率と大差ないであろうと考える．もっと身近なところでは，ある科目の試験を受けたとき，自分の点数だけでなく何人かの友人の点数がわかれば，その試験が難しかったのかやさしかったのかが，ある程度把握できる．

　たとえば，ある 40 人のクラス全員が試験を受けたとき，その 40 人の点数をすべて調べて点数の分布をみたり，平均点を算出したりすることは，やろうと思えばできることである（少なくとも，試験を実施する立場に立つと，この操作は簡単にできる）．しかし，たとえば，日本の 20 代男性の平均身長を調べたい場合，日本の 20 代男性全員の身長を調べることは非常に時間と労力のかかる作業となり，現実的には不可能に近い．こうした場合，日本の 20 代男性の一部を無作為に選び，選ばれた人達の身長をすべて計測して平均をとり，その平均値を日本の 20 代男性の平均身長とみなすということは自然な発想である．

　各人の試験の点数や身長のように，興味のある対象を**変量**とよび，クラス全員の点数や日本の 20 代男性全員の身長のような変量全体を**母集団**とよぶ．試験の点数の調

査のように，母集団全体を調べる調査を**全数調査**，身長の調査のように母集団の一部を調べる調査を**標本調査（サンプル調査）**という．標本調査において，選ばれる変量の集合を**標本（サンプル）**，標本の中に含まれる変量の個数を**標本の大きさ（サンプルサイズ）**，標本を選ぶことを**標本抽出（サンプリング）**という．

標本の大きさをどのくらいにして，標本をどのように選ぶかは，標本調査の信頼性を高めるうえで重要な問題である．実際，標本を選ぶ方法にはさまざまなやり方があるが，本書では母集団の1つ1つの要素が無作為に選ばれる選び方（**単純ランダムサンプリングという**）だけを考える．単純ランダムサンプリングにより母集団から抽出された大きさ n の標本を $X_1, X_2, \ldots, X_n$ と書く（図 7.1）．

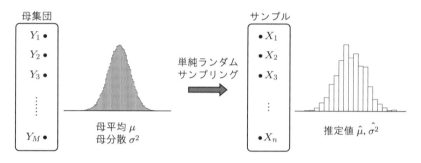

図 7.1 単純ランダムサンプリングのイメージ

本書では，母集団の大きさは十分大きいと仮定する．この仮定により，標本調査において，標本の大きさ n を任意に選ぶことが可能になる．さらに，母集団の分布は 3.2 節でみたような連続型の分布（正規分布など）である（もしくは十分近似できる）と仮定する．すると，母集団の平均と分散は，**母集団分布**（母集団の分布）に対する通常の平均と分散として定義できる．母集団の平均を**母平均**，母集団の分散を**母分散**，母集団の標準偏差を**母標準偏差**という．以後，母平均，母分散をそれぞれ μ, σ^2 と書き，これらは有限であると仮定する．統計の問題の場合には，母集団分布には必ず未知の量が含まれている．この未知の量は母平均や母分散であったり，母集団分布のパラメータであったりする．

本書では，単純ランダムサンプリングによって母集団から抽出された大きさ n の標本 $X_1, X_2, \ldots, X_n$ は，同じ母集団分布に従う独立な確率変数になる という立場をとる．この立場は，標本の大きさ n が大きくても小さくても，すなわち，$n = 10$ であっても $n = 1000$ であっても，変わることはない．この立場をとるとき，もし母集団分布が正規分布 $N(\mu, \sigma^2)$ であれば，単純ランダムサンプリングにより母集団から抽出された標本 $X_1, X_2, \ldots, X_n$ は，独立に $N(\mu, \sigma^2)$ に従うとして扱うことがで

きる．第 7 章〜第 10 章で扱う統計の問題では，これまでに用いてきた「確率変数 $X_1, X_2, \ldots, X_n$ が独立で同一の分布に従う」という表現の代わりに，「単純ランダムサンプリングにより母集団から抽出された標本 $X_1, X_2, \ldots, X_n$」という表現を用いることが多い．これらは数学的には同じ意味である．

統計では，しばしば母集団分布が正規分布である（**正規母集団**）という仮定をおく．正規母集団の仮定のもとでは，標本の大きさ n が小さい場合が厳密に扱えるなど，より詳細な議論が可能になる．本来は正規母集団の仮定については妥当かどうかを議論すべきであるが，実際には母集団分布が正規分布とみなせるケースが多いこともあり，この議論には深入りせず，「神は美しいものを作り給うた」と素直に受け入れることにする．

7.2 統計量

前節で，本書では単純ランダムサンプリングにより母集団から抽出された標本 $X_1, X_2, \ldots, X_n$ が独立で，同一分布（母集団分布）に従うという立場をとることを述べた．統計学では，標本から母平均や母分散，もしくは母集団分布の未知のパラメータを**推定** (estimation) することは，基本的な問題の 1 つである．また，母集団に対するある仮説を立て，標本をもとにその仮説の妥当性を**検定** (test) することも，統計学の基本的な問題の 1 つである．

具体的には，推定の問題と検定の問題は次のような形になる．

- 推定の問題例

  ある試験の点数は，正規分布に従うことが経験的に知られている．母集団から単純ランダムサンプリングにより抽出された 10 人の試験の点数が

  $$62,\ 67,\ 55,\ 58,\ 80,\ 72,\ 42,\ 52,\ 59,\ 63\,[\text{点}] \qquad (7.1)$$

  であるとき，母平均 μ を推定せよ．また，母平均が 95% で属する区間を求めよ．

- 検定の問題例

  ある試験の点数は，正規分布に従うことが経験的に知られている．母集団から単純ランダムサンプリングにより抽出された 10 人の試験の点数が式 (7.1) のとおりであるとき，母平均は $\mu = 60$ であるといえるか，それとも，$\mu > 60$ であるといえるか．

統計量 (statistics) とは，標本 $X_1, X_2, \ldots, X_n$ によってつくられる関数のことであり，それ自身が確率変数である．先に述べた推定や検定は，統計量に基づいて行われる．代表的な統計量を以下に挙げる．

- 標本平均 $\quad \overline{X} = \dfrac{1}{n}\sum_{i=1}^{n} X_i$ (7.2)

- 標本分散 $\quad \tilde{S}^2 = \dfrac{1}{n}\sum_{i=1}^{n}(X_i - \overline{X})^2$ (7.3)

- 不偏分散 $\quad S^2 = \dfrac{1}{n-1}\sum_{i=1}^{n}(X_i - \overline{X})^2$ (7.4)

標本平均 $\overline{X}$ は，大きさ n の標本の値の算術平均であり，標本分散 $\tilde{S}^2$ は，標本 X_i と標本平均 $\overline{X}$ の差の2乗の算術平均である．不偏分散 S^2 は，標本分散と同じような形であるが，分母が $n-1$ なので単純な算術平均ではない．$n-1$ で割る理由は 7.5 節で説明する．S^2 の平方根を $S\,(=\sqrt{S^2})$ と書く．

例題 7.1 式 (7.1) の 10 人の試験の点数のデータで，標本平均 $\overline{X}$，標本分散 $\tilde{S}^2$，不偏分散 S^2 の値をそれぞれ求めよ．

解 $\overline{X}, \tilde{S}^2, S^2$ の定義 (7.2)〜(7.4) に代入して，具体的に計算すればよい．$\overline{X} = 61$，$\tilde{S}^2 = 101.4, S^2 = 112.7$ が得られる． ■

7.3 統計でよく用いられる分布

本節では，統計でよく現れる確率分布を説明する．統計では，3.2.3 項で述べた正規分布 $N(\mu, \sigma^2)$ のほか，χ^2 分布（カイ2乗分布と読む），t 分布，F 分布がよく用いられる．

7.3.1 χ^2 分布

$X_1, X_2, \ldots, X_n$ を標準正規分布 $N(0,1)$ に従う独立な n 個の確率変数とするとき，それらの2乗和 $X_1^2 + X_2^2 + \cdots + X_n^2$ は非負の実数値をとる確率変数となる．$X_1^2 + X_2^2 + \cdots + X_n^2$ が従う確率分布を**自由度 n の χ^2 分布**といい，χ_n^2 と書く．自由度 n の χ^2 分布の確率密度関数 $f_n(x)$ は

$$f_n(x) = \dfrac{1}{2^{\frac{n}{2}}\Gamma(n/2)} x^{\frac{n-2}{2}} e^{-\frac{x}{2}} \quad (x \geq 0) \tag{7.5}$$

と表される．3.2.4 項で述べたガンマ分布 $G(\alpha, \nu)$ の確率密度関数（式 (3.9)）に $\alpha = 1/2$，$\nu = n/2$ を代入すると，式 (7.5) と同じ確率密度関数が得られるので，自由度 n の χ^2 分布はガンマ分布の特別な場合（すなわち，$G(1/2, n/2)$）といえる．自

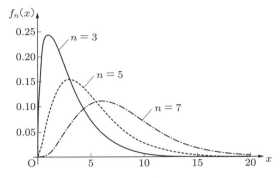

図 7.2 自由度 $3, 5, 8$ の χ^2 分布の確率密度関数

由度が $3, 5, 7$ の χ^2 分布の確率密度関数の概要を図 7.2 に示す．χ^2 分布では，自由度が大きくなるほど，確率密度関数はなだらかになり，ピークが右のほうへシフトしていく．

以下，式 (7.5) の確率密度関数 $f_n(x)$ の導出について述べる．3.2.4 項の例題 3.5 において，X_1 が標準正規分布 $N(0,1)$ に従うとき，$Y = X_1^2$ がガンマ分布 $G(1/2, 1/2)$ に従うことはすでにみた．また，ガンマ分布が再生性をもつこと，すなわち確率変数 Z_1, Z_2 が独立でそれぞれガンマ分布 $G(\alpha, \nu_1)$, $G(\alpha, \nu_2)$ に従うとき，$Z_1 + Z_2$ がガンマ分布 $G(\alpha, \nu_1 + \nu_2)$ に従うことも，章末問題 5.6 ですでに学んだ．これらの事実から，$X_1, X_2, \ldots, X_n$ が標準正規分布 $N(0,1)$ に従う独立な n 個の確率変数であれば，$X_1^2 + X_2^2 + \cdots + X_n^2$ はガンマ分布 $G(1/2, n/2)$, すなわち自由度 n の χ^2 分布に従い，その確率密度関数が式 (7.5) の形になることがわかる．

自由度 n の χ^2 分布の確率密度関数 $f_n(x)$ において，与えられた定数 $\alpha \in (0,1)$ に対して

$$\int_A^\infty f_n(x)\,dx = \alpha \tag{7.6}$$

となる A を $\chi_n^2(\alpha)$ と書く．$\chi_n^2(\alpha)$ は α と n の両方に依存することに注意しよう．代表的な n, α に対する $\chi_n^2(\alpha)$ の値は，**χ^2 分布表**（付表）を用いて求めることができる．

■問 7.1 X が自由度 n の χ^2 分布に従うとき，$E[X] = n$, $V[X] = 2n$ が成り立つことを示せ．

■問 7.2 χ^2 分布表を用いて，$\chi_{10}^2(0.025)$ および $\chi_{10}^2(0.975)$ を求めよ．

■問 7.3 確率変数 X_1, X_2, X_3 が独立に正規分布 $N(\mu, \sigma^2)$ に従うとき，$Y = \dfrac{1}{\sigma^2}\{(X_1 - \mu)^2 + (X_2 - \mu)^2 + (X_3 - \mu)^2\}$ はどのような分布に従うか．

7.3.2 t 分布

X を標準正規分布 $N(0,1)$ に従う確率変数，Y を自由度 n の χ^2 分布に従う確率変数とし，X と Y が独立であるとする．いま，確率変数 T を

$$T = \frac{X}{\sqrt{Y/n}} \tag{7.7}$$

と定めるとき，T が従う確率分布を**自由度 n の t 分布**といい，t_n と書く．T は実数値をとる確率変数で，自由度 n の t 分布の確率密度関数 $f_n(x)$ は

$$f_n(x) = \frac{1}{\sqrt{n}B(n/2, 1/2)}\left(1 + \frac{x^2}{n}\right)^{-\frac{n+1}{2}} \tag{7.8}$$

となることが知られている．ここに，$B(\cdot,\cdot)$ はベータ関数である．自由度 n の t 分布の確率密度関数の概形は図 7.3 のようになり，直線 $x=0$ に関して対称で，自由度 n が大きいほど $x=0$ の近くの確率が大きくなる．t 分布の確率密度関数の導出についての詳細は，付録 B を参照のこと．

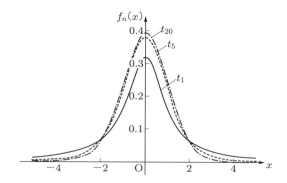

図 7.3　自由度 $1, 5, 20$ の t 分布の確率密度関数

式 (7.8) に $n=1$ を代入すると，自由度 1 の t 分布の確率密度関数は

$$f_1(x) = \frac{1}{\pi(1+x^2)}$$

となり，コーシー分布 $C(0,1)$ の確率密度関数に一致する．また，十分大きい自由度 n をもつ t 分布は，標準正規分布で近似できる．この性質は，任意の $x \neq 0$ に対して，

$$\left(1 + \frac{x^2}{n}\right)^{-\frac{n+1}{2}} = \left\{\left(1 + \frac{x^2}{n}\right)^{\frac{n}{x^2}}\right\}^{-\frac{x^2}{2}}\left(1 + \frac{x^2}{n}\right)^{-\frac{1}{2}} \to e^{-\frac{x^2}{2}} \quad (n \to \infty)$$

となることから見当がつくだろう．ここで，$n \to \infty$ のとき $x^2/n \to 0$ であるから，$(1+x^2/n)^{n/x^2} \to e$ となることに注意しよう．

$f_n(x)$ を自由度 n の t 分布の確率密度関数とするとき，与えられた定数 $\alpha \in (0,1)$ に対して

$$P(|T| \geq A) = \int_{-\infty}^{-A} f_n(x)\,dx + \int_A^\infty f_n(x)\,dx = \alpha \tag{7.9}$$

を満たす $A > 0$ を $t_n(\alpha)$ と書く．$t_n(\alpha)$ は α と n の両方に依存することに注意しよう．この $f_n(x)$ は直線 $x=0$ に関して対称なので，$t_n(\alpha)$ を

$$\int_A^\infty f_n(x)\,dx = \frac{\alpha}{2}$$

を満たす A として定義してもよい．代表的な n, α に対する $t_n(\alpha)$ の値は，**t 分布表**（付表）によって求めることができる．

■**問 7.4** t 分布表を用いて，$t_{20}(0.05)$ および $t_{10}(0.01)$ を求めよ．

7.3.3 F 分布

X, Y を，それぞれ自由度 m, n の χ^2 分布に従う独立な確率変数とするとき，確率変数

$$Z = \frac{X/m}{Y/n} \tag{7.10}$$

が従う確率分布を**自由度 (m, n) の F 分布**といい，$F_{m,n}$ と書く．Z は非負の実数値をとる確率変数であり，その確率密度関数は

$$f_{m,n}(x) = \frac{m^{\frac{m}{2}} n^{\frac{n}{2}}}{B(m/2, n/2)} \frac{x^{\frac{m}{2}-1}}{(mx+n)^{\frac{m+n}{2}}} \quad (x \geq 0) \tag{7.11}$$

と書けることが知られている．$f_{m,n}(x)$ の導出についての詳細は，付録 B を参照のこと．自由度 (m,n) の F 分布の確率密度関数の概形を図 7.4 に示す．

$f_{m,n}(x)$ を自由度 (m,n) の F 分布の確率密度関数とするとき，与えられた定数 $\alpha \in (0,1)$ に対して

$$\int_A^\infty f_{m,n}(x)\,dx = \alpha \tag{7.12}$$

を満たす A を $F_{m,n}(\alpha)$ と書く．代表的な m, n, α に対する $F_{m,n}(\alpha)$ の値は，**F 分布表**（付表）を用いて求めることができる．また一般に，任意の $m, n \geq 1$ と $\alpha \in (0,1)$ に対して，

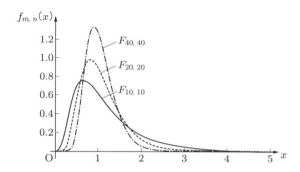

図 7.4 自由度 $(10, 10), (20, 20), (40, 40)$ の F 分布の確率密度関数

$$F_{n,m}(1-\alpha) = \frac{1}{F_{m,n}(\alpha)} \tag{7.13}$$

が成り立つことも知られており（付録 B.3 参照），$F_{m,n}(\alpha)$ の値を求める一助となる．

■問 7.5　F 分布表を用いて，$F_{4,6}(0.05)$ および $F_{6,4}(0.95)$ を求めよ．

7.4　標本平均 $\overline{X}$ の性質

本節では標本平均 $\overline{X}$ の性質についてまとめておく．単純ランダムサンプリングによって母集団から抽出された標本 $X_1, X_2, \ldots, X_n$ は独立に母集団分布に従うこと，母平均を μ，母分散を σ^2 と書くこと，μ, σ^2 は有限の値であったこと思い出そう．各 $i = 1, 2, \ldots, n$ に対しては，もちろん $E[X_i] = \mu$，$V[X_i] = \sigma^2$ が成り立っている．

> **定理 7.1**
> $\overline{X}$ は，$E[\overline{X}] = \mu$ および $V[\overline{X}] = \sigma^2/n$ を満たす．

定理 7.1 は，母平均 $\overline{X}$ の定義と第 4 章で述べた平均の性質と分散の性質から容易に導かれる．

> **定理 7.2**
> $\overline{X}$ は，任意定数 $\varepsilon > 0$ に対して
> $$\lim_{n \to \infty} P\left(|\overline{X} - \mu| \geq \varepsilon\right) = 0$$
> を満たす．

定理 7.2 は，第 5 章で述べた大数の弱法則（定理 5.1）からの帰結である．それは，$\overline{X}$ を用いて母平均 μ を推定するときの一致性とよばれる性質と関係する（8.1.1 項）．

> **定理 7.3**
> 標本の大きさ n が十分大きいとき，確率変数 $\dfrac{\overline{X} - \mu}{\sigma/\sqrt{n}}$ の分布は標準正規分布 $N(0,1)$ で近似できる．

定理 7.3 は，第 6 章で述べた中心極限定理（定理 6.3）から導かれる．実際，$\overline{X}$ の定義から，

$$\frac{\overline{X} - \mu}{\sigma/\sqrt{n}} = \frac{X_1 + X_2 + \cdots + X_n - n\mu}{\sigma\sqrt{n}}$$

が成り立っている．定理 7.3 は，標本の大きさ n が十分大きければ，母集団分布は（中心極限定理が成り立つ限り）任意でよいことに注意しよう．今後，$\dfrac{\overline{X} - \mu}{\sigma/\sqrt{n}}$ という形がよく出てくるが，定理 7.1 より $E[\overline{X}] = \mu$, $V[X] = \sigma^2/n$ なので，これは $\overline{X}$ を標準化した形になっている．

正規母集団の仮定のもとでは，定理 7.3 の標本の大きさに関する仮定を外すことができる．

> **定理 7.4**
> 母集団分布が正規分布 $N(\mu, \sigma^2)$ のとき，標本平均 $\overline{X}$ は正規分布 $N(\mu, \sigma^2/n)$ に従う．とくに，$\dfrac{\overline{X} - \mu}{\sigma/\sqrt{n}}$ は標準正規分布 $N(0,1)$ に従う．

定理 7.4 は正規分布の再生性を用いて容易に確かめられる．

7.5 不偏分散 S^2 の性質

本節では不偏分散 S^2 の性質をまとめておく．不偏分散は，単純ランダムサンプリングにより母集団から抽出された標本 $X_1, X_2, \ldots, X_n$ に対して式 (7.4) で定義された．前節と同様に，母平均を μ, 母分散を σ^2 と書き，これらは有限の値とする．また，統計では標本の大きさはある程度大きくするので，$n \geq 2$ であるとする．

定理 7.5
標本分散 $\tilde{S}^2$, 不偏分散 S^2 は $\tilde{S}^2 = \dfrac{n-1}{n} S^2$ を満たす.

これは, $(n-1)S^2 = n\tilde{S}^2 = \sum_{i=1}^{n}(X_i - \overline{X})^2$ であることから明らかである.

定理 7.6
不偏分散 S^2 は $E[S^2] = \sigma^2$ を満たす.

証明 $X_1, X_2, \ldots, X_n$ は同じ母集団分布に従うので, $i = 1, 2, \ldots, n$ に対して $E[X_i] = \mu, V[X_i] = E[(X_i - \mu)^2] = \sigma^2$ が成り立つ. また, 定理 7.1 より $E[\overline{X}] = \mu, V[\overline{X}] = E[(\overline{X} - \mu)^2] = \sigma^2/n$ が成り立つことにも注意する. すると, 以下のような式変形が行える.

$$E\left[\sum_{i=1}^{n}(X_i - \overline{X})^2\right] = E\left[\sum_{i=1}^{n}\{X_i - \mu - (\overline{X} - \mu)\}^2\right]$$

$$= \sum_{i=1}^{n} E[(X_i - \mu)^2] - 2\sum_{i=1}^{n} E[(X_i - \mu)(\overline{X} - \mu)] + \sum_{i=1}^{n} E[(\overline{X} - \mu)^2]$$

$$= (n+1)\sigma^2 - 2\sum_{i=1}^{n} E[(X_i - \mu)(\overline{X} - \mu)] \qquad (7.14)$$

ここに, 最後の等号は, 1つ上の式の第1項が $n\sigma^2$, 第3項が σ^2 であることから成り立つ. ところで, 式 (7.14) 右辺の第2項は, $E[\overline{X}] = \mu$ および $V[\overline{X}] = \sigma^2/n$ に注意すると,

$$\sum_{i=1}^{n} E[(X_i - \mu)(\overline{X} - \mu)] = E\left[(\overline{X} - \mu)\sum_{i=1}^{n}(X_i - \mu)\right]$$

$$= E\left[n(\overline{X} - \mu)^2\right] = nV[\overline{X}] = \sigma^2 \qquad (7.15)$$

となる. よって, 式 (7.15) より式 (7.14) の左辺は $(n-1)\sigma^2$ に等しいことがわかり, $E[S^2] = \sigma^2$ が成り立つことが示された. □

次の性質は, 正規母集団の仮定のもとで成り立つ重要な性質である (図 7.5).

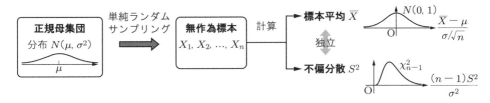

図 7.5 正規母集団における $\overline{X}$ と S^2 の独立性

> **定理 7.7**
> 母集団分布が正規分布 $N(\mu, \sigma^2)$ であるとき，$\overline{X}$ と S^2 は独立であり，$\dfrac{\overline{X} - \mu}{\sigma/\sqrt{n}}$ は標準正規分布 $N(0, 1)$，$\dfrac{(n-1)S^2}{\sigma^2} = \dfrac{1}{\sigma^2} \sum_{i=1}^{n}(X_i - \overline{X})^2$ は自由度 $n-1$ の χ^2 分布に従う．

証明の概略 一般的に定理 7.7 を証明しようとすると煩雑になるので，以下では $n = 3$ かつ X_1, X_2, X_3 が $N(0, 1)$ に従う場合を考える．この考え方は一般の場合へ拡張できる（問 7.6〜7.8）．

まず，多少天下り的であるが，線形変換

$$\begin{bmatrix} y_1 \\ y_2 \\ y_3 \end{bmatrix} = \begin{bmatrix} 1/\sqrt{3} & 1/\sqrt{3} & 1/\sqrt{3} \\ 1/\sqrt{2} & -1/\sqrt{2} & 0 \\ 1/\sqrt{6} & 1/\sqrt{6} & -2/\sqrt{6} \end{bmatrix} \begin{bmatrix} x_1 \\ x_2 \\ x_3 \end{bmatrix} \tag{7.16}$$

を考える．上式の右辺の行列を C とおくと，容易に確認できるように，C とその転置 C^T の間に $C^T C = I$（I は 3 次単位行列）という関係があることがわかる（すなわち，C は直交行列）．したがって，

$$y_1^2 + y_2^2 + y_3^2 = \boldsymbol{y}^T \boldsymbol{y} = \boldsymbol{x}^T C^T C \boldsymbol{x} = \boldsymbol{x}^T \boldsymbol{x} = x_1^2 + x_2^2 + x_3^2 \tag{7.17}$$

が成り立つ．ここに，$\boldsymbol{x} = [x_1\ x_2\ x_3]^T$，$\boldsymbol{y} = [y_1\ y_2\ y_3]^T$ とおいた．いま，X_1, X_2, X_3 は $N(0, 1)$ に従う独立な確率変数としているから，その同時確率密度関数は

$$f(x_1, x_2, x_3) = \frac{1}{(2\pi)^{\frac{3}{2}}} \exp\left[-\frac{x_1^2 + x_2^2 + x_3^2}{2}\right]$$

と書けることに注意すると，$[Y_1\ Y_2\ Y_3]^T = C[X_1\ X_2\ X_3]^T$ の同時確率密度関数は

$$f(y_1, y_2, y_3) = \frac{1}{(2\pi)^{\frac{3}{2}}} \exp\left[-\frac{y_1^2 + y_2^2 + y_3^2}{2}\right] |\det(C^T)|$$

$$= \frac{1}{(2\pi)^{\frac{3}{2}}} \exp\left[-\frac{y_1^2 + y_2^2 + y_3^2}{2}\right] \tag{7.18}$$

となることがわかる．ここに，最初の等号は式 (7.17) と積分の変数変換公式†から，2番目の等号は直交行列では $|\det(C^T)| = 1$ となることにより，それぞれ導かれる．式 (7.18) は標準正規分布 $N(0,1)$ の確率密度関数の積になっているので，Y_1, Y_2, Y_3 が独立に $N(0,1)$ に従うことがわかる．

さてここで，不偏分散 S^2 の定義より，関係式

$$\begin{aligned}
2S^2 &= (X_1 - \overline{X})^2 + (X_2 - \overline{X})^2 + (X_3 - \overline{X})^2 \\
&= X_1^2 + X_2^2 + X_3^2 - 2\overline{X}(X_1 + X_2 + X_3) + 3\overline{X}^2 \\
&= X_1^2 + X_2^2 + X_3^2 - 3\overline{X}^2
\end{aligned} \tag{7.19}$$

が成り立つことに注意する（$\overline{X} = (X_1 + X_2 + X_3)/3$ である）．式 (7.17) と同様に $Y_1^2 + Y_2^2 + Y_3^2 = X_1^2 + X_2^2 + X_3^2$ が成り立つことと，Y_1 の定義から $\overline{X} = (X_1 + X_2 + X_3)/3 = Y_1/\sqrt{3}$ であることを用いると，式 (7.19) から

$$2S^2 = Y_1^2 + Y_2^2 + Y_3^2 - 3\left(\frac{Y_1}{\sqrt{3}}\right)^2 = Y_2^2 + Y_3^2$$

が導かれる．すでに，Y_1, Y_2, Y_3 が独立に $N(0,1)$ に従うことはいえているので，$\overline{X} = Y_1/\sqrt{3}$ と $2S^2 = Y_2^2 + Y_3^2$ は独立であり，$2S^2$ が自由度 2 の χ^2 分布に従うことが結論づけられる． □

■問 7.6 上の証明を，X_1, X_2, X_3 が正規分布 $N(\mu, \sigma^2)$ に従うときに拡張せよ．具体的には，ベクトル $[x_1 \ x_2 \ x_3]^T$ の代わりに各成分を標準化したベクトル $\left[\dfrac{x_1 - \mu}{\sigma} \ \dfrac{x_2 - \mu}{\sigma} \ \dfrac{x_3 - \mu}{\sigma}\right]^T$ を考えればよい．

■問 7.7 一般の $n \geq 2$ に対して，以下の n 個の n 次元行ベクトルは大きさが 1 で，互いに直交することを確かめよ．

$$e_1 = \frac{1}{\sqrt{n}}[1\ 1\ 1\ 1\ 1\ \ldots\ 1\ 1], \quad e_2 = \frac{1}{\sqrt{2}}[1\ -1\ 0\ 0\ 0\ \ldots\ 0\ 0]$$

$$e_3 = \frac{1}{\sqrt{6}}[1\ 1\ -2\ 0\ 0\ \ldots\ 0\ 0], \quad e_4 = \frac{1}{\sqrt{12}}[1\ 1\ 1\ -3\ 0\ \ldots\ 0\ 0], \quad \ldots,$$

$$e_n = \frac{1}{\sqrt{n(n-1)}}[1\ 1\ 1\ 1\ 1\ \ldots\ 1\ -(n-1)]$$

---

† $f(x_1, x_2, x_3)$ を $\mathbf{R}^3$ 全体で積分すると 1 になるが，変数を (y_1, y_2, y_3) に置換しても 1 になる．置換された被積分関数の形が $f(y_1, y_2, y_3)$ である．

［ヒント：式 (7.16) の代わりに，e_i を第 i 行にもつ行列 C を用いよ．］

■問 7.8 一般に，$\sum_{i=1}^{n}(X_i - \overline{X})^2 = \sum_{i=1}^{n} X_i^2 - n\overline{X}^2$ が成り立つことを確かめよ．なお，式 (7.19) で用いたのは，この式の $n = 3$ の場合である．

不偏分散は，さらに次の性質をもつ．これは，定理 7.7 からの帰結である．

> **定理 7.8**
> 母集団分布が $N(\mu, \sigma^2)$ であるとき，確率変数
> $$T = \frac{\overline{X} - \mu}{S/\sqrt{n}}$$
> は自由度 $n-1$ の t 分布に従う．ここに，$S = \sqrt{S^2}$ である．

証明 母集団分布が正規分布 $N(\mu, \sigma^2)$ であるとき，定理 7.7 より $\dfrac{\overline{X} - \mu}{\sigma/\sqrt{n}}$ は標準正規分布 $N(0,1)$ に従い，$(n-1)S^2/\sigma^2$ は自由度 $n-1$ の χ^2 分布に従うことがわかる．また，同じく定理 7.7 より $\overline{X}$ と S^2 は独立になるので，$\dfrac{\overline{X} - \mu}{\sigma/\sqrt{n}}$ と $(n-1)S^2/\sigma^2$ も独立である．よって，t 分布の定義より

$$T = \frac{\dfrac{\overline{X} - \mu}{\sigma/\sqrt{n}}}{\sqrt{(n-1)S^2/(n-1)\sigma^2}} = \frac{\overline{X} - \mu}{S/\sqrt{n}}$$

は自由度 $n-1$ の t 分布に従うことがわかる． □

統計では，2 つの母集団の分散を比較することもある．2 つの母集団（母集団 1，母集団 2）がともに正規母集団であり，単純ランダムサンプリングにより母集団 1 から抽出された大きさ m の標本の不偏分散を S_1^2 とする．同様に，母集団 2 から抽出された大きさ n の標本の不偏分散を S_2^2 とする．このとき，次の性質が成り立つ．

> **定理 7.9**
> 母集団 1，母集団 2 がいずれも正規母集団であるとし，母集団 1，母集団 2 の母分散をそれぞれ σ_1^2, σ_2^2 とすると，
> $$F = \frac{S_1^2/\sigma_1^2}{S_2^2/\sigma_2^2}$$
> は自由度 $(m-1, n-1)$ の F 分布に従う．

章末問題

■確認問題

7.1 単純ランダムサンプリングにより母集団から抽出された標本を $X_1, X_2, \ldots, X_n$ とする.母平均を μ,母分散を σ^2 として,以下の問いに答えよ.
(1) $X_1, X_2, \ldots, X_n$ はどのような分布に従うと考えられるか.
(2) 標本平均 $\overline{X}$ の定義を書き,$E[\overline{X}], V[\overline{X}]$ を n, μ, σ^2 を用いて表せ.
(3) 不偏分散 S^2 の定義を書き,$E[S^2]$ を σ^2 を用いて表せ.

7.2 $X_1, X_2, \ldots, X_n$ を単純ランダムサンプリングにより母集団から抽出された標本であるとし,標本の大きさ n が十分大きいとする.$\dfrac{\overline{X} - \mu}{\sigma/\sqrt{n}}$ はどのような分布に従うといえるか.

7.3 母集団分布が正規分布 $N(\mu, \sigma^2)$ であるとし,単純ランダムサンプリングにより母集団から抽出された標本を $X_1, X_2, \ldots, X_n$ とする.以下の問いに答えよ.
(1) 標本平均 $\overline{X}$ はどのような分布に従うか. (2) $\dfrac{\overline{X} - \mu}{\sigma/\sqrt{n}}$ はどのような分布に従うか.
(3) $\dfrac{(n-1)S^2}{\sigma^2}$ はどのような分布に従うか. (4) $\overline{X}$ と S^2 は独立であるといえるか.
(5) $T = \dfrac{\overline{X} - \mu}{S/\sqrt{n}}$ はどのような分布に従うか.ここに,$S = \sqrt{S^2}$ と定義した.

■演習問題

7.4 母平均 120,母標準偏差 30 の母集団から,大きさ 100 の標本を単純ランダムサンプリングにより抽出するとき,それらの標本平均 $\overline{X}$ が 123 より大きい確率を概算せよ.

7.5 確率変数 $X_0, X_1, X_2, \ldots, X_n$ を標準正規分布 $N(0, 1)$ に従う独立な $n+1$ 個の確率変数とする.$n \geq 2$ として以下の問いに答えよ.
(1) $Y = X_1^2 + X_2^2 + \cdots + X_n^2$ はどのような分布に従うか.
(2) $Z = X_0/\sqrt{Y/n}$ はどのような分布に従うか.
(3) $W = \dfrac{(X_0^2 + X_1^2)/2}{(X_2^2 + X_3^2 + \cdots + X_n^2)/(n-1)}$ はどのような分布に従うか.

7.6 母平均 μ,母分散 σ^2 の母集団から,単純ランダムサンプリングにより抽出した大きさ n の標本 $X_1, X_2, \ldots, X_n$ の標本平均を $\overline{X}$ と書く.以下の問いに答えよ.
(1) 任意定数 $\varepsilon > 0$ に対して $P(|\overline{X} - \mu| > \varepsilon) \to 0 \ (n \to \infty)$ が成り立つ理由を説明せよ.
(2) n が十分大きいとき,確率変数 $Z = \dfrac{\overline{X} - \mu}{\sigma/\sqrt{n}}$ の分布はどのような分布に近づくか.
(3) すべての $1 \leq i \leq n$ に対して $E[(X_i - \mu)(\overline{X} - \mu)] = \sigma^2/n$ が成り立つことを示せ.

Chapter 8 推定

推定 (estimation) とは，母平均・母分散や母集団分布の未知のパラメータの値を，単純ランダムサンプリングにより母集団から抽出された標本 $X_1, X_2, \ldots, X_n$ を用いて推測することである．推定には，未知パラメータの値そのものを推定する**点推定**と，あらかじめ決められた確率で未知パラメータの値が属すると考えられる区間を求める**区間推定**がある（図 8.1）．本章では，おもに母平均 μ と母分散 σ^2 の点推定と区間推定について述べていく．

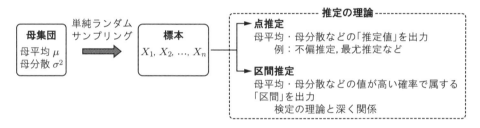

図 8.1 推定の枠組みの全体像

8.1 点推定

最初に，未知の母平均 μ と母分散 σ^2 を，単純ランダムサンプリングにより母集団から抽出された大きさ n の標本 $X_1, X_2, \ldots, X_n$ から推定することを考える．推定された結果は $X_1, X_2, \ldots, X_n$ の関数になるので，確率変数（統計量）になる．推定に用いられる統計量をとくに**推定量** (estimator) という．本節では，母平均 μ と母分散 σ^2 の推定量として，不偏推定量と最尤推定量の 2 つを説明する．推定量には，満たすことが望ましいとされる性質がいくつかあるので，どの性質を満たすのか注意してみてほしい．

8.1.1 不偏推定量

推定量は，その平均が推定したい値に一致するとき，**不偏推定量** (unbiased estimator) という．不偏性は，推定量に課せられる性質としては基本的なものの 1 つである．標本平均 $\overline{X}$ と不偏分散 S^2 に関する次の性質はよく知られている．

定理 8.1

標本平均 $\overline{X}$ と不偏分散 S^2 は，それぞれ母平均 μ と母分散 σ^2 の不偏推定量である．

証明 不偏推定量の定義より，$E[\overline{X}] = \mu$ であることを示せば，$\overline{X}$ は μ の不偏推定量となる．これは定理 7.1 ですでに示した．同様に，$E[S^2] = \sigma^2$ であることを示せば，S^2 は σ^2 の不偏推定量となる．この性質も定理 7.6 ですでに示している． □

定理 8.1 は次のように考えるとよい．たとえば，母平均が未知のとき，標本 $X_1, X_2, \ldots, X_n$ から標本平均 $\overline{X}$ を計算し，母平均 μ を推定することは自然である．$\overline{X}$ は不偏推定量なので，異なる標本を用いて何回も母平均を推定すれば，得られる推定値が真の母平均 μ のまわりに分布することが期待できる．これは，母分散が未知の母集団に対して，不偏分散を用いて母分散の推定を行う状況でも変わらない．

一方，標本分散 $\tilde{S}^2$ は，定理 7.5 より $\tilde{S}^2 = \dfrac{n-1}{n} S^2$ を満たすので，$E[\tilde{S}^2] = \dfrac{n-1}{n} E[S^2] = \dfrac{n-1}{n} \sigma^2$ となり，不偏推定量とはならない．このことは，異なる標本を用いて何回も母分散を推定した場合，得られる推定値が真の母分散 σ^2 でなく，より小さい $\dfrac{n-1}{n} \sigma^2$ のまわりに分布することを意味する（つまり，推定値は真の母分散よりも小さい値になりやすくなる）．ただし，$n \to \infty$ のとき $\dfrac{n-1}{n} \to 1$ となるので，標本の大きさ n が十分大きいときには，$E[\tilde{S}^2]$ と母分散 σ^2 の差はほとんどなくなる．

■**問 8.1** 母平均 μ が既知のとき，$U^2 = \dfrac{1}{n} \sum_{i=1}^{n} (X_i - \mu)^2$ は母分散 σ^2 の不偏推定量となる．これを示せ．

不偏推定量の分散は，一般に小さければ小さいほどよい．実際，たとえば，X_1 や $\dfrac{X_1 + X_2}{2}$ も $E[X_1] = E\left[\dfrac{X_1 + X_2}{2}\right] = \mu$ を満たすので母平均の不偏推定量であるが，分散はそれぞれ $V[X_1] = \sigma^2$，$V\left[\dfrac{X_1 + X_2}{2}\right] = \dfrac{\sigma^2}{2}$ となり，$V[\overline{X}] = \dfrac{\sigma^2}{n}$ よりも大きくなるので，ばらつきが大きくなる．したがって，母平均の推定量としては標本平均 $\overline{X}$ のほうが望ましいといえる．

しかしながら，不偏推定量の分散はいくらでも小さくできるわけではない．一般に，母集団分布が未知パラメータ θ をもつ状況を考え，母集団の確率密度関数を $f(x|\theta)$ と表すことにする．たとえば，母平均 μ が未知で母分散 σ^2 が既知の正規母集団を

考えるときは，$\theta = \mu$ かつ σ^2 を定数とみなして $f(x|\theta) = \dfrac{1}{\sqrt{2\pi\sigma^2}} \exp\left[-\dfrac{(x-\theta)^2}{2\sigma^2}\right]$ と考えればよい．単純ランダムサンプリングにより母集団から抽出された標本を $X_1, X_2, \ldots, X_n$ とし，$\boldsymbol{X} = (X_1, X_2, \ldots, X_n)$ とおいて θ の推定量を $\hat{\theta} = \hat{\theta}(\boldsymbol{X})$ と書く．$\hat{\theta}(\boldsymbol{X})$ が不偏推定量であれば，不偏推定量の定義より，$E[\hat{\theta}(\boldsymbol{X})] = \theta$ が θ によらずに成り立つ．すると，すべての不偏推定量 $\hat{\theta}$ の分散 $V[\hat{\theta}]$ に関して，不等式

$$V[\hat{\theta}] = E[(\hat{\theta}(\boldsymbol{X}) - \theta)^2] \geq \frac{1}{nI(\theta)} \tag{8.1}$$

が成り立つことを示せる（この式を**クラメル・ラオの不等式**という）．ここに，

$$I(\theta) = E\left[\left(\frac{\partial}{\partial \theta} \log f(X_1|\theta)\right)^2\right]$$

は**フィッシャー情報量** (Fisher information) とよばれる量である．フィッシャー情報量は母集団分布だけに依存する量なので，もし任意の θ に対して不等式 (8.1) が等号で成り立つ推定量 $\hat{\theta} = \hat{\theta}(\boldsymbol{X})$ が構成できれば，それは θ の不偏推定量の中で分散が最小であるといえる．不等式 (8.1) の証明には独特の議論が必要になるので，10.3 節で与えることにする．なお，不等式 (8.1) を等号で達成する推定量をとくに**有効推定量** (efficient estimator) という．

母平均 μ が未知で母分散 σ^2 が既知の正規母集団の場合に，フィッシャー情報量を計算してみよう．記法をあわせるため，$\mu = \theta$ とおくと

$$f(x|\theta) = \frac{1}{\sqrt{2\pi\sigma^2}} \exp\left[-\frac{(x-\theta)^2}{2\sigma^2}\right] \tag{8.2}$$

であるから，両辺の対数をとると

$$\log f(x|\theta) = -\frac{(x-\theta)^2}{2\sigma^2} - \frac{1}{2}\log(2\pi\sigma^2)$$

となる．さらに，σ^2 を定数とみなして θ で偏微分すると

$$\frac{\partial}{\partial \theta} \log f(x|\theta) = \frac{x-\theta}{\sigma^2}$$

となるから，フィッシャー情報量は

$$I(\theta) = E\left[\left(\frac{\partial}{\partial \theta} \log f(X_1|\theta)\right)^2\right] = E\left[\left(\frac{X_1 - \theta}{\sigma^2}\right)^2\right] = \frac{E[(X_1 - \mu)^2]}{\sigma^4} = \frac{1}{\sigma^2}$$

と計算できる．ゆえに，クラメル・ラオの不等式より，任意の μ の不偏推定量 $\hat{\theta}$ に対して $V[\hat{\theta}] \geq \sigma^2/n$ が成り立つことがわかる．一方，標本平均 $\overline{X}$ は μ の不偏推定量であるが，すでに計算したように $V[\overline{X}] = \sigma^2/n$ を満たしている．よって，標本平均 $\overline{X}$ は，正規母集団の仮定のもとでは，母平均 μ の不偏推定量の中では分散が最小であるといえる．

また，標本の大きさ n を十分大きくすれば，真の値に 1 に近い確率で近づく推定量を**一致推定量** (consistent estimator) という．定理 7.2 は標本平均 $\overline{X}$ が母平均の一致推定量であることを示している．証明は省略するが，不偏分散 S^2 も母分散の一致推定量であることが知られている．

8.1.2 最尤推定量

不偏推定量とはまったく異なる考え方に基づく推定量として，**最尤推定量** (most likelihood estimator) がある．最尤推定量は，不偏推定量が容易に求められないような場合でも，用いることができる．

再び，母集団分布が未知パラメータ θ をもつ状況を考え，母集団分布の確率密度関数を $f(x|\theta)$ と表す．単純ランダムサンプリングにより母集団から抽出された標本を $X_1, X_2, \ldots, X_n$ とし，$\boldsymbol{X} = (X_1, X_2, \ldots, X_n)$ とおく．すると，$X_1, X_2, \ldots, X_n$ は独立とみなせるから，$\boldsymbol{X}$ の同時確率密度関数 $f_{\boldsymbol{X}}(\boldsymbol{x}|\theta)$ は

$$f_{\boldsymbol{X}}(\boldsymbol{x}|\theta) = \prod_{i=1}^{n} f(x_i|\theta)$$

と書ける．ここに，$\boldsymbol{x} = (x_1, x_2, \ldots, x_n)$ とおいた．$f_{\boldsymbol{X}}(\boldsymbol{x}|\theta)$ は，θ を固定して $\boldsymbol{x}$ の関数としてみると同時確率密度関数であるが，逆に $\boldsymbol{x}$ を固定して θ の関数としてみることもでき，後者の場合をとくに**尤度関数** (likelihood function) という．標本 $\boldsymbol{X}$ が与えられたときの θ の最尤推定量 $\hat{\theta}_{\mathrm{ML}} = \hat{\theta}_{\mathrm{ML}}(\boldsymbol{X})$ は，尤度関数を最大にする θ の値として定義される．本質的に同じことであるが，θ の最尤推定量は**対数尤度関数** (log-likelihood estimator) $L(\boldsymbol{X}|\theta) = \log f_{\boldsymbol{X}}(\boldsymbol{X}|\theta)$ を最大にする θ の値として定義されることも多い．すなわち，最尤推定量 $\hat{\theta}_{\mathrm{ML}}(\boldsymbol{X})$ について

$$L(\boldsymbol{X}|\hat{\theta}_{\mathrm{ML}}(\boldsymbol{X})) = \max_{\theta} L(\boldsymbol{X}|\theta) = \max_{\theta} \log f_{\boldsymbol{X}}(\boldsymbol{X}|\theta) \tag{8.3}$$

が成り立つ．つまり，最尤推定量は，標本 $\boldsymbol{X}$ が得られる「最も尤もらしい」パラメータであると考えるのである．

◆ 例 8.1 母集団分布が $N(\mu, \sigma^2)$ であり，μ が未知，σ^2 が既知であるとき，μ の最尤推定量を求めてみよう．未知パラメータを $\theta = \mu$ とおき，σ^2 を定数とみると，母集団分布の確率密度関数は式 (8.1) の形に書けるから，標本 $\boldsymbol{X}$ を固定したときの尤度関数は

$$f_{\boldsymbol{X}}(\boldsymbol{X}|\theta) = \prod_{i=1}^{n} f(X_i|\theta) = \frac{1}{(2\pi\sigma^2)^{\frac{n}{2}}} \exp\left[-\sum_{i=1}^{n} \frac{(X_i-\theta)^2}{2\sigma^2}\right]$$

となり，両辺の対数をとると，対数尤度関数が

$$L(\boldsymbol{X}|\theta) = \log f_{\boldsymbol{X}}(\boldsymbol{X}|\theta) = -\frac{1}{2\sigma^2}\sum_{i=1}^{n}(X_i - \theta)^2 - \frac{n}{2}\log(2\pi\sigma^2)$$

と求められる．$L(\boldsymbol{X}|\theta)$ の θ に関する最大値を求めるため，この右辺を θ で微分して 0 とおくと

$$\frac{d}{d\theta}L(\boldsymbol{X}|\theta) = \frac{1}{\sigma^2}\sum_{i=1}^{n}(X_i - \theta) = 0$$

となり（X_i, σ^2, n はいずれも定数とみなす），θ について解くと，$\theta = \frac{1}{n}\sum_{i=1}^{n} X_i = \overline{X}$ が得られる．すなわち，母平均 μ の最尤推定量 $\hat{\mu}_{\text{ML}}$ は $\overline{X}$ に等しい．

最尤推定量の考え方は，母集団分布の未知パラメータが複数ある場合も同じである．たとえば，未知パラメータが 2 つの場合は $\boldsymbol{\theta} = (\theta_1, \theta_2)$ とおいて，対数尤度関数 $L(\boldsymbol{X}|\boldsymbol{\theta})$ を最大にする $\boldsymbol{\theta}$ を最尤推定量と定義する．すなわち，

$$L(\boldsymbol{X}|\hat{\boldsymbol{\theta}}_{\text{ML}}) = \max_{\boldsymbol{\theta}} L(\boldsymbol{X}|\boldsymbol{\theta})$$

を満たす $\hat{\boldsymbol{\theta}}_{\text{ML}} = \hat{\boldsymbol{\theta}}_{\text{ML}}(\boldsymbol{X})$ が最尤推定量である．

◆ 例 8.2 母集団分布が正規分布 $N(\mu, \sigma^2)$ であると仮定し，母平均 μ と母分散 σ^2 がともに未知である場合の最尤推定量を求めてみる．混乱を避けるため $v = \sigma^2$ とおき，$\boldsymbol{\theta} = (\mu, v)$ とみなして対数尤度関数を求めると，

$$L(\boldsymbol{X}|\mu, v) = -\frac{1}{2v}\sum_{i=1}^{n}(X_i - \mu)^2 - \frac{n}{2}\log(2\pi v) \tag{8.4}$$

となる．$L(\boldsymbol{X}|\mu, v)$ の最大値を与える (μ, v) を求めるため，$L(\boldsymbol{X}|\mu, v)$ を μ, v でそれぞれ偏微分して 0 とおくと，

$$\frac{\partial}{\partial \mu}L(\boldsymbol{X}|\mu, v) = -\frac{1}{2v}\sum_{i=1}^{n}(X_i - \mu) \cdot (-2) = 0$$

$$\frac{\partial}{\partial v}L(\boldsymbol{X}|\mu, v) = \frac{1}{2v^2}\sum_{i=1}^{n}(X_i - \mu)^2 - \frac{n}{2v} = 0$$

となる．上の 2 式を μ, v について解くと $\mu = \frac{1}{n}\sum_{i=1}^{n} X_i = \overline{X}$, $v = \frac{1}{n}\sum_{i=1}^{n}(X_i - \overline{X})^2 = \tilde{S}^2$ が

得られるので，母平均 μ の最尤推定量は $\hat{\mu}_{\mathrm{ML}} = \overline{X}$，母分散 σ^2 の最尤推定量は $\hat{\sigma^2}_{\mathrm{ML}} = \tilde{S}^2$ となり，それぞれ標本平均と標本分散に一致する．

■問 8.2 母集団分布が $N(\mu, \sigma^2)$ であり，μ が既知，σ^2 が未知であるとき，σ^2 の最尤推定量が $\hat{\sigma}^2 = \dfrac{1}{n} \displaystyle\sum_{i=1}^{n} (X_i - \mu)^2$ となることを示せ．

未知パラメータが 1 つの場合の最尤推定量 $\hat{\theta}_{\mathrm{ML}}$ については，標本の大きさ n が十分大きいときには，緩やかな条件のもとで $\sqrt{n}(\hat{\theta}_{\mathrm{ML}} - \theta)$ の分布が正規分布 $N\left(0, \dfrac{1}{I(\theta)}\right)$ と漸近的に近づくことが知られている．ここに，$I(\theta)$ はフィッシャー情報量である．直観的には，この性質は n が十分大きいときは $\hat{\theta}_{\mathrm{ML}} = \hat{\theta}_{\mathrm{ML}}(\boldsymbol{X})$ が正規分布 $N\left(\theta, \dfrac{1}{nI(\theta)}\right)$ に従うと考えるとわかりやすい．この場合，$\hat{\theta}_{\mathrm{ML}}(\boldsymbol{X})$ の平均が θ，分散が $\dfrac{1}{nI(\theta)} \to 0 \ (n \to \infty)$ なので，明らかに $\hat{\theta}_{\mathrm{ML}}(\boldsymbol{X})$ は一致推定量であり，その分散はクラメル・ラオの不等式を漸近的に等号で満たす．この性質は 10.4 節で改めて述べる．

8.2 区間推定

前節で述べた点推定は，未知の母平均 μ と母分散 σ^2 の「値」を標本から推定しようとするものであった．この点推定とは別に，未知の μ や σ^2 が，95% や 99% など指定された高い確率で属すると考えられる「区間」を標本 $X_1, X_2, \ldots, X_n$ から求める，区間推定という考え方がある†．事前に指定する確率を**信頼度**，得られる区間を**信頼区間**という．区間推定は，未知の母平均や母分散がどのくらいの値であるかを知るのが目的なので，信頼度が同じなら信頼区間の幅は小さいほどよい．

信頼度は標本 $X_1, X_2, \ldots, X_n$ に関する確率であることに注意が必要である．たとえば，母平均 μ の区間推定を信頼度 95% で行うとき，信頼度は，異なる標本を使って独立に区間推定を 100 回行ったときに，およそ 95 回は求めた区間の中に μ が属する，という意味である．μ は未知ではあっても確定値（ある決まった値）であるから，μ に関する確率は定義されず，求めた信頼区間の中に μ が確率 95% で属するというわけではない．

区間推定の仕方は，問題の設定により少しずつ異なる．たとえば，母平均 μ の区間推定の場合は，次の 3 点を考えることになる．

---

† 統計分野では，確率を百分率で表すことが多いので，本書もその流儀にならうことにする．

- 母集団分布が正規分布であるか（正規母集団），そうでないか．
- 標本の大きさ n が大きいか（**大標本**という），小さいか（**小標本**という）．
- 母分散 σ^2 が既知であるか，未知であるか．

大標本と小標本の境目は微妙ではあるが，本書では単純化して，$n \geq 50$ なら大標本，$n \leq 50$ なら小標本，と考えることにする．数学的には，中心極限定理（定理 6.3）が近似として有効にはたらく十分大きい n が大標本，自由度 n の t 分布の確率密度関数が標準正規分布 $N(0,1)$ の確率密度関数とはみなせない範囲の n が小標本，という位置付けになる．

8.2.1 母平均の区間推定：正規母集団で母分散が既知の場合

まず最初に，母集団分布が正規分布 $N(\mu, \sigma^2)$ であり，母分散 σ^2 が既知，母平均 μ のみ未知である場合を考える．母平均が未知であるのに母分散が既知であるという状況は少々不自然ではあるが，区間推定の議論の入口としては最もわかりやすい．目標は，ある与えられた十分小さい α（$\alpha = 0.05$ または $\alpha = 0.01$ の場合が多い）に対して，単純ランダムサンプリングによって母集団から抽出された標本 $X_1, X_2, \ldots, X_n$ から，母平均 μ が確率 $1 - \alpha$ で属する区間（信頼区間）を求めることである．信頼度は確率 $1 - \alpha$ のことであり，これを百分率で表す．たとえば，$\alpha = 0.05$ なら信頼度は 95% であり，求める信頼区間のことを母平均 μ の 95% 信頼区間という．

母平均の信頼区間を求めるため，正規母集団の仮定のもとでは，$\overline{X}$ が正規分布 $N(\mu, \sigma^2/n)$ に従うことを思い出そう（定理 7.4）．この性質から，$\overline{X}$ を標準化した $\dfrac{\overline{X} - \mu}{\sigma/\sqrt{n}}$ は標準正規分布 $N(0,1)$ に従うことが保証される．いま，Z を $N(0,1)$ に従う確率変数であるとすると，正規分布表から $P(|Z| \leq 1.96) = 0.95$ であることがわかるから，$\overline{X}$ が

$$\left| \frac{\overline{X} - \mu}{\sigma/\sqrt{n}} \right| \leq 1.96$$

すなわち，

$$\overline{X} - 1.96 \frac{\sigma}{\sqrt{n}} \leq \mu \leq \overline{X} + 1.96 \frac{\sigma}{\sqrt{n}} \tag{8.5}$$

を満たす確率は 0.95 である．ゆえに，求めた区間 $\left[\overline{X} - 1.96 \dfrac{\sigma}{\sqrt{n}}, \overline{X} + 1.96 \dfrac{\sigma}{\sqrt{n}} \right]$ を母平均 μ の 95% 信頼区間とすることができる．区間の両端を**信頼限界**という．信頼度 95% 信頼区間の幅は $3.92 \dfrac{\sigma}{\sqrt{n}}$ であり，標本の大きさ n が大きくなるほど小さくな

る．式 (8.5) において，母分散 σ^2 を既知としているので，標本が与えられれば $\overline{X}$ も求められ，信頼限界が計算できることに注意しよう．

上の議論を，信頼度 99% の場合に拡張することは容易である．正規分布表から，確率変数 Z が標準正規分布 $N(0,1)$ に従うとき，$P(|Z| \leq 2.58) > 0.99$, $P(|Z| \leq 2.57) < 0.99$ となることがわかるから，母平均 μ の 99% 信頼区間を

$$\overline{X} - 2.58 \frac{\sigma}{\sqrt{n}} \leq \mu \leq \overline{X} + 2.58 \frac{\sigma}{\sqrt{n}} \tag{8.6}$$

とすることができる．式 (8.5) と式 (8.6) を比較するとわかるように，信頼度を 95% から 99% に大きくすると，信頼区間の幅が広がってしまう．

8.2.2 母平均の区間推定：大標本のとき

次に，母集団分布が必ずしも正規分布とは限らない場合の母平均 μ の区間推定を考える．この問題設定は 8.2.1 項の設定よりかなり条件が緩いようであるが，標本の大きさ n が十分大きければ，母分散 σ^2 が未知であっても，母平均 μ の信頼区間を得ることができる．

まず，定理 7.3 より，標本の大きさ n が十分大きいとき，確率変数 $\dfrac{\overline{X} - \mu}{\sigma/\sqrt{n}}$ の分布はほとんど標準正規分布 $N(0,1)$ とみなせることを思い出そう．定理 7.3 は中心極限定理からの帰結であった．確率変数 Z が $N(0,1)$ に従うとき，正規分布表より $P(|Z| \leq 1.96) = 0.95$ が成り立つので，n が十分大きければ

$$P\left(\left| \frac{\overline{X} - \mu}{\sigma/\sqrt{n}} \right| \leq 1.96 \right) \approx 0.95$$

が成り立つと考えられる．よって，母分散 σ^2 が既知のときには，式 (8.5) と同様に

$$\overline{X} - 1.96 \frac{\sigma}{\sqrt{n}} \leq \mu \leq \overline{X} + 1.96 \frac{\sigma}{\sqrt{n}} \tag{8.7}$$

を母平均 μ の 95% 信頼区間とすることができる．他方，母分散 σ^2 が未知のときには，n が十分大きいことから σ が $S = \sqrt{S^2}$ で十分近似できるので，式 (8.7) の σ を S で置き換えた

$$\overline{X} - 1.96 \frac{S}{\sqrt{n}} \leq \mu \leq \overline{X} + 1.96 \frac{S}{\sqrt{n}} \tag{8.8}$$

を，母平均 μ の 95% 信頼区間とすることができる．

同様の議論により，母平均 μ の 99% 信頼区間は，母分散 σ^2 が既知のときは

$$\overline{X} - 2.58\frac{\sigma}{\sqrt{n}} \leq \mu \leq \overline{X} + 2.58\frac{\sigma}{\sqrt{n}} \tag{8.9}$$

とし，母分散 σ^2 が未知のときは

$$\overline{X} - 2.58\frac{S}{\sqrt{n}} \leq \mu \leq \overline{X} + 2.58\frac{S}{\sqrt{n}} \tag{8.10}$$

とすれば得られる．

式 (8.8), (8.10) において，母分散 σ^2 が未知のときに σ を S で置き換えることができるのは，不偏分散 S^2 の一致性による．実際，標本の大きさ n が十分大きいときには，1 に近い確率で S^2 は σ^2 に近い値をとるので，σ が S で近似できるというだけでなく，信頼度についてもほぼ 95% であるといえる．

> **例題 8.1** ある試験を受けた大学生の中から，100 人を無作為に選んだところ，平均点が 58.3 点であった．母標準偏差を 13.0 点として，母平均の 95% 信頼区間および 99% 信頼区間を求めよ．

解 この問題では標本の大きさが 100 であるので，大標本と考える．母標準偏差は母分散の平方根である．$n = 100$, $\sigma = 13$, $\overline{X} = 58.3$ として式 (8.7) を用いると，母平均 μ の 95% 信頼区間は，

$$58.3 - \frac{1.96 \times 13}{\sqrt{100}} \leq \mu \leq 58.3 + \frac{1.96 \times 13}{\sqrt{100}}$$

すなわち，$[55.7, 60.9]$ となる．母平均 μ の 99% 信頼区間は，

$$58.3 - \frac{2.58 \times 13}{\sqrt{100}} \leq \mu \leq 58.3 + \frac{2.58 \times 13}{\sqrt{100}}$$

すなわち，$[54.9, 61.7]$ となる． ■

8.2.3 母平均の区間推定：正規母集団で小標本かつ母分散が未知のとき

それでは，標本の大きさ n があまり大きくなく母分散 σ^2 が未知のときには，母平均の信頼区間はどうすれば求められるだろうか．母分散が未知なので 8.2.1 項の方法は使えず，また標本の大きさがあまり大きくないので 8.2.2 項の方法も使えない．この問題設定でも，正規母集団を仮定すれば，母平均の信頼区間を求めることができる．鍵となるのは定理 7.8 であり，確率変数 $T = \dfrac{\overline{X} - \mu}{S/\sqrt{n}}$ が自由度 $n-1$ の t 分布に従うことを用いれば，母平均の信頼区間を求めることができる．

具体的には，次のように信頼区間を構成する．確率変数 T は自由度 $n-1$ の t 分布

に従うから，式 (7.9) のように任意の $\alpha \in (0,1)$ に対して

$$P(|T| \geq t_{n-1}(\alpha)) = \alpha$$

が成り立つことがわかる．ここに，$t_{n-1}(\alpha)$ は n を $n-1$ とした式 (7.9) を満たす定数 A として定義される．よって，

$$P(|T| \leq t_{n-1}(\alpha)) = P\left(\left|\frac{\overline{X} - \mu}{S/\sqrt{n}}\right| \leq t_{n-1}(\alpha)\right) = 1 - \alpha$$

であり，確率 $1 - \alpha$ で

$$\overline{X} - t_{n-1}(\alpha)\frac{S}{\sqrt{n}} \leq \mu \leq \overline{X} + t_{n-1}(\alpha)\frac{S}{\sqrt{n}}$$

が成り立つことになる．たとえば，$\alpha = 0.05$ とすれば，

$$\overline{X} - t_{n-1}(0.05)\frac{S}{\sqrt{n}} \leq \mu \leq \overline{X} + t_{n-1}(0.05)\frac{S}{\sqrt{n}} \tag{8.11}$$

が母平均 μ の 95% 信頼区間となる．式 (8.11) 中の $t_{n-1}(0.05)$ の値は，t 分布表を用いて求められる．t 分布の自由度は $n-1$，すなわち，「標本の大きさ -1」であることに注意しよう．

例題 8.2 同じ厚さの 4 枚切り食パン 12 枚の質量を測ってみたところ，

81, 83, 80, 79, 78, 82, 83, 82, 81, 81, 83, 79 [g]

であった．正規母集団の仮定のもとで，質量の母平均の 95% 信頼区間を求めよ．

解 $n = 12$ なので小標本であり，正規母集団の仮定があるので式 (8.11) が使える．標本平均は $\overline{X} = 81$，不偏分散は $S^2 = 32/11 = 2.909$ であり，t 分布表より $t_{11}(0.05) = 2.201$ であるから，式 (8.11) より母平均の 95% 信頼区間は $[79.9, 82.1]$ である． ∎

8.2.4 母分散の区間推定

次に，母分散 σ^2 の区間推定を考えよう．単純ランダムサンプリングにより母集団から抽出された標本を $X_1, X_2, \ldots, X_n$ とし，正規母集団を仮定する．

母平均 μ が既知のときは，$\dfrac{X_i - \mu}{\sigma}$ $(i = 1, 2, \ldots, n)$ が独立に標準正規分布 $N(0, 1)$ に従うので，それらの総和は自由度 n の χ^2 分布に従う．よって，確率変数 W を $W = \dfrac{1}{n}\sum_{i=1}^{n}(X_i - \mu)^2$ と定めると nW/σ^2 は自由度 n の χ^2 分布に従うことになる

から，
$$P\left(\chi_n^2(0.975) \leq \frac{nW}{\sigma^2} \leq \chi_n^2(0.025)\right) = 0.95$$
より
$$\frac{nW}{\chi_n^2(0.025)} \leq \sigma^2 \leq \frac{nW}{\chi_n^2(0.975)} \tag{8.12}$$
を母分散 σ^2 の 95% 信頼区間とすることができる．ここに，$\chi_n^2(\alpha)$ は 7.3.1 項の式 (7.6) で定義された値であり，χ^2 分布表（付表）を用いて求めることができる．

一方，母平均 μ が未知のときは，定理 7.7 より $(n-1)S^2/\sigma^2$ は自由度 $n-1$ の χ^2 分布に従うから，
$$P\left(\chi_{n-1}^2(0.975) \leq \frac{(n-1)S^2}{\sigma^2} \leq \chi_{n-1}^2(0.025)\right) = 0.95$$
となり，
$$\frac{(n-1)S^2}{\chi_{n-1}^2(0.025)} \leq \sigma^2 \leq \frac{(n-1)S^2}{\chi_{n-1}^2(0.975)} \tag{8.13}$$
を母分散 σ^2 の 95% 信頼区間とすることができる．

例題 8.3 例題 8.2 と同じ状況において，正規母集団の仮定のもとで，質量の母分散の 95% 信頼区間を求めよ．

解 $\overline{X} = 81$, $(n-1)S^2 = 32$ である．また，χ^2 分布表より $\chi_{11}^2(0.025) = 21.9$, $\chi_{11}^2(0.975) = 3.82$ であるから，式 (8.13) より，母分散 σ^2 の 95% 信頼区間は $[1.46, 8.38]$ となる．

■**問 8.3** 例題 8.3 において $\mu = 81$ が既知であるときの母分散 σ^2 の 95% 信頼区間を求めよ．

8.2.5 母比率の区間推定

内閣支持率や政党支持率，視聴率のように，われわれのまわりには興味のある「比率」が数多くあり，その多くは標本調査で調べられている．たとえば，内閣支持率の調査は，日本の有権者数を N，現在の内閣を支持する有権者数を A とするとき，本来 A/N と定義すべき値であるが，実際に公開される値は，無作為に選ばれた有権者 n 人に対する現在の内閣を支持する有権者 a 人の比 a/n である．A/N を**母比率**，a/n を**標本比率**という．通常，標本の大きさ n は母集団の大きさ N に比べて非常に小さく，標本比率 a/n はどんな有権者が選ばれたかによってばらつく値であるから，母比

率の信頼区間を求めることには意味がある.

母比率の区間推定の問題は，次のように定式化される．母集団の変量は 0 または 1 であるとし，母集団全体に対する 1 の比率（母比率）が p であるとする．ここで，変量の値は，ある性質をもっているか（変量 = 1），またはもっていないか（変量 = 0）を表す．この母集団から，単純ランダムサンプリングにより標本 $X_1, X_2, \ldots, X_n$ を抽出するとき，各 X_i は確率 p で 1，確率 $1-p$ で 0 の値をとる独立な確率変数とみなせる．標本の和を $W = X_1 + X_2 + \cdots + X_n$ と定めると，W/n が標本比率になる.

ここで，標本の和 W が k に等しいのは，n 個の標本のうち k 個が 1，残りは 0 に等しいときなので，$P(W = k) = \binom{n}{k} p^k (1-p)^{n-k}$ $(k = 0, 1, \ldots, n)$ となり，W は 2 項分布 $B(n; p)$ に従うことに注意する．ゆえに，$E[W] = np$, $V[W] = np(1-p)$ である．すると，中心極限定理より，確率変数

$$\frac{W - np}{\sqrt{np(1-p)}} = \frac{X_1 + X_2 + \cdots + X_n - np}{\sqrt{np(1-p)}}$$

は標準正規分布 $N(0, 1)$ で近似できる．よって，標準正規分布の性質から

$$P\left(\left|\frac{W - np}{\sqrt{np(1-p)}}\right| \leq 1.96\right) \approx 0.95$$

が成り立つ．したがって，n が十分大きいときには

$$\frac{W}{n} - 1.96\sqrt{\frac{p(1-p)}{n}} \leq p \leq \frac{W}{n} + 1.96\sqrt{\frac{p(1-p)}{n}} \tag{8.14}$$

が確率およそ 0.95 で成り立つ．n は十分大きいので，母比率 p は標本比率 $R = W/n$ で十分近似できる．このため，式 (8.14) において p を R で置き換えた

$$R - 1.96\sqrt{\frac{R(1-R)}{n}} \leq p \leq R + 1.96\sqrt{\frac{R(1-R)}{n}} \tag{8.15}$$

を，母比率 p の 95% 信頼区間とすることができる.

例題 8.4 ある町の有権者 2500 人を単純ランダムサンプリングにより抽出し，政党 A の支持者を調べたところ 625 人であった．この町の政党 A の支持率の 95% 信頼区間を求めよ．

解 $R = 625/2500 = 1/4$ を式 (8.15) に代入して，支持率の 95% 信頼区間 $[0.233, 0.267]$ が求められる．∎

章末問題

■確認問題

8.1 次の語句を説明せよ.
(1) 不偏推定量　(2) 最尤推定量　(3) 区間推定

■演習問題

8.2 母集団から単純ランダムサンプリングにより大きさ m の標本を抽出し，それらの標本平均 $\overline{X}_1$ と標本分散 $\tilde{S}_1^2$ を求める．次に，同じ母集団から単純ランダムサンプリングにより大きさ n の標本を抽出し，それらの標本平均 $\overline{X}_2$ と標本分散 $\tilde{S}_2^2$ を求める．このとき，$\dfrac{m\overline{X}_1 + n\overline{X}_2}{m+n}$, $\dfrac{m\tilde{S}_1^2 + n\tilde{S}_2^2}{m+n-2}$ はそれぞれ母平均 μ，母分散 σ^2 の不偏推定量になることを示せ．

8.3 母集団分布の確率密度関数が

$$f(x) = \begin{cases} \dfrac{1}{\theta^2} x e^{-\frac{x}{\theta}} & (x \geq 0 \text{ のとき}) \\ 0 & (\text{それ以外のとき}) \end{cases}$$

である母集団を考える．ここに，$\theta > 0$ は未知パラメータである．$X_1, X_2, \ldots, X_n$ を単純ランダムサンプリングによりこの母集団から抽出された標本とするとき，$U = \dfrac{1}{2n} \sum_{i=1}^{n} X_i$ は θ の不偏推定量であることを示せ．

8.4 章末問題 8.3 において，不偏推定量 U の分散を計算せよ．また，フィッシャー情報量を計算し，クラメル・ラオの不等式から U が有効推定量であることを確かめよ．

8.5 母集団分布の確率密度関数が，未知パラメータ $\theta > 0$ に対して

$$f(x) = \begin{cases} \dfrac{1}{2\theta^3} x^2 e^{-\frac{x}{\theta}} & (x \geq 0 \text{ のとき}) \\ 0 & (\text{それ以外のとき}) \end{cases}$$

であるとする．$X_1, X_2, \ldots, X_n$ をこの母集団から単純ランダムサンプリングにより抽出された標本とするとき，θ の最尤推定量 $\hat{\theta}_{\mathrm{ML}}$ を求めよ．

8.6 章末問題 8.5 において求めた最尤推定量 $\hat{\theta}_{\mathrm{ML}}$ は，不偏推定量でもあることを示せ．

8.7 1分間の脈拍数を，適当に時間を空けながら 10 回測ったところ，次のとおりであった．

$$71,\ 72,\ 71,\ 72,\ 73,\ 73,\ 71,\ 72,\ 73,\ 72$$

脈拍数は測定ごとに独立で，同じ正規分布に従うとするとき，脈拍数の母平均の 95% 信頼区間を求めよ．

8.8 ある町で，1つの政策に対する賛否の世論調査を，無作為に抽出した有権者 400 人に対して行ったところ，政策支持者は 216 人であった．この町の有権者全体を 10000 人とすると，この政策の支持者は何人くらいいると考えられるか．95% の信頼度で推定せよ．

Chapter 9 検定

前章では，単純ランダムサンプリングにより母集団から抽出された標本を用いて，母平均や母分散を推定する方法を説明した．本章では，同様の標本から，母集団に関して統計的な判断を行う**検定** (test) について説明する．まず最初に，検定の基本的な考え方を，コイン投げの例を用いながら紹介する．その後，母平均・母分散の検定について説明する．母平均の検定の考え方は，前章で扱った母平均の区間推定の考え方と非常に近いことがわかるだろう．最後に，2つの母集団に関する検定の問題（2つの母集団の母平均が等しいといえるか，など）を考察する．

9.1 検定とは

Q君が1枚のコインを10回投げる状況を考える．このコインは特別なコインで，持っただけでは偏りの有無（表と裏がそれぞれ1/2の確率で出るかどうか）がわからない．いま，Q君がこのコインを10回投げたところ，表が10回続けて出たとする．もし仮にコインに偏りがないとすると，10回続けて表が出る事象は，確率$2^{-10} = 1/1024 \approx 0.001$で起こる，かなり稀な事象である．ゆえに，Q君は自分の身に起きたちょっとした偶然を素直に喜ぶ，ということは考えられる．一方，Q君は，本当にコインに偏りがないかどうかを疑うこともできる．仮に表が出る確率が0.9のコインならば，10回続けて表が出る確率は$0.9^{10} \approx 0.349$であり，10回続けて表が出る事象は3回に1回以上は起こりうることであって，大して珍しくないことである．

そこでQ君は，このコインの偏りの有無について，「コインを10回投げて9回以上表または裏が出ることは，コインに偏りがないとするとほとんど起こらないことなので，コインに偏りがあると考える．それ以外の場合は，コインには偏りがあるとはいえないと考える」と判断することにした．実際に，コインに偏りがないという仮定のもとで，コインの表または裏が9回以上出る確率を計算すると，およそ0.021であることがわかる．つまり，Q君のこの判断は，2.1%間違ってしまうリスクはあるが，そのリスクを受け入れてコインの偏りの有無を判断しようとしていることになる．

検定の問題は，**帰無仮説** (null hypothesis) と**対立仮説** (alternative hypothesis) という2つの仮説からなる．本書では帰無仮説をH_0，対立仮説をH_1と書く．H_0と

H_1 は母集団分布に関する仮説であり，同時に正しくなることはない．検定の問題では，単純ランダムサンプリングにより母集団から抽出された標本 $X_1, X_2, \ldots, X_n$ をもとに，母集団分布について H_0 と H_1 のどちらが正しいのかを判断する．検定の結果は，「H_0 が正しい」もしくは「H_1 が正しい」の 2 通りである．検定では通常，前者の場合に「**帰無仮説 H_0 は棄却されない**」といい，後者の場合に「**帰無仮説 H_0 は棄却される**」といういい方をする[†].

検定は，通常，標本 $X_1, X_2, \ldots, X_n$ から，ある統計量 Z を計算して，Z がある領域 $\mathcal{R}$ に属せば帰無仮説 H_0 を棄却し，そうでなければ H_0 を棄却しない，という形で構成する．検定で使う Z のような統計量を**検定統計量**といい，領域 $\mathcal{R}$ のことを**棄却域**という．

検定では 2 種類の誤りが起こる．帰無仮説 H_0 が正しいときに $Z \in \mathcal{R}$ であれば，H_0 は棄却される．この誤りを**第 1 種の誤り（第 1 種の過誤）**という．逆に，H_1 が正しいときに $Z \notin \mathcal{R}$ であれば，H_0 は棄却されない．この誤りを**第 2 種の誤り（第 2 種の過誤）**という．第 1 種，第 2 種の誤りが起こる確率を，それぞれ第 1 種の誤り確率，第 2 種の誤り確率という．

先に述べた Q 君のコイン投げの問題は，コインを 1 回投げて表が出る確率を p とするとき，

帰無仮説 H_0: $p = 1/2$

対立仮説 H_1: $p \neq 1/2$

という検定の問題として考えることができる．Q 君がコインを 10 回投げたときに表が出る回数を X で表すと，$X \in \{2,3,4,5,6,7,8\}$ のときはコインに偏りはないと判断されるので，帰無仮説 H_0 は棄却されない．一方，$X \in \{0,1,9,10\}$ のときコインに偏りがあると判断されるので，帰無仮説 H_0 は棄却される．この例では，X が検定統計量であり，$\mathcal{R} = \{0,1,9,10\}$ が棄却域である．第 1 種の誤り確率は，コインの表か裏が 9 回以上出る確率なのでおよそ 2.1% である．また，$p = 0.9$ のとき，第 2 種の誤り確率は，計算機を用いておよそ 26.4% になる．

検定の問題では，検定統計量 Z と棄却域 $\mathcal{R}$ をどう選ぶかが重要になる．Z は，帰無仮説 H_0 のもとで，Z が従う確率分布が，既知の分布（正規分布，t 分布など）になるように選ぶ．また，棄却域は，通常，第 1 種の誤り確率を**有意水準（危険率）**とよばれる上限まで許容したうえで，第 2 種の誤り確率ができるだけ小さくなるように

---

† 「H_0 は棄却されない」「H_0 は棄却される」といういい方からわかるように，厳密ないい方をすると，検定では「H_0 でないとはいえない」もしくは「H_0 ではない」のどちらかを標本から判断している．本文の「H_0 が正しい」「H_1 が正しい」といういい方は少々荒っぽいいい方であるが，検定は基本的に二者択一の問題であり，わかりやすいので，この表現を用いている．

選ぶ．1から第2種の誤り確率を引いた値を**検出力**という．検定は，第1種の誤り確率を有意水準以下とする条件のもとで，検出力をできるだけ大きくする問題といい換えてもよい．有意水準は5%や1%にすることが多く，たとえば有意水準5%で帰無仮説 H_0 が棄却されるとき，H_0 は有意水準5%で**有意**であるという．

Column　検定と自動販売機

　検定では第1種と第2種の2通りの誤りがあるので，わかりにくいと感じるかもしれないが，次の例をみてほしい．われわれの身近にあるものの中で，検定の動作をするのに自動販売機がある．1枚の硬貨を入れたら1本ジュースが出るという，単純な自動販売機を考えてみよう．この自動販売機は，まず硬貨が入力されると，それが正しい硬貨であるか，偽の硬貨であるか判定するはずである．自動販売機は，入力された硬貨を正しい硬貨と判断すれば，ジュースを1本取出口に出力し，逆に偽の硬貨と判断すれば，返却口からその硬貨を返却する．この状況は，帰無仮説 H_0 が「入力は正しい硬貨である」，対立仮説 H_1 が「入力は偽の硬貨である」，という検定とみなせる．この場合，第1種の誤りが起こる状況は，正しい硬貨を入れているのになぜか返却口から出てくるという，われわれがときどき経験する状況である．一方，第2種の誤りが起こる状況は，偽金が使われた状況になるので，こちらはニュースとして報道されてしまう．

9.2 母平均の検定

　本節では母平均の検定を扱う．目標は，単純ランダムサンプリングにより母集団から抽出された標本 $X_1, X_2, \ldots, X_n$ に対して，有意水準5%のもとで，検出力ができるだけ大きい検定を構成することである．

　母平均の検定は，8.2節で述べた区間推定と密接に関係する．8.2節では，次の3点

- 母集団分布が正規分布であるか（正規母集団），そうでないか．
- 標本の大きさ n が大きいか（大標本），小さいか（小標本）．
- 母分散 σ^2 が既知であるか，未知であるか．

に応じて区間推定の仕方が変わったが，検定の場合は，これら3点に加えて

- 両側検定であるか，片側検定であるか

についても注意しなければならない．両側検定と片側検定の詳細は後述するが，帰無仮説 H_0 が $\mu = m$ （m は定数）という形のとき，対立仮説 H_1 が $\mu \neq m$ という形なら両側検定となり，$\mu > m$ （または $\mu < m$）という形なら片側検定となる．

9.2.1 正規母集団で母分散が既知の場合:両側検定

最初に,母集団分布が正規分布 $N(\mu, \sigma^2)$ である場合を考える.簡単のため,母分散 σ^2 は既知であるとする.やや不自然にみえる仮定であるが,検定の議論の出発点としてはわかりやすい.なお,母平均に関する検定なので母平均 μ は当然未知である.いま,ある定数 m に対して,帰無仮説 H_0 と対立仮説 H_1 が

帰無仮説 H_0: $\mu = m$

対立仮説 H_1: $\mu \neq m$

と与えられる仮説検定の問題を考える.対立仮説が $\mu \neq m$ の形をしている検定を**両側検定**という.

本書では,定理 7.4 より,確率変数 $\dfrac{\overline{X} - \mu}{\sigma/\sqrt{n}}$ が標準正規分布 $N(0,1)$ に従うことを用いて検定を構成する.いま,確率変数 Z を

$$Z = \frac{\overline{X} - m}{\sigma/\sqrt{n}} \tag{9.1}$$

とおくと,帰無仮説 H_0 のもとでは Z は標準正規分布 $N(0,1)$ に従う.$N(0,1)$ の確率密度関数は,もちろん直線 $x=0$ に関して対称である.他方,対立仮説 H_1 のもとでは,Z が

$$Z = \frac{\overline{X} - \mu}{\sigma/\sqrt{n}} + \frac{\mu - m}{\sigma/\sqrt{n}}$$

と書けることから,$E[Z] = \dfrac{\mu - m}{\sigma/\sqrt{n}}$ および $V[Z] = 1$ がわかる.よって,Z は正規分布 $N\left(\dfrac{\mu - m}{\sigma/\sqrt{n}}, 1\right)$ に従う.$\mu > m$ のときは $\dfrac{\mu - m}{\sigma/\sqrt{n}} > 0$ であるから,Z の確率密度関数は $N(0,1)$ の確率密度関数の右側にあり,逆に,$\mu < m$ のときは $\dfrac{\mu - m}{\sigma/\sqrt{n}} < 0$ であるから左側にあることに注意しよう(図 9.1).

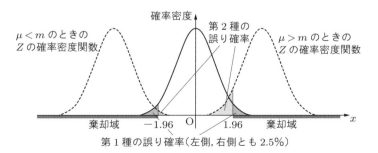

図 9.1 両側検定の棄却域と 2 種類の誤り確率(有意水準 5%)

さて，有意水準 5% のもとでの棄却域を考える．上で述べたように，対立仮説 H_1 のもとでは Z の分布は直線 $x = 0$ の右側にあるか左側にあるかわからないので，正規分布表より $P(|Z| \leq 1.96) = 0.95$ となることを用いて検定を

- $|Z| \leq 1.96$ ならば，帰無仮説を棄却しない．
- $|Z| > 1.96$ ならば，帰無仮説を棄却する．

と構成する．母分散 σ^2 を既知としているので，標本 $X_1, X_2, \ldots, X_n$ が与えられれば，Z の値を計算できることに注意しよう．この棄却域における第1種と第2種の誤り確率を図 9.1 に示す．Z が $|Z| > 1.96$ を満たすとき，$\overline{X}$ について

$$\overline{X} < m - 1.96 \frac{\sigma}{\sqrt{n}} \quad \text{または} \quad \overline{X} > m + 1.96 \frac{\sigma}{\sqrt{n}} \tag{9.2}$$

が成り立つ．もし，$\overline{X}$ がこの範囲に入れば，帰無仮説が棄却される．両側検定では，図 9.1 のように，棄却域が両側に広がる．

有意水準を 1% にするとき，検定の構成がどう変わるのかを考えるため，再び式 (9.1) の Z が帰無仮説 H_0 のもとで標準正規分布 $N(0,1)$ に従うことを用いる．正規分布表より $P(|Z| > 2.58) = 0.01$ であることから，検定を次のように構成する．

- $|Z| \leq 2.58$ ならば，帰無仮説を棄却しない．
- $|Z| > 2.58$ ならば，帰無仮説を棄却する．

有意水準を小さくすると，帰無仮説が棄却されない Z の範囲が広がり，その分だけ検出力が小さくなる．

例題 9.1 ある機械が袋に詰める砂糖の重さは，平均が 1000 g の正規分布に従うように調整されているという．機械が正しく調節されているかどうかを知るために，単純ランダムサンプリングによってこの機械が詰めた 9 個の袋を抽出してその重さを測ったところ，標本平均が 1004 g であった．母標準偏差 σ が 5 g であるとき，この機械は正しく調整されているといえるか．有意水準 5% で検定せよ．

解 まず，帰無仮説 H_0 を $\mu = 1000$ g，対立仮説 H_1 を $\mu \neq 1000$ g とする．すると，$Z = \dfrac{\overline{X} - m}{\sigma/\sqrt{n}}$ において $\overline{X} = 1004$, $m = 1000$, $\sigma = 5$, $n = 9$ を代入すれば

$$|Z| = \left| \frac{1004 - 1000}{5/3} \right| = 2.4 > 1.96$$

となるから，有意水準 5% で帰無仮説は棄却され，この機械は正しく調整されているとはいえないことになる． ■

■**問 9.1** 例題 9.1 において，有意水準 5% で，帰無仮説が棄却されない $\overline{X}$ の範囲を求めよ．

■問 9.2 例題 9.1 において,有意水準 1% で,帰無仮説が棄却されない $\overline{X}$ の範囲を求めよ.

9.2.2 正規母集団で母分散が既知の場合:片側検定

(1) 対立仮説が $\mu < m$ のとき 次に,母集団分布が正規分布 $N(\mu, \sigma^2)$ であるという仮定のもとで,

帰無仮説 H_0: $\mu = m$
対立仮説 H_1: $\mu < m$

という仮説検定を考えよう.ここに,m はある定数であり,簡単のため,母分散 σ^2 は既知であるとしておく.9.2.1 項で扱った仮説検定とは,対立仮説のみ異なっている.また,9.2.1 項では,$\mu < m$ と $\mu > m$ の 2 通りの可能性があったのに対して,この項では,対立仮説として $\mu < m$ だけを考えることになる.このように,対立仮説として $\mu < m$ または $\mu > m$ のどちらか一方を考える検定を**片側検定**という.不自然な設定にみえるかもしれないが,片側検定をすることが自然な場合もあることは,後で例を用いて説明する.

以下,単純ランダムサンプリングにより母集団から抽出された標本 $X_1, X_2, \ldots, X_n$ に対して,有意水準 5% で検出力を最大にする棄却域を構成することを考える.帰無仮説 H_0 のもとでは,定理 7.4 より,確率変数 $\dfrac{\overline{X} - m}{\sigma/\sqrt{n}}$ は標準正規分布 $N(0,1)$ に従うので,再び Z を式 (9.1) で定義すると,正規分布表から $P(Z \geq -1.65) = 0.95$ が成り立つことがわかる.すなわち,Z が $Z < -1.65$ を満たす確率は 0.05 となるので,次のように検定を構成する.

- $Z \geq -1.65$ ならば,帰無仮説を棄却しない.
- $Z < -1.65$ ならば,帰無仮説を棄却する.

図 9.2 に,この検定における第 1 種の誤り確率と第 2 種の誤り確率を示す.第 1 種の誤り確率が 5% になるようにして,棄却域をいろいろと変えてみると,$Z < -1.65$ を棄却する方式が第 2 種の誤り確率を最小にしていることがわかるだろう.片側検定で

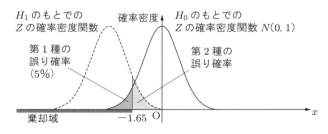

図 9.2 片側検定と 2 種類の誤り確率(有意水準 5%)

は，図 9.2 のように棄却域が片側に広がる．

なお，この検定の棄却域に対応する $\overline{X}$ の範囲は，式 (9.1) を用いることで

$$\overline{X} < m - 1.65 \frac{\sigma}{\sqrt{n}} \tag{9.3}$$

となる．

> **例題 9.2** ある機械が袋に詰める砂糖の重さは，平均が 1000 g の正規分布に従うように調整されているという．機械が小さめの重さにするよう調節されていないかどうかを知るために，単純ランダムサンプリングによってこの機械が詰めた 9 個の袋を抽出してその重さを測ったところ，標本平均が 998 g であった．母標準偏差 σ が 5 g であるとき，この機械は正しく調整されているといえるか．有意水準 5% で検定せよ．

解 帰無仮説 H_0 を $\mu = 1000\,\mathrm{g}$，対立仮説 H_1 を $\mu < 1000\,\mathrm{g}$ とする．$Z = \dfrac{\overline{X} - m}{\sigma/\sqrt{n}} = \dfrac{998 - 1000}{5/3} = -1.2 > -1.65$ であるから，帰無仮説は棄却されない．すなわち，有意水準 5% で機械が正しく調整されていないとはいえない． ■

■**問 9.3** 例題 9.2 において，有意水準 5% で「機械が正しく調整されていないとはいえない」と判断される $\overline{X}$ の範囲を求めよ．

■**問 9.4** 例題 9.2 において，この機械は正しく調整されているかどうか，有意水準 1% で判定せよ．

前項の例題 9.1 の仮説検定は，砂糖を詰める機械に狂いがないか確かめるエンジニアの立場から行ったと考えることができる．一方，上の例題 9.2 の仮説検定は，表示に偽装がないかどうか確かめる消費者の立場から行ったと考えることができる．消費者の立場からは，もし 1000 g 入っていない砂糖の袋を 1000 g 入りと偽って販売しているようなら大問題であるが，逆に 1000 g 以上入っていてもそれは幸運なことで，問題視することはない．

(2) 対立仮説が $\mu > m$ のとき 今度は，母集団分布が正規分布 $N(\mu, \sigma^2)$ であるという仮定のもとで，

　　帰無仮説 H_0 : $\mu = m$
　　対立仮説 H_1 : $\mu > m$

という仮説検定を考えてみよう．例題 9.1, 9.2 の砂糖を袋詰めする機械の例では，もし業者が悪徳であれば，詰める砂糖の量が 1000 g よりも少ないとは統計的にいえな

いギリギリのところを狙って，この検定を行うかもしれない．対立仮説として $\mu > m$ を考えるときの有意水準 5% の検定は，上と同様の議論により

- $Z \leq 1.65$ ならば，帰無仮説を棄却しない．
- $Z > 1.65$ ならば，帰無仮説を棄却する．

とすればよい．この検定の棄却域に対応する $\overline{X}$ の範囲は，

$$\overline{X} > m + 1.65 \frac{\sigma}{\sqrt{n}} \tag{9.4}$$

となる．

9.2.3 大標本のとき

次に，母集団分布が正規分布であるという仮定を外して，標本の大きさ n が十分大きい場合を考える．すると，

帰無仮説 H_0: $\mu = m$

のもとでは，定理 7.3 より，$Z = \dfrac{\overline{X} - m}{\sigma/\sqrt{n}}$ は n が十分大きいときに漸近的に標準正規分布に従うことがわかる（中心極限定理）．対立仮説としては

1. 対立仮説 H_1: $\mu \neq m$
2. 対立仮説 H_1: $\mu < m$
3. 対立仮説 H_1: $\mu > m$

の 3 通りがありうるが，有意水準を 5% とすると，それぞれの対立仮説に応じて

1. $|Z| > 1.96$ なら帰無仮説を棄却する．それ以外なら帰無仮説を棄却しない．
2. $Z < -1.65$ なら帰無仮説を棄却する．それ以外なら帰無仮説を棄却しない．
3. $Z > 1.65$ なら帰無仮説を棄却する．それ以外なら帰無仮説を棄却しない．

と検定を構成すればよい．棄却域に対応する $\overline{X}$ の範囲は，順に式 (9.2), (9.3), (9.4) と同じ形になる．これらの式において，母標準偏差 σ が未知のときには，不偏分散 S^2 または標本分散 $\tilde{S}^2$ の平方根で置き換えればよい．大標本のときは，S^2 は一致推定量なので，これらの値は母標準偏差 σ に（1 に近い確率で）十分近い値をとるとみなせる．

9.2.4 正規母集団で小標本かつ母分散が未知のとき

母平均に関する検定の最後に，母集団分布が正規分布 $N(\mu, \sigma^2)$ で，母分散 σ^2 が未知であり，標本の大きさがあまり大きくない場合を考える．

まず，仮説検定

帰無仮説 H_0: $\mu = m$

対立仮説 H_1： $\mu \neq m$

を考えよう．定理 7.8 より，確率変数 $T = \dfrac{\overline{X} - \mu}{S/\sqrt{n}}$ は自由度 $n-1$ の t 分布に従うことを思い出そう．とくに，帰無仮説 H_0 のもとでは，

$$T = \frac{\overline{X} - m}{S/\sqrt{n}}$$

が自由度 $n-1$ の t 分布に従う．$t_{n-1}(\alpha)$ を，n を $n-1$ とした式 (7.9) を満たす定数 A として定義すると，任意の $\alpha \in (0,1)$ に対して

$$P(|T| \geq t_{n-1}(\alpha)) = \alpha$$

が成り立つ．したがって，T を検定統計量として，9.2.1 項と同様に有意水準 5% の両側検定を

- $|T| \leq t_{n-1}(0.05)$ ならば，帰無仮説を棄却しない．
- $|T| > t_{n-1}(0.05)$ ならば，帰無仮説を棄却する．

と構成すればよい．この棄却域に対応する $\overline{X}$ の範囲は

$$\overline{X} < m - t_{n-1}(0.05)\frac{S}{\sqrt{n}} \quad \text{または} \quad \overline{X} > m + t_{n-1}(0.05)\frac{S}{\sqrt{n}} \tag{9.5}$$

となる．$t_{n-1}(0.05)$ の値は，t 分布表（付表）を用いて求めることになる．9.2.1 項との違いは，σ の代わりに S を用いていることと，検定を行うために考える確率変数の分布が異なること（標準正規分布なのか自由度 $n-1$ の t 分布なのか）である．

片側検定も，9.2.2 項と同様に考えて構成できる．具体的には，対立仮説が $H_1: \mu < m$ であれば，有意水準 5% の検定は $T < -t_{n-1}(0.1)$ のときに帰無仮説を棄却し，対立仮説が $H_1: \mu > m$ であれば，有意水準 5% の検定は $T > t_{n-1}(0.1)$ のときに帰無仮説を棄却する．

例題 9.3 ある機械が袋に詰める砂糖の重さは，平均が 1000 g の正規分布に従うように調整されているという．機械が正しく調節されているかどうかを知るために，単純ランダムサンプリングによってこの機械が詰めた 9 個の袋を抽出してその重さを測ったところ，標本平均が 1004 g であった．$S = 5$ g であるとき，この機械は正しく調整されているといえるか．有意水準 5% で検定せよ．

解 帰無仮説 H_0 を $\mu = 1000$ g，対立仮説 H_1 を $\mu \neq 1000$ g とする．$T = \dfrac{\overline{X} - m}{S/\sqrt{n}}$ において $\overline{X} = 1004$, $m = 1000$, $S = 5$, $n = 9$ を代入すれば

$$|T| = \left|\frac{1004-1000}{5/3}\right| = 2.4 > t_8(0.05) = 2.306$$

となるから，この場合も有意水準 5% で帰無仮説は棄却され，この機械は正しく調整されているとはいえないことになる．右辺で比較するのは $t_8(0.05)$ である（$t_9(0.05)$ ではない）ことに注意しよう． ∎

■問 9.5 例題 9.3 において，有意水準 5% で，帰無仮説が棄却されない $\overline{X}$ の範囲を求めよ．

9.3 母分散の検定

本節では，正規母集団の仮定のもとで，母分散の検定

帰無仮説 H_0： $\sigma^2 = \sigma_0^2$
対立仮説 H_1： $\sigma^2 \neq \sigma_0^2$

を考える．σ_0^2 は定数である．以下では，有意水準を 5% とし，単純ランダムサンプリングにより母集団から抽出された標本を $X_1, X_2, \ldots, X_n$ とする．

(1) 母平均が既知の場合　まず，母平均 μ が既知の場合を考える．この場合は，帰無仮説 H_0 のもとでは，確率変数 $\dfrac{X_i - \mu}{\sigma_0}$ $(i = 1, 2, \ldots, n)$ は標準正規分布 $N(0,1)$ に従うから，確率変数 U を $U = \dfrac{1}{\sigma_0^2}\sum_{i=1}^{n}(X_i - \mu)^2$ と定めると，U は自由度 n の χ^2 分布に従う．よって，U を検定統計量として使って次のように検定を構成すればよい．

- $\chi_n^2(0.975) \leq U \leq \chi_n^2(0.025)$ ならば，帰無仮説を棄却しない．
- $U < \chi_n^2(0.975)$ または $\chi_n^2(0.025) < U$ ならば，帰無仮説を棄却する．

ここに，$\chi_n(\alpha)$ は 7.3.1 項の式 (7.6) で定義された値である．この検定の棄却域を図 9.3 に示す．

U が自由度 n の χ^2 分布に従うことを用いて，片側検定も構成できる．仮説検定

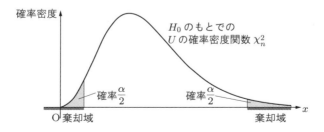

図 9.3　母分散の両側検定の棄却域（有意水準 α）

帰無仮説 H_0: $\sigma^2 = \sigma_0^2$
対立仮説 H_1: $\sigma^2 > \sigma_0^2$

を考えてみよう．すると，対立仮説 H_1 のもとでは，確率変数 $W = \dfrac{1}{\sigma^2} \sum_{i=1}^{n}(X_i - \mu)^2$ が自由度 n の χ^2 分布に従い，仮定より $U = \dfrac{\sigma^2}{\sigma_0^2} W > W$ であるから，U の分布は図 9.4 のように全体的に右側に伸びた形（高さは σ_0^2/σ^2 倍）になる．このため，有意水準 5% では

- $U \leq \chi_n^2(0.05)$ ならば，帰無仮説を棄却しない．
- $\chi_n^2(0.05) < U$ ならば，帰無仮説を棄却する．

という検定を行えばよい．逆に，仮説検定

帰無仮説 H_0: $\sigma^2 = \sigma_0^2$
対立仮説 H_1: $\sigma^2 < \sigma_0^2$

では，対立仮説 H_1 のもとでは U の分布は全体的に左側に縮小された形になるので，有意水準 5% の検定は

- $\chi_n^2(0.95) \leq U$ ならば，帰無仮説を棄却しない．
- $U < \chi_n^2(0.95)$ ならば，帰無仮説を棄却する．

となる．

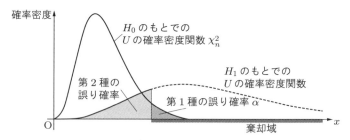

図 9.4 仮説検定 $H_0: \sigma^2 = \sigma_0^2$, $H_1: \sigma^2 > \sigma_0^2$ の棄却域と 2 つの誤り確率

(2) 母平均が未知の場合　母平均 μ が未知の場合の検定の考え方も本質的に同じである．たとえば，仮説検定

帰無仮説 H_0: $\sigma^2 = \sigma_0^2$
対立仮説 H_1: $\sigma^2 \neq \sigma_0^2$

であれば，帰無仮説 H_0 のもとでは定理 7.7 より $(n-1)S^2/\sigma_0^2$ が自由度 $n-1$ の χ^2 分布に従う．よって，U の代わりに $(n-1)S^2/\sigma_0^2$ を検定統計量として用いて，次のように検定を構成すればよい．

- $\chi_{n-1}^2(0.975) \leq \dfrac{(n-1)S^2}{\sigma_0^2} \leq \chi_{n-1}^2(0.025)$ ならば，帰無仮説を棄却しない．

- $\dfrac{(n-1)S^2}{\sigma_0^2} < \chi_{n-1}^2(0.975)$ または $\chi_{n-1}^2(0.025) < \dfrac{(n-1)S^2}{\sigma_0^2}$ ならば，帰無仮説を棄却する．

片側検定の場合も，考え方は μ が既知の場合と同様である．

9.4 母比率の検定

母比率の検定も，標本の大きさ n が十分大きいときには容易に構成できる．本節では 8.2.5 項と同様に，母集団の各変量は 0 または 1 の値をとり，1 をとる変量の母集団全体に対する比率 (母比率) が p であると考える．また，単純ランダムサンプリングにより母集団から抽出された標本 $X_1, X_2, \ldots, X_n$ に対して，$W = X_1 + X_2 + \cdots + X_n$ とおくと，W は 2 項分布 $B(n; p)$ に従うことを思い出そう．標本比率は $R = W/n$ である．

いま，p_0 を $0 < p_0 < 1$ を満たす定数として，

帰無仮説 H_0： $p = p_0$

を考えると，帰無仮説 H_0 のもとでは，W は 2 項分布 $B(n; p_0)$ に従う確率変数であり，$E[W] = np_0$ および $V[W] = np_0(1-p_0)$ が成り立つから，中心極限定理により，n が十分大きければ，W を標準化した確率変数

$$Z = \frac{W - np_0}{\sqrt{np_0(1-p_0)}} = \frac{R - p_0}{\sqrt{p_0(1-p_0)/n}}$$

は，標準正規分布 $N(0, 1)$ に近似的に従う．対立仮説としては

1. **対立仮説 H_1**： $p \neq p_0$
2. **対立仮説 H_1**： $p < p_0$
3. **対立仮説 H_1**： $p > p_0$

の 3 通りがありうるが，有意水準を 5% とすると，それぞれの対立仮説に応じて，

1. $|Z| > 1.96$ なら帰無仮説を棄却する．それ以外なら帰無仮説を棄却しない．
2. $Z < -1.65$ なら帰無仮説を棄却する．それ以外なら帰無仮説を棄却しない．
3. $Z > 1.65$ なら帰無仮説を棄却する．それ以外なら帰無仮説を棄却しない．

とすればよい．

> **例題 9.4** あるコインを 100 回投げたとき，表が 59 回出たとする．このコインに偏りがないといえるかどうか，有意水準 5% で判定せよ．

解 帰無仮説として $p=1/2$, 対立仮説として $p \neq 1/2$ を考える. $n=100, R=0.59$ より, $Z=1.8<1.96$ であるので, このコインは有意水準 5% で偏りがあるとはいえない.

なお, もし表が 60 回出たとすると $Z=2>1.96$ なので, 有意水準 5% で偏りがあるといえる. ■

9.5　2つの正規母集団に関する検定

前節までは, 1つの母集団を考えていたが, 2つの母集団を考えて, それらの母平均が等しいかどうか, または母分散が等しいかどうかを統計的に調べたい状況も考えられる. たとえば, 2つのクラスが同じ試験を受けたとき, 2つのクラスの成績に有意な差があるかどうかは興味の対象の1つである. 本節では, 2つの母集団の母平均の差の検定と母分散の比の検定について, 簡単に説明する.

本節では, 2つの母集団を Π_1, Π_2 と書くことにし, Π_1, Π_2 の母集団分布は, それぞれ正規分布 $N(\mu_1, \sigma_1^2), N(\mu_2, \sigma_2^2)$ であると仮定する. もちろん, 各 $i=1,2$ に対して母集団 Π_i の母平均は μ_i, 母分散は σ_i^2 である. そして, 母集団 Π_1 から大きさ n_1 の標本を, 母集団 Π_2 から大きさ n_2 の標本を, それぞれ単純ランダムサンプリングにより抽出する. $i=1,2$ に対して, 母集団 Π_i から抽出した標本の標本平均を $\overline{X}_i$, 不偏分散を S_i^2 と書くことにする. これら2組の標本は独立であると仮定する.

9.5.1　2つの正規母集団の母平均の差の検定

まず, 仮説検定

　　帰無仮説 H_0：　$\mu_1 = \mu_2$
　　対立仮説 H_1：　$\mu_1 \neq \mu_2$

を考えよう. 興味があるのは, 2つの母集団の母平均が等しいかどうか, である. $\overline{X}_i$ は μ_i に近い値をとるので, この仮説検定を, 標本平均の差 $\overline{X}_1 - \overline{X}_2$ に基づいて行うことは自然な発想である. ゆえに, 実際に仮説検定を構成するためには, 帰無仮説 H_0 のもとでの $\overline{X}_1 - \overline{X}_2$ の分布を求めることが重要になってくる.

最も簡単なのは, 母分散 σ_1^2, σ_2^2 が既知の場合である. まず, $U = \overline{X}_1 - \overline{X}_2$ とおくと, 帰無仮説 H_0 のもとでは U は正規分布 $N(0, \sigma_1^2/n_1 + \sigma_2^2/n_2)$ に従う. というのは, H_0 のもとでは $\mu_1 = \mu_2$ であるから $E[U] = E[\overline{X}_1] - E[\overline{X}_2] = \mu_1 - \mu_2 = 0$ であり, また, $\overline{X}_1$ と $\overline{X}_2$ は仮定より独立であるから, $V[U] = V[\overline{X}_1] + V[\overline{X}_2]$ となり, 定理 7.4 から $V[U] = \sigma_1^2/n_1 + \sigma_2^2/n_2$ となるからである. よって, 9.2.1 項と同様に, $\overline{X}_1 - \overline{X}_2$ を標準化して

$$Z = \frac{\overline{X}_1 - \overline{X}_2}{\sqrt{\sigma_1^2/n_1 + \sigma_2^2/n_2}}$$

とおき，$|Z| \leq 1.96$ なら帰無仮説を棄却せず，$|Z| > 1.96$ なら帰無仮説を棄却するようにすれば，有意水準 5% の仮説検定が実現できることになる．

次に簡単なのは，2 つの母集団 Π_1, Π_2 の母分散が未知であるが一致する場合である．$\sigma_1^2 = \sigma_2^2$（$= \sigma^2$ とおく）の場合，帰無仮説 H_0 のもとでは，$\overline{X}_1 - \overline{X}_2$ は正規分布 $N(0, \sigma^2(1/n_1 + 1/n_2))$ に従う．他方，定理 7.7 より $(n_1-1)S_1^2/\sigma^2$ は自由度 n_1-1 の χ^2 分布に，$(n_2-1)S_2^2/\sigma^2$ は自由度 n_2-1 の χ^2 分布にそれぞれ従い，かつこれらは独立であるから，和 $\dfrac{(n_1-1)S_1^2 + (n_2-1)S_2^2}{\sigma^2}$ は自由度 n_1+n_2-2 の χ^2 分布に従う†．$\overline{X}_1 - \overline{X}_2$ と $\dfrac{(n_1-1)S_1^2 + (n_2-1)S_2^2}{\sigma^2}$ は独立であるから，

$$\begin{aligned}
T &= \frac{(\overline{X}_1 - \overline{X}_2) \Big/ \left(\sigma\sqrt{\dfrac{1}{n_1} + \dfrac{1}{n_2}}\right)}{\sqrt{\dfrac{(n_1-1)S_1^2 + (n_2-1)S_2^2}{\sigma^2(n_1+n_2-2)}}} \\
&= \frac{\overline{X}_1 - \overline{X}_2}{\sqrt{\left(\dfrac{1}{n_1} + \dfrac{1}{n_2}\right)\dfrac{(n_1-1)S_1^2 + (n_2-1)S_2^2}{n_1+n_2-2}}}
\end{aligned} \quad (9.6)$$

は自由度 n_1+n_2-2 の t 分布に従うことがわかる．有意水準 5% の検定は，9.2.4 項と同様にして，$|T| \leq t_{n_1+n_2-2}(0.05)$ ならば帰無仮説を棄却せず，$|T| > t_{n_1+n_2-2}(0.05)$ ならば帰無仮説を棄却するようにすれば構成できる．

例題 9.5 A 中学校と B 中学校で 100 点満点の数学の学力検査を行ったところ，A 中学校から無作為に抽出された 20 人の標本平均が 70 点，不偏分散が 19，B 中学校から無作為に抽出された 22 人の標本平均が 73 点，不偏分散が 25，であった．学力検査の点が正規分布に従うと仮定できるとき，A 中学校と B 中学校の母平均に有意な差があるといえるか．

解 式 (9.6) の T は自由度 40 の t 分布に従う．実際に計算すると $T = -2.063$ であり，$|T| > t_{40}(0.05) = 2.021$ であるので，有意水準 5% で有意な差があるといえる． ∎

---

† 自由度 n の χ^2 分布はガンマ分布 $G(1/2, n/2)$ であり，ガンマ分布は再生性をもつ（章末問題 5.6）から，この性質がいえる．

2つの母集団で母分散が異なり，かつ未知の場合の検定法としては，**ウェルチの t 検定法**（Welch's t test）が知られている．興味がある読者は文献 [6], [7] などを参照するとよい．

9.5.2 ｜ 2つの正規母集団の母分散の比の検定

最後に，2つの母集団 μ_1, μ_2 が未知であるという条件のもとで，仮説検定

帰無仮説 H_0： $\sigma_1^2 = \sigma_2^2$
対立仮説 H_1： $\sigma_1^2 \neq \sigma_2^2$

を考えよう．不偏分散 S_1^2, S_2^2 はともに一致性をもつので，それぞれは σ_1^2, σ_2^2 に近い値をとるが，この問題設定では，検定統計量として比 S_1^2/S_2^2 を考えて検定を構成する．

定理 7.7 より $(n_1-1)S_1^2/\sigma_1^2, (n_2-1)S_2^2/\sigma_2^2$ はそれぞれ自由度 n_1-1, n_2-1 の χ^2 分布に従うことに注意しよう．すると，帰無仮説 H_0 のもとでは，それぞれを自由度で割って比をとった

$$F = \frac{\dfrac{(n_1-1)S_1^2}{\sigma_1^2(n_1-1)}}{\dfrac{(n_2-1)S_2^2}{\sigma_2^2(n_2-1)}} = \frac{S_1^2}{S_2^2}$$

は，自由度 (n_1-1, n_2-1) の F 分布に従う．したがって，この F を検定統計量として用いて

- $F_{n_1-1, n_2-1}(1-\alpha/2) \leq F \leq F_{n_1-1, n_2-1}(\alpha/2)$ ならば，帰無仮説を棄却しない．
- $F < F_{n_1-1, n_2-1}(1-\alpha/2)$ または $F > F_{n_1-1, n_2-1}(\alpha/2)$ ならば，帰無仮説を棄却する．

とすれば，有意水準 α の仮説検定が構成できる．$F_{n_1-1, n_2-1}(\alpha/2), F_{n_1-1, n_2-1}(1-\alpha/2)$ は式 (7.12) で定義される値であり，これらの値は F 分布表（付表）および式 (7.13) を使って求めることができる．

━━━━━━━━━━━━ 章末問題 ━━━━━━━━━━━━

■確認問題

9.1 次の語句を説明せよ．
   (1) 帰無仮説　　(2) 対立仮説　　(3) 第1種の誤り　　(4) 第2種の誤り
   (5) 有意水準　　(6) 両側検定　　(7) 片側検定　　(8) 検出力

9.2 あるコインに偏りがあるかどうかを知るために，そのコインを5回投げる試行を考え

る．コインを 1 回投げたときに表が出る確率を p と書く．
(1) Q 君は 5 回のコイン投げにおいて，表が出る回数が 5 回または 0 回のときに，偏りがあると判断することにした．コインに偏りがない ($p=1/2$) とき，Q 君が間違った判断をしてしまう確率を求めよ．
(2) $p=2/3$ であるとき，Q 君のやり方で偏りの有無が検出できる確率を求めよ．

9.3 章末問題 9.2 において，$p \geq 1/2$ がわかっているとする．
(1) Q 君は，表が出る回数が 3 回以下のときに偏りがないと判断することにした．コインに偏りがない ($p=1/2$) とき，Q 君が間違った判断をしてしまう確率を求めよ．
(2) $p=3/4$ であるとき，この方法で偏りの有無が検出できる確率を求めよ．

■演習問題

9.4 紙パックに牛乳を詰める機械が，平均 $1001.0\,\mathrm{mL}$，標準偏差 $3.0\,\mathrm{mL}$ になるように牛乳を詰めるように調整されているという．100 個の紙パックを調べたら，その中に詰められている牛乳の平均体積は $1001.5\,\mathrm{mL}$ であった．この数値は平均と有意に異なるといえるか．有意水準 5% で検定せよ．

9.5 ある食品メーカーが製造するポテトチップスは，袋に内容量 $80\,\mathrm{g}$ という表示がある．いま，自分で購入した 8 個のポテトチップスを開封し，重さをチェックしたところ，標本平均が $79.2\,\mathrm{g}$ であり，不偏分散の平方根が $1.1\,\mathrm{g}$ であった．ポテトチップスの内容量が正規分布に従うという仮定のもとで，袋の表示は妥当であるといえるか．有意水準 5% の片側検定を行え．

9.6 30 人の A クラスと，40 人の B クラスで同じ試験を行ったところ，A クラスの平均点が $\overline{X}_1 = 58.1$ 点，標準偏差が $\sigma_1 = 9.3$ 点．B クラスの平均点が $\overline{X}_2 = 53.2$ 点，標準偏差が $\sigma_2 = 11.2$ 点であった．これら 2 つのクラスの平均点に有意な差があるといえるか．有意水準 5% で検定せよ．なお，両クラスとも，試験の点数は独立に正規分布に従うと考えてよい．

Chapter 10 発展的なトピックス

　本章の位置付けは，これまで学んできた内容の補足である．10.1 節では順序統計量を，10.2 節では十分統計量をそれぞれ説明する．10.3 節では，8.1.2 項では証明しなかったクラメル・ラオの不等式 (8.1) を証明する．10.4 節は，8.1.2 項で導入した最尤推定量がもつ漸近有効性という性質を説明する．

　本章は節ごとに独立に，やや発展的な内容を説明しているので，興味をもった節から読み進めてもらえばよい．ただし，10.3 節と 10.4 節は関連する内容を含むので，10.3 節を読んだ後に 10.4 節を読んでほしい．

　本章を通じて，今後の学習に向けての確率統計の世界の広がりを感じてほしい．

10.1 順序統計量

　第 4 章では，n 個の確率変数 $X_1, X_2, \ldots, X_n$ が独立で区間 $[0, 1]$ 上の一様分布に従うときに，それらの最大値 $X_{\max} = \max_{1 \leq i \leq n} X_i$ および最小値 $X_{\min} = \min_{1 \leq i \leq n} X_i$ の確率密度関数と平均を調べた．本節では，これをより一般化し，n 個の連続型確率変数 $X_1, X_2, \ldots, X_n$ が独立で同一分布に従う場合を考えて，小さいほうから k 番目 $(1 \leq k \leq n)$ の確率変数の性質を調べる．$X_1, X_2, \ldots, X_n$ を小さい順に並べ替えたものを $X^{(1)}, X^{(2)}, \ldots, X^{(n)}$ と書き $(X^{(1)} \leq X^{(2)} \leq \cdots \leq X^{(n)})$，これらを**順序統計量**という．もちろん，$X_{\min} = X^{(1)}$，$X_{\max} = X^{(n)}$ である．$X^{(k)}$ $(k = 1, 2, \ldots, n)$ の確率密度関数は，どのようにすれば求めることができるだろうか．

　まず，X_1 の分布関数を $F(x)$ とし，確率密度関数を $f(x)$ とおく．$F(x) = P(X_1 \leq x)$ であり，$f(x) = \dfrac{d}{dx} F(x)$ が成り立っている．いま，実数 x を任意に固定すると，$X_1, X_2, \ldots, X_n$ が同一の分布に従うという仮定より，すべての $i = 1, 2, \ldots, n$ に対して $P(X_i \leq x) = F(x)$，$P(X_i > x) = 1 - F(x)$ が成り立っている．ここで，$l = 0, 1, 2, \ldots, n$ に対して事象 E_l を

$$E_l = \{X_1, X_2, \ldots, X_n \text{ のうち，ちょうど } l \text{ 個が } x \text{ 以下である}\}$$

と定めると，$X_1, X_2, \ldots, X_n$ は独立だから，事象 E_l が起こる確率は

$$P(E_l) = \binom{n}{l} F(x)^l (1-F(x))^{n-l} \quad (l=0,1,\ldots,n)$$

と書けることがわかる．すると，$X^{(k)} \leq x$ となる事象は $E_k, E_{k+1}, \ldots, E_n$ のいずれかが起こる事象 $\bigcup_{l=k}^{n} E_l$ に等しいから，$X^{(k)}$ の分布関数 $F^{(k)}(x)$ は，$E_l \cap E_{l'} = \phi$ $(l \neq l')$ を考慮して

$$F^{(k)}(x) = \sum_{l=k}^{n} P(E_l) = \sum_{l=k}^{n} \binom{n}{l} F(x)^l (1-F(x))^{n-l}$$

と求めることができる．

次に，$X^{(k)}$ の確率密度関数 $f^{(k)}(x)$ を求めてみよう．$l=1,2,\ldots,n$ に対して

$$G_l(x) = \binom{n}{l} F(x)^l (1-F(x))^{n-l}$$

とおくと，$l=1,2,\ldots,n-1$ に対しては $l \geq 1$ かつ $n-l \geq 1$ となるので，積の微分公式より

$$\frac{d}{dx} G_l(x)$$
$$= \binom{n}{l} l F(x)^{l-1} f(x) (1-F(x))^{n-l} - \binom{n}{l} F(x)^l (n-l)(1-F(x))^{n-l-1} f(x)$$
$$= n \binom{n-1}{l-1} F(x)^{l-1} (1-F(x))^{n-l} f(x) - n \binom{n-1}{l} F(x)^l (1-F(x))^{n-l-1} f(x)$$
$$= a_{l-1} - a_l$$

が成り立つ．ここに，$a_l = n\binom{n-1}{l} F(x)^l (1-F(x))^{n-l-1} f(x)$ であり，2 番目の等号では，$l\binom{n}{l} = n\binom{n-1}{l-1}$, $(n-l)\binom{n}{l} = n\binom{n-1}{l}$ が成り立つことを用いた．同様に，$l=n$ の場合は $G_n(x) = F(x)^n$ なので，

$$\frac{d}{dx} G_n(x) = n F(x)^{n-1} f(x) = a_{n-1}$$

が成り立つ．ここで，$F^{(k)}(x) = \sum_{l=k}^{n} G_l(x)$ に注意すると，

$$f^{(k)}(x) = \frac{d}{dx}F^{(k)}(x) = \sum_{l=k}^{n}\frac{d}{dx}G_l(x) = \sum_{l=k}^{n-1}(a_{l-1}-a_l) + a_{n-1}$$

$$= n\binom{n-1}{k-1}F(x)^{k-1}(1-F(x))^{n-k}f(x)$$

$$= \frac{n!}{(k-1)!\,(n-k)!}F(x)^{k-1}(1-F(x))^{n-k}f(x)$$

$$= \frac{1}{B(k,n-k+1)}F(x)^{k-1}(1-F(x))^{n-k}f(x) \tag{10.1}$$

が導かれる．式 (10.1) の最後の等号は，$\dfrac{n!}{(k-1)!\,(n-k)!} = \dfrac{\varGamma(n+1)}{\varGamma(k)\varGamma(n-k+1)}$ と付録 A で述べるベータ関数の性質 [B3] による．

◆ **例 10.1** $X_1, X_2, \ldots, X_n$ が区間 $[0,1]$ 上の一様分布に従う場合を考える．この場合は $F(x) = x$ となるので，

$$f^{(k)}(x) = \frac{1}{B(k,n-k+1)}x^{k-1}(1-x)^{n-k} \quad (k=1,2,\ldots,n)$$

となり，$X^{(k)}$ は 3.2.5 項で述べたベータ分布 $Be(k, n-k+1)$ に従うことがわかる．よって，ベータ分布の性質から

$$E[X^{(k)}] = \frac{k}{n+1}, \quad V[X^{(k)}] = \frac{k(n-k+1)}{(n+1)^2(n+2)} \quad (k=1,2,\ldots,n)$$

が求められる．$X^{(k)}$ の平均が $\dfrac{1}{n+1}$ の間をあけて等間隔に並ぶことは面白い．また，$V[X^{(k)}]$ は，$1 \leq k \leq n$ より分子が n^2 以下になり分母が n の 3 次式であることから，n が十分大きいときには 0 に近づくことがわかる．

◆ **例 10.2** $X_1, X_2, \ldots, X_n$ が指数分布 $Ex(1)$ に従う場合 ($f(x) = e^{-x}$, $F(x) = 1-e^{-x}$) にも，順序統計量の分布の詳細な解析ができる．少々複雑な計算になるが，$Y_1 = X^{(1)}$, $Y_2 = X^{(2)} - X^{(1)}, \cdots, Y_n = X^{(n)} - X^{(n-1)}$ とおくと，$Y_1, Y_2, \ldots, Y_n$ は独立で，それぞれ指数分布 $Ex(n), Ex(n-1), \ldots, Ex(1)$ に従うことが示せる．指数分布の性質から $E[Y_i] = \dfrac{1}{n+1-i}, V[Y_i] = \dfrac{1}{(n+1-i)^2}$ であるから，$k=1,2,\ldots,n$ に対して

$$E[X^{(k)}] = E[Y_1 + Y_2 + \cdots + Y_k] = \frac{1}{n} + \frac{1}{n-1} + \cdots + \frac{1}{n-k+1}$$

$$V[X^{(k)}] = V[Y_1 + Y_2 + \cdots + Y_k] = \frac{1}{n^2} + \frac{1}{(n-1)^2} + \cdots + \frac{1}{(n-k+1)^2}$$

がいえる．これらの導出について興味をもつ読者は文献 [6] を参照するとよい．指数分布の場合は，$E[X^{(1)}], E[X^{(2)}], \ldots, E[X^{(n)}]$ の間隔は順に $\dfrac{1}{n}, \dfrac{1}{n-1}, \ldots, 1$ と大きくなる．

また，小さい値が現れやすいので，この結果は直観的には納得がいくであろう．さらに，よく知られているように，$\sum_{l=1}^{n}\frac{1}{l} \to \infty \ (n \to \infty)$, $\sum_{l=1}^{\infty}\frac{1}{l^2} = \frac{\pi^2}{6}$ であるから，$n \to \infty$ のときは $E[X^{(n)}] \to \infty$ となるが，$V[X^{(n)}]$ は有限になる．

10.2　十分統計量

第 7 章で導入した標本平均 $\overline{X}$ と不偏分散 S^2 は，それぞれ母平均 μ と母分散 σ^2 の不偏推定量になっていた．とくに，正規母集団の仮定のもとでは，定理 7.7 のような著しい特徴をもっていた．しかしながら，正規母集団の仮定のもとで，$\overline{X}$ と S^2 のほかにも優れた統計量があるのではないかと感じる読者もいるかもしれない．本節では，十分統計量という概念を導入して，この疑問に答えることにしたい．

まず最初に，$X_1, X_2, \ldots, X_n$ が独立に 2 点分布 $B(1;p)$ に従う場合を考えて，十分統計量の考え方について説明する．$T = X_1 + X_2 + \cdots + X_n$ とおくと，T は $X_1, X_2, \ldots, X_n$ の中で 1 になるものの個数なので，2 項分布 $B(n;p)$ に従う確率変数になる．ここに，$p = P(X_1 = 1)$ である．$t \in \{0, 1, \ldots, n\}$ を任意に固定し，$T = t$ を与えたときの $(X_1, X_2, \ldots, X_n)$ の条件付き確率分布を求めてみる．実は，この条件付き確率分布は p に依存しない．いま，$(x_1, x_2, \ldots, x_n) \in \{0,1\}^n$ を $\sum_{i=1}^{n} x_i = t$ を満たす任意の要素とすると，$P((X_1, X_2, \ldots, X_n) = (x_1, x_2, \ldots, x_n)$ かつ $T = t)$ は $P((X_1, X_2, \ldots, X_n) = (x_1, x_2, \ldots, x_n))$ に等しいから，

$$P((X_1, X_2, \ldots, X_n) = (x_1, x_2, \ldots, x_n) \text{ かつ } T = t) = p^t(1-p)^{n-t} \quad (10.2)$$

が成り立つ．他方，T が 2 項分布 $B(n;p)$ に従うことから

$$P(T = t) = \binom{n}{t} p^t (1-p)^{n-t} \quad (10.3)$$

となるので，式 (10.2), (10.3) より

$$P((X_1, X_2, \ldots, X_n) = (x_1, x_2, \ldots, x_n) | T = t)$$
$$= \frac{P((X_1, X_2, \ldots, X_n) = (x_1, x_2, \ldots, x_n) \text{ かつ } T = t)}{P(T = t)} = \frac{1}{\binom{n}{t}} \quad (10.4)$$

となり，$T = t$ を与えたときの $(X_1, X_2, \ldots, X_n)$ の条件付き確率分布は p によらず，すべての $(x_1, x_2, \ldots, x_n)$ に対して同じ値となる．

この事実より，$(X_1, X_2, \ldots, X_n)$ がもつ p に関する情報をもつのは $T = X_1 + X_2 + \cdots + X_n$ だけであると考えることができる．というのは，$(X_1, X_2, \ldots, X_n)$ と同一の確率的な性質をもつ標本が次のように生成できるからである．

1. T を式 (10.3) の確率分布に従って無作為に生成する．生成された値を t とする．
2. t 個の 1 をもつ，$\binom{n}{t}$ 個の長さ n の 2 元系列（0 と 1 からなる系列）全体の中から，等確率で 1 つを選び $(X_1, X_2, \ldots, X_n)$ とする．

手順 1 では T の確率分布が p を含むので，T の生成には p の情報が必要である．しかし，手順 2 は p の値は必要としない．すなわち，手順 2 は t 個の 1 をもつ長さ n の 2 元系列の並べ方を無作為に決めるだけであり，この操作は p と無関係にできる．実際，独立に 2 点分布 $B(1;p)$ に従って生成した標本と，上の手順 1, 手順 2 で生成した標本とは，同じ確率で生成されるため，まったく区別できない．たとえば，$n = 5$ のときに $(x_1, x_2, x_3, x_4, x_5) = (1, 1, 0, 0, 0)$ であるとすると，p に関するの情報は「$(1, 1, 0, 0, 0)$ の中の 1 の個数は 2」というところに凝縮されていて，個数が同じであれば 0 と 1 の並び（$(1, 1, 0, 0, 0), (0, 1, 0, 1, 0)$ など）は p に関する情報をまったくもたないと考えることができる．

確率分布のパラメータ（一般に θ とする）に対する十分統計量は，次のように定義される．

> **定義 10.1　十分統計量**
>
> 統計量 T を与えたときの $(X_1, X_2, \ldots, X_n)$ の条件付き確率分布がパラメータ θ によらないとき，T を θ に関する**十分統計量** (sufficient statistics) であるという．

式 (10.4) より，$X_1, X_2, \ldots, X_n$ が独立で 2 点分布 $B(1;p)$ に従う場合は，$T = \sum_{i=1}^{n} X_i$ は p に関する十分統計量となることがわかる．

十分統計量については，次の分離定理が知られている．分離定理の詳細については文献 [6], [7] を参照すること．

> **定理 10.1　分離定理**
>
> $(X_1, X_2, \ldots, X_n)$ を離散型（または連続型）確率変数であるとする．統計量 $T = T(X_1, X_2, \ldots, X_n)$ が分布のパラメータ θ の十分統計量であるための必要十分条件は，θ を与えたときの $(X_1, X_2, \ldots, X_n)$ の確率関数（連続型のときは確率

密度関数) $f(x_1, x_2, \ldots, x_n|\theta)$ が

$$f(x_1, x_2, \ldots, x_n|\theta) = g(T(x_1, x_2, \ldots, x_n)|\theta) h(x_1, x_2, \ldots, x_n) \quad (10.5)$$

の形に分解できることである. ここに, g は θ と T だけを含む関数 ($x_1, x_2, \ldots, x_n$ は含まない) であり, h は θ を含まない関数である.

本節冒頭の 2 点分布の例では, $\theta = p$ であり, $t = \sum_{i=1}^{n} x_i$ とおくと

$$f(x_1, x_2, \ldots, x_n|p) = p^t (1-p)^{n-t}$$

であるから,

$$g(t|p) = p^t (1-p)^{n-t}, \quad h(x_1, x_2, \ldots, x_n) = 1$$

と考えれば, 式 (10.5) が満たされることがわかる. また別の例として, $X_1, X_2, \ldots, X_n$ が独立で正規分布 $N(\mu, 1)$ に従う場合 (μ は未知) は, $\theta = \mu$ として

$$f(x_1, x_2, \ldots, x_n|\mu) = \prod_{i=1}^{n} \frac{1}{\sqrt{2\pi}} \exp\left[-\frac{(x_i - \mu)^2}{2}\right]$$

$$= \frac{1}{(2\pi)^{\frac{n}{2}}} \exp\left[-\sum_{i=1}^{n} \frac{x_i^2}{2} + \mu \sum_{i=1}^{n} x_i - \frac{n\mu^2}{2}\right]$$

となるから, $t = \sum_{i=1}^{n} x_i$ とおけば

$$g(t|\mu) = \exp\left[\mu t - \frac{n\mu^2}{2}\right], \quad h(x_1, x_2, \ldots, x_n) = \frac{1}{(2\pi)^{\frac{n}{2}}} \exp\left[-\sum_{i=1}^{n} \frac{x_i^2}{2}\right]$$

とできるので, $T = \sum_{i=1}^{n} X_i$ は μ の十分統計量になる.

本節の最後に, μ, σ^2 がともに未知の正規分布 $N(\mu, \sigma^2)$ の場合を考えて, 標本平均 $\overline{X}$ と不偏分散 S^2 の組 $(\overline{X}, S^2)$ が, (μ, σ^2) の十分統計量になることを示そう. このため, 関係式

$$\sum_{i=1}^{n}(X_i - \mu)^2 = (n-1)S^2 + n(\overline{X} - \mu)^2 \quad (10.6)$$

を用いる (章末問題 10.1). すると, (μ, σ^2) のもとでの $(X_1, X_2, \ldots, X_n)$ の確率密度関数は, 式 (10.6) を用いて

$$f(x_1, x_2, \ldots, x_n | \mu, \sigma^2)$$

$$= \prod_{i=1}^{n} \frac{1}{\sqrt{2\pi\sigma^2}} \exp\left[-\frac{(x_i - \mu)^2}{2\sigma^2}\right] = \frac{1}{(2\pi\sigma^2)^{\frac{n}{2}}} \exp\left[-\sum_{i=1}^{n} \frac{(x_i - \mu)^2}{2\sigma^2}\right]$$

$$= \frac{1}{(2\pi\sigma^2)^{\frac{n}{2}}} \exp\left[-\frac{(n-1)s^2 + n(\overline{x} - \mu)^2}{2\sigma^2}\right] \tag{10.7}$$

と書ける.ここに,$\overline{x} = \frac{1}{n}\sum_{i=1}^{n} x_i$,$s^2 = \frac{1}{n-1}\sum_{i=1}^{n}(x_i - \overline{x})^2$ とおいた.つまり,$f(x_1, x_2, \ldots, x_n | \mu, \sigma^2)$ は $\overline{x}$ と s^2 にのみ依存し,個々の $(x_1, x_2, \ldots, x_n)$ には依存しない.この状況は具体的には,分離定理における式 (10.5) が,$\theta = (\mu, \sigma^2)$ および $T = (\overline{X}, S^2)$ とした場合に,$h(x_1, x_2, \ldots, x_n) = 1$ として成り立つことを意味する.ゆえに,分離定理より $T = (\overline{X}, S^2)$ は $\theta = (\mu, \sigma^2)$ の十分統計量であり,$(\overline{X}, S^2)$ が与えられれば,個々の $X_1, X_2, \ldots, X_n$ は (μ, σ^2) に対してそれ以上の情報を与えない.つまり,ほかの統計量を用いたとしても,(μ, σ^2) に関する情報は $(\overline{X}, S^2)$ がもつ情報以上には得られないことがわかった.

本書の守備範囲を超える内容になるが,ラオ・ブラックウェルの定理とよばれる定理によれば,パラメータ θ の任意の不偏推定量 $\hat{\theta}$ に対して,十分統計量 T の関数で分散が $\hat{\theta}$ より小さい不偏推定量 $\hat{\theta}^*$ が存在する.ゆえに,不偏推定量としては,十分統計量の関数となるものだけを考えておけばよい.実際,母集団が (μ, σ^2) が未知の正規母集団であるとき,μ の不偏推定量として $\overline{X}$ を,σ^2 の不偏推定量として S^2 を用いている.ラオ・ブラックウェルの定理などの詳細は,文献 [6],[7] を参照してほしい.

10.3 フィッシャー情報量とクラメル・ラオの不等式

本節では,8.1.1 項の式 (8.1) で述べたクラメル・ラオの不等式の証明について述べる.θ を 1 次元の未知パラメータ,$X_1, X_2, \ldots, X_n$ を単純ランダムサンプリングにより母集団から抽出された標本とし,$\boldsymbol{X} = (X_1, X_2, \ldots, X_n)$ とおく.簡単のため,各 X_i は実数値をとるとし,母集団分布の確率密度関数を $f(x|\theta)$ と表す.すると,X_i $(i = 1, 2, \ldots, n)$ が独立に母集団分布に従うことから,$\boldsymbol{X}$ の同時確率密度関数は,$\boldsymbol{x} = (x_1, x_2, \ldots, x_n)$ に対して

$$f_{\boldsymbol{X}}(\boldsymbol{x}|\theta) = \prod_{i=1}^{n} f(x_i|\theta) \tag{10.8}$$

となる.この式の両辺の対数をとり,$l(x|\theta) = \log f(x|\theta)$,$L(\boldsymbol{x}|\theta) = \log f_{\boldsymbol{X}}(\boldsymbol{x}|\theta)$ と

おくと,

$$L(\boldsymbol{x}|\theta) = \sum_{i=1}^{n} l(x_i|\theta) \tag{10.9}$$

がいえる. また, 式 (10.9) の両辺を θ で偏微分して $l_\theta(x|\theta) = \frac{\partial}{\partial \theta} l(x|\theta)$, $L_\theta(\boldsymbol{x}|\theta) = \frac{\partial}{\partial \theta} L(\boldsymbol{x}|\theta)$ とおくと,

$$L_\theta(\boldsymbol{x}|\theta) = \sum_{i=1}^{n} l_\theta(x_i|\theta) \tag{10.10}$$

も成り立つ. いま, X_1 および $\boldsymbol{X}$ に対するフィッシャー情報量 $I(\theta)$, $I_n(\theta)$ を, それぞれ

$$I(\theta) = E\left[l_\theta(X_1|\theta)^2\right], \quad I_n(\theta) = E\left[L_\theta(\boldsymbol{X}|\theta)^2\right] \tag{10.11}$$

と定める. 以下では, $I(\theta)$ と $I_n(\theta)$ について

$$I_n(\theta) = nI(\theta) \tag{10.12}$$

が成り立つこと, および, θ の任意の不偏推定量 $\hat{\theta} = \hat{\theta}(\boldsymbol{X})$ に対して

$$V[\hat{\theta}(\boldsymbol{X})] \geq \frac{1}{I_n(\theta)} \tag{10.13}$$

が成り立つことを示す. 式 (10.12), (10.13) から, クラメル - ラオの不等式 (8.1) が得られることは明らかである.

式 (10.12) を示すためには, 適当な条件のもとで

$$E[l_\theta(X_1|\theta)] = 0 \tag{10.14}$$

が示せれば十分である. というのは, 式 (10.14) が成り立てば, $l_\theta(X_i|\theta)$ ($i = 1, 2, \ldots, n$) が独立に同じ母集団分布に従うことから $E[l_\theta(X_i|\theta)] = 0$ ($i = 1, 2, \ldots, n$) がいえて, 第 4 章の平均の性質 [E2] から

$$E[L_\theta(\boldsymbol{X}|\theta)] = E\left[\sum_{i=1}^{n} l_\theta(X_i|\theta)\right] = \sum_{i=1}^{n} E[l_\theta(X_i|\theta)] = 0 \tag{10.15}$$

が成り立ち, $I(\theta) = V[l_\theta(X_1|\theta)]$, $I_n(\theta) = V[L_\theta(\boldsymbol{X}|\theta)]$ となり, さらに第 4 章の分散の性質 [V4] より

$$V[L_\theta(\boldsymbol{X}|\theta)] = V\left[\sum_{i=1}^{n} l_\theta(X_i|\theta)\right] = \sum_{i=1}^{n} V[l_\theta(X_i|\theta)] = nV[l_\theta(X_1|\theta)]$$

がいえるからである.

式 (10.14) を導くためには,本書ではこれまで使わなかった特別な議論が必要になる.X_1 は実数値をとる連続型確率変数としているので,平均の定義より

$$E[l_\theta(X_1|\theta)] = \int_{-\infty}^{\infty} l_\theta(x|\theta) f(x|\theta)\, dx \tag{10.16}$$

であるが,$l_\theta(x|\theta)$ の定義より

$$l_\theta(x|\theta) = \frac{\partial}{\partial \theta} \log f(x|\theta) = \frac{\frac{\partial}{\partial \theta} f(x|\theta)}{f(x|\theta)} \tag{10.17}$$

であるから,式 (10.16) の右辺について,

$$E[l_\theta(X_1|\theta)] = \int_{-\infty}^{\infty} \frac{\partial}{\partial \theta} f(x|\theta)\, dx \tag{10.18}$$

がいえる.ゆえに,式 (10.18) の積分と偏微分の順序が交換できれば

$$E[l_\theta(X_1|\theta)] = \frac{\partial}{\partial \theta} \int_{-\infty}^{\infty} f(x|\theta)\, dx = \frac{\partial}{\partial \theta} 1 = 0$$

が成り立つ.ここに,2 番目の等号は $f(x|\theta)$ が確率密度関数であることによる.これで式 (10.14) が示された.

最後に,式 (10.13) を示す.$\hat{\theta}(\boldsymbol{X})$ を θ の任意の不偏推定量とすると,不偏推定量の定義より $\theta = E[\hat{\theta}(\boldsymbol{X})]$ が成り立つ.$X_i \in \boldsymbol{R}$ ($\boldsymbol{R}$ は実数全体の集合)を考慮すると,このことは平均の定義から

$$\theta = \int_{\boldsymbol{R}^n} \hat{\theta}(\boldsymbol{x}) f_{\boldsymbol{X}}(\boldsymbol{x}|\theta)\, d\boldsymbol{x}$$

と書ける.上式の両辺を θ で偏微分すると,再び積分と偏微分の順序が交換できれば

$$\begin{aligned}
1 &= \frac{\partial}{\partial \theta} \int_{\boldsymbol{R}^n} \hat{\theta}(\boldsymbol{x}) f_{\boldsymbol{X}}(\boldsymbol{x}|\theta)\, d\boldsymbol{x} = \int_{\boldsymbol{R}^n} \hat{\theta}(\boldsymbol{x}) \frac{\partial}{\partial \theta} f_{\boldsymbol{X}}(\boldsymbol{x}|\theta)\, d\boldsymbol{x} \\
&= \int_{\boldsymbol{R}^n} \hat{\theta}(\boldsymbol{x}) L_\theta(\boldsymbol{x}|\theta) f_{\boldsymbol{X}}(\boldsymbol{x}|\theta)\, d\boldsymbol{x} \\
&= E[\hat{\theta}(\boldsymbol{X}) L_\theta(\boldsymbol{X}|\theta)]
\end{aligned} \tag{10.19}$$

が成り立つ.ここに,3 番目の等号は,式 (10.17) と同様に $L_\theta(\boldsymbol{x}|\theta) = \frac{\partial}{\partial \theta} f_{\boldsymbol{X}}(\boldsymbol{x}|\theta) / f_{\boldsymbol{X}}(\boldsymbol{x}|\theta)$ が成り立つことによる.すでに,式 (10.15) により $E[L_\theta(\boldsymbol{X}|\theta)] = 0$ を知っ

ているから，式 (10.19) と $E[\theta L_\theta(\boldsymbol{X}|\theta)] = \theta E[L_\theta(\boldsymbol{X}|\theta)] = 0$ より

$$1 = E[(\hat{\theta}(\boldsymbol{X}) - \theta)L_\theta(\boldsymbol{X}|\theta)] = Cov(\hat{\theta}(\boldsymbol{X}), L_\theta(\boldsymbol{X}|\theta)) \qquad (10.20)$$

がいえることがわかる（$\hat{\theta}(\boldsymbol{X})$ が θ の不偏推定量であることから，$E[\hat{\theta}(\boldsymbol{X})] = \theta$ となることに注意しよう）．式 (10.20) の両辺を 2 乗して問 4.10 で示した不等式を適用すると

$$1 = Cov(\hat{\theta}(\boldsymbol{X}), L_\theta(\boldsymbol{X}|\theta))^2 \leq V[\hat{\theta}(\boldsymbol{X})]V[L_\theta(\boldsymbol{X}|\theta)] = V[\hat{\theta}(\boldsymbol{X})]I_n(\theta)$$

となり，式 (10.13) が成り立つことが示された．

以上の議論を定理としてまとめておく．

定理 10.2

母集団分布の確率密度関数を $f(x|\theta)$，$\boldsymbol{X} = (X_1, X_2, \ldots, X_n)$ を単純ランダムサンプリングによって母集団から抽出された標本，$\hat{\theta}(\boldsymbol{X})$ を θ の任意の不偏推定量とする．式 (10.18) および式 (10.19) の積分と偏微分の順序交換ができるという仮定のもとで，クラメル・ラオの不等式 (8.1) が成立する．

上の証明からわかるように，確率密度関数 $f(x|\theta)$ の対数 $l(x|\theta)$ を x を固定して θ の関数としてみたとき，$l(x|\theta)$ の θ に関する変化分 $l_\theta(x|\theta)$ の平均 $E[l_\theta(X|\theta)]$ は 0 に等しい．また，フィッシャー情報量 $I(\theta)$ は，確率変数 $l_\theta(X|\theta)$ の分散としての意味をもつことにも注意する必要がある．

10.4 最尤推定量の漸近有効性

本節では，標本の数が十分大きい場合の最尤推定量の性質を詳しくみてみよう．厳密に議論するためには，いくつかのテクニカルな条件を課す必要があり大変になるので，かなり直観的な議論になることを先にお断りしておく．興味のある読者は文献 [7] などを参照してほしい．本節の結論は，いくつかの条件が満たされるという仮定のもとで，最尤推定量は 1 に近い確率で真のパラメータに漸近し，かつその分散がクラメル・ラオの不等式を等号で満たすという意味で最小になるという優れた性質（**漸近有効性**という）をもつということである．

まず，θ を母集団の未知パラメータとし，θ を与えたときの確率密度関数 $f(x|\theta)$ が定義されているとする．簡単のため，各 θ に対して $f(x|\theta) > 0$ $(x \in (-\infty, \infty))$ を仮定する．母集団における真の θ の値を θ_0 と書く．つまり，単純ランダムサンプリ

ングにより母集団から抽出された標本 $\boldsymbol{X} = (X_1, X_2, \ldots, X_n)$ は独立に $f(x|\theta_0)$ に従う．また，確率密度関数 $f(x|\theta)$ は θ ごとに異なること，すなわち $\theta \neq \theta'$ ならば $f(x|\theta) \neq f(x|\theta')$ であることと，フィッシャー情報量 $I(\theta_0)$ が正の値をとることも仮定する．

以下では，各 θ に対して $L(\boldsymbol{X}|\theta)$ を式 (10.9) で定める．最尤推定量 $\hat{\theta}_{\mathrm{ML}}$ は，与えられた $\boldsymbol{X}$ に対して式 (8.3) で定まる推定量であったことを思い出そう．当然，$\hat{\theta}_{\mathrm{ML}}$ は $\boldsymbol{X}$ に依存する（したがって，標本の大きさ n にも依存する）ので，本節では最尤推定量を $\hat{\theta}_{\mathrm{ML}}^{(n)}(\boldsymbol{X})$ と書くことにする．簡単のため，各 $\boldsymbol{X}$ に対して，式 (8.3) 右辺の最大値を達成する $\hat{\theta}_{\mathrm{ML}}^{(n)}(\boldsymbol{X})$ は一意的であると仮定しておく．最尤推定量の定義より明らかに，$\boldsymbol{X}$ を任意に固定したとき，すべての θ に対して

$$L(\boldsymbol{X}|\hat{\theta}_{\mathrm{ML}}^{(n)}(\boldsymbol{X})) \geq L(\boldsymbol{X}|\theta) \tag{10.21}$$

が成り立つことに注意しよう．

最尤推定量 $\hat{\theta}_{\mathrm{ML}}^{(n)}(\boldsymbol{X})$ は，適当な条件のもとで一致性をもつ，すなわち任意の $\varepsilon > 0$ に対して

$$\lim_{n \to \infty} P(|\hat{\theta}_{\mathrm{ML}}^{(n)}(\boldsymbol{X}) - \theta_0| > \varepsilon) = 0 \tag{10.22}$$

を満たすことが知られている．ただし，式 (10.22) を示すのは大変なので，ここでは，ある θ^* が存在して，任意の $\varepsilon > 0$ に対して

$$\lim_{n \to \infty} P\bigl(|\hat{\theta}_{\mathrm{ML}}^{(n)}(\boldsymbol{X}) - \theta^*| > \varepsilon\bigr) = 0 \tag{10.23}$$

を満たせば，$\theta^* = \theta_0$ が成り立つことを確認することにしよう．この目的のため，θ の関数 $\eta(\theta)$ を

$$\eta(\theta) = \int_{-\infty}^{\infty} f(x|\theta_0) \log f(x|\theta) \, dx$$

と定める．E で母集団の確率密度関数 $f(x|\theta_0)$ に関する平均を表すとすると，$\eta(\theta) = E[l(X_1|\theta)]$ （ここで，$l(x|\theta) = \log f(x|\theta)$）とも書ける．$\eta(\theta)$ については，一般に

$$\eta(\theta) \leq \eta(\theta_0) \quad (\text{等号成立は } \theta = \theta_0 \text{ のときに限る}) \tag{10.24}$$

が成り立つことを示せる．実際，

$$\eta(\theta_0) - \eta(\theta) = \int_{-\infty}^{\infty} f(x|\theta_0) \log \frac{f(x|\theta_0)}{f(x|\theta)} \, dx \tag{10.25}$$

はダイバージェンスまたはカルバック・ライブラー情報量とよばれる量であり，非負

の値をとり，$f(x|\theta) = f(x|\theta_0)$ がすべての $x \in (-\infty, \infty)$ に対して成り立つときに限り 0 に等しい（章末問題 10.7）．本節の場合は $f(x|\theta)$ が θ ごとに異なると仮定しているので，$\theta = \theta_0$ のときに限り $\eta(\theta_0) - \eta(\theta) = 0$ となる．いま，対数尤度関数 $L(\boldsymbol{X}|\theta)$ について，大数の弱法則（定理 5.1）より

$$\frac{1}{n}L(\boldsymbol{X}|\theta) = \frac{1}{n}\sum_{i=1}^{n} l(X_i|\theta) \to E[l(X_1|\theta)] = \eta(\theta) \quad (n \to \infty)$$

が 1 に近い確率で成り立つから，式 (10.23) の仮定より

$$\frac{1}{n}L(\boldsymbol{X}|\hat{\theta}_{\mathrm{ML}}^{(n)}(\boldsymbol{X})) - \frac{1}{n}L(\boldsymbol{X}|\theta_0) \to \eta(\theta^*) - \eta(\theta_0) \quad (n \to \infty)$$

も 1 に近い確率で成り立つことがわかる．$\theta^* \neq \theta_0$ であるとすると，上式の右辺は式 (10.24) より 0 未満となるが，左辺は式 (10.21) より 0 以上の値をとる．これは矛盾であり，$\theta^* = \theta_0$ でなければならない．

以下，$\sqrt{n}(\hat{\theta}_{\mathrm{ML}}^{(n)}(\boldsymbol{X}) - \theta_0)$ の分布が $n \to \infty$ のときに正規分布 $N\left(0, \dfrac{1}{I(\theta_0)}\right)$ に近づくことの直観的な説明を行う．対数尤度関数 $L(\boldsymbol{X}|\theta)$ を θ に関して偏微分した関数を $L_\theta(\boldsymbol{X}|\theta)$ と書く．$\hat{\theta}_{\mathrm{ML}}^{(n)}(\boldsymbol{X})$ は $L(\boldsymbol{X}|\theta)$ を最大にする θ であるから，$L_\theta(\boldsymbol{X}|\hat{\theta}_{\mathrm{ML}}^{(n)}(\boldsymbol{X})) = 0$ が成り立つと考えてよい．また，$L_\theta(\boldsymbol{X}|\theta)$ を $\boldsymbol{X}$ を固定して θ の関数とみれば（$g(\theta)$ とおいてみる），平均値の定理より $g(\theta) = g(\theta_0) + g'(\theta^\dagger)(\theta - \theta_0)$ が成り立つから $\left(\theta^\dagger\text{ は }\theta\text{ と }\theta_0\text{ の間の値であり，}g'(\theta) = \dfrac{d}{d\theta}g(\theta)\text{ とした}\right)$，$L_{\theta\theta}(\boldsymbol{X}|\theta) = \dfrac{\partial}{\partial \theta}L_\theta(\boldsymbol{X}|\theta)$ とおくと

$$L_\theta(\boldsymbol{X}|\theta) = L_\theta(\boldsymbol{X}|\theta_0) + L_{\theta\theta}(\boldsymbol{X}|\theta^\dagger)(\theta - \theta_0)$$

がいえる．上式に $\theta = \hat{\theta}_{\mathrm{ML}}^{(n)}(\boldsymbol{X})$ を代入すると，上式の左辺は 0 になるので，整理すれば

$$\sqrt{n}(\hat{\theta}_{\mathrm{ML}}^{(n)}(\boldsymbol{X}) - \theta_0) = -\frac{\dfrac{1}{\sqrt{n}}L_\theta(\boldsymbol{X}|\theta_0)}{\dfrac{1}{n}L_{\theta\theta}(\boldsymbol{X}|\theta^\dagger)} \tag{10.26}$$

が成り立つことがわかる．

ここで，式 (10.26) の分子は，対数尤度関数の定義より

$$\frac{1}{\sqrt{n}}L_\theta(\boldsymbol{X}|\theta_0) = \sqrt{I(\theta_0)} \cdot \frac{1}{\sqrt{nI(\theta_0)}}\sum_{i=1}^{n} l_\theta(X_i|\theta_0)$$

と書けるが，前節で述べたように，$l_\theta(X_i|\theta)$ $(i=1,2,\ldots,n)$ は $E[l_\theta(X_i|\theta)]=0$, $V[l_\theta(X_i|\theta)]=I(\theta_0)$ を満たす独立で同一の分布に従う確率変数であるから，中心極限定理（定理 6.3）により，n が十分大きいときには $\dfrac{1}{\sqrt{nI(\theta_0)}}\sum_{i=1}^{n}l_\theta(X_i|\theta_0)$ は標準正規分布 $N(0,1)$ に従うといえる．他方，式 (10.26) の分母は，n が十分大きいときには 1 に近い確率で $\hat{\theta}_{\mathrm{ML}}^{(n)}(\boldsymbol{X}) \to \theta_0$ になるので $\theta^\dagger \to \theta_0$ とみなせるから，

$$\frac{1}{n}L_{\theta\theta}(\boldsymbol{X}|\theta^\dagger) \approx \frac{1}{n}\sum_{i=1}^{n}l_{\theta\theta}(X_i|\theta_0)$$

と考えてよい．$l_{\theta\theta}(X_i|\theta_0)$ $(i=1,2,\ldots,n)$ は $E[l_{\theta\theta}(X_i|\theta_0)]=-I(\theta_0)$ を満たす（章末問題 10.2）独立で同一の分布に従う確率変数とみなせる．すると，大数の弱法則（定理 5.1）より，1 に近い確率で分母は $I(\theta_0)$ に漸近する．

以上をまとめると，n が十分大きいときには，Z を標準正規分布に従う確率変数として，$\sqrt{n}(\hat{\theta}_{\mathrm{ML}}^{(n)}(\boldsymbol{X})-\theta_0) \to Z/\sqrt{I(\theta_0)}$ $(n\to\infty)$ が確率が 1 に漸近する集合上で成り立ち，これは，$\sqrt{n}(\hat{\theta}_{\mathrm{ML}}^{(n)}(\boldsymbol{X})-\theta_0)$ の分布が $N\left(0,\dfrac{1}{I(\theta_0)}\right)$ に漸近することを意味する．

$\sqrt{n}(\hat{\theta}_{\mathrm{ML}}^{(n)}(\boldsymbol{X})-\theta_0)$ の分布が $N\left(0,\dfrac{1}{I(\theta_0)}\right)$ に漸近することから，n が十分大きいときには，$\hat{\theta}_{\mathrm{ML}}^{(n)}(\boldsymbol{X})$ の分布は $N\left(\theta_0,\dfrac{1}{nI(\theta_0)}\right)$ とみなせる．このことは，$\hat{\theta}_{\mathrm{ML}}^{(n)}(\boldsymbol{X})$ の平均が θ_0，分散が $\dfrac{1}{nI(\theta_0)}$ であることを意味するから，n が十分大きいときには $\hat{\theta}_{\mathrm{ML}}^{(n)}(\boldsymbol{X})$ は不偏推定量とみなせて，クラメル・ラオの不等式を等号で満たすことがわかる．

━━━━━━━━━━━━━━━━ 章末問題 ━━━━━━━━━━━━━━━━

■演習問題

10.1 式 (10.6) を導け．

10.2 10.3 節のクラメル・ラオの不等式 (8.1) の導出と同様に，積分と偏微分の順序交換ができるという仮定のもとで，フィッシャー情報量 $I(\theta)$ について

$$I(\theta) = -E\left[l_{\theta\theta}(X_1|\theta)\right] \tag{10.27}$$

が成り立つことを示せ．ここに，$l_{\theta\theta}(X_1|\theta)$ は $l(X_1|\theta)$ の θ に関する 2 階偏導関数を表す．

10.3 母集団分布が正規分布 $N(\mu,\sigma^2)$ であり，μ は未知で σ^2 は既知であるとする．前問の

結果を使って，フィッシャー情報量 $I(\mu)$ を求めよ．また，μ は既知で σ^2 は未知のとき，同様にフィッシャー情報量 $I(\sigma^2)$ を求めよ．

10.4 母集団分布が正規分布 $N(\mu,\sigma^2)$ であり，μ は未知で σ^2 は既知であるとする．このとき，式 (10.18) の積分と偏微分の交換ができることを確認せよ．

10.5 母集団分布が正規分布 $N(\mu,\sigma^2)$ であり，μ は既知で σ^2 が未知であるとする．このとき，$Z = \dfrac{1}{n}\sum_{i=1}^{n}(X_i - \mu)^2$ は σ^2 の不偏推定量であり，クラメル・ラオの不等式を等号で満たすことを示せ．

10.6 母集団分布が正規分布 $N(\mu,\sigma^2)$ であり，μ も σ^2 もともに未知であるとする．このとき，不偏分散 S^2 は σ^2 の不偏推定量であるが，クラメル・ラオの不等式を等号では満たさないことを確認せよ．

10.7 不等式 $\log x \geq 1 - 1/x$ $(x > 0)$ を利用して，式 (10.25) で定義されたダイバージェンスが非負であることを示せ．

付録 A
ガンマ関数とベータ関数

ここでは，**ガンマ関数** (gamma function) と**ベータ関数** (beta function) の定義と基本的な性質をまとめておく．どちらも非常に有用な関数なので，扱いに慣れてほしい．

ガンマ関数は，実数 $x > 0$ に対して

$$\Gamma(x) = \int_0^\infty t^{x-1} e^{-t}\, dt \tag{A.1}$$

と定義される関数である．式 (A.1) の右辺は t に関する定積分であり，被積分関数が x を含むので，x の関数になる．被積分関数は $t \in [0, \infty)$ で常に正なので，$\Gamma(x) > 0$ が成り立つ．

一方，ベータ関数は，実数 $x > 0, y > 0$ に対して

$$B(x, y) = \int_0^1 t^{x-1}(1-t)^{y-1}\, dt \tag{A.2}$$

と定義される 2 変数関数である．式 (A.2) の右辺は，t に関する定積分であり，被積分関数が x と y を含むので，x と y の関数となる．被積分関数は $t \in (0, 1)$ で常に正なので，$B(x, y) > 0$ が成り立つことがわかる．

ガンマ関数について，次の 3 つの性質を把握しておこう．

定理 A.1　ガンマ関数の性質
[G1] $\Gamma(1) = 1$.
[G2] 任意の実数 $x \geq 1$ に対して，$\Gamma(x+1) = x\Gamma(x)$ が成り立つ．とくに，任意の非負整数 n に対して，$\Gamma(n+1) = n!$ である．
[G3] $\Gamma(1/2) = \sqrt{\pi}$.

ベータ関数については，次の 3 つの性質を把握しておこう．とくに，[B3] はガンマ関数とベータ関数の相互の関係を表している．

定理 A.2　ベータ関数の性質
[B1] 任意の実数 $x > 0, y > 0$ に対して，$B(x, y) = B(y, x)$ が成り立つ．
[B2] 任意の実数 $x > 0, y > 0$ に対して，

$$B(x,y) = 2\int_0^{\pi/2} \sin^{2x-1}\theta \cos^{2y-1}\theta \, d\theta$$

が成り立つ．

[B3] 任意の実数 $x > 0$, $y > 0$ に対して，

$$B(x,y) = \frac{\Gamma(x)\Gamma(y)}{\Gamma(x+y)}$$

が成り立つ．

定理 A.1, A.2 の証明 [G1] は，実際に広義積分を計算することにより容易に確認できる．[G2] の前半は，部分積分を実行することによって得られる．実際に $\Gamma(x+1)$ を部分積分すると

$$\Gamma(x+1) = \int_0^\infty t^x e^{-t}\,dt = \left[-t^x e^{-t}\right]_{t=0}^\infty + \int_0^\infty xt^{x-1}e^{-t}\,dt$$

となり，第 1 項は 0，第 2 項は $x\Gamma(x)$ に等しく，$\Gamma(x+1) = x\Gamma(x)$ が導かれる．$\Gamma(n+1) = n!$ は，$\Gamma(x+1) = x\Gamma(x)$ を繰り返し適用して，$\Gamma(n+1) = n\Gamma(n) = n(n-1)\Gamma(n-1) = \cdots = n(n-1)\cdots 1 \cdot \Gamma(1)$ とし，[G1] を用いて導かれる．

[G3] を示す前に，ベータ関数の性質 [B1]〜[B3] を示そう．[B1] は，変数変換 $t' = 1 - t$ により簡単に示せる．また，[B2] も，$t = \sin^2\theta$ とおくと $1 - t = \cos^2\theta$ および $dt = 2\sin\theta\cos\theta\,d\theta$ となることから導かれる．[B3] を示すために，ガンマ関数が

$$\Gamma(x) = 2\int_0^\infty u^{2x-1}e^{-u^2}\,du \tag{A.3}$$

と書けることを用いる．式 (A.3) はガンマ関数の定義において $t = u^2$ と変数変換すれば導かれる．すると，式 (A.3) を用いると，$\Gamma(x)\Gamma(y)$ は

$$\begin{aligned}\Gamma(x)\Gamma(y) &= 4\int_0^\infty u^{2x-1}e^{-u^2}\,du \cdot \int_0^\infty v^{2y-1}e^{-v^2}\,dv \\ &= 4\int_0^\infty\int_0^\infty u^{2x-1}v^{2x-1}e^{-(u^2+v^2)}\,dudv\end{aligned} \tag{A.4}$$

と書くことができる．さらに，式 (A.4) において，$u = r\cos\theta$, $v = r\sin\theta$ と極座標変換すると $dudv = rdrd\theta$ となるから，

$$\Gamma(x)\Gamma(y) = 4\int_0^{\pi/2} d\theta \int_0^\infty r^{2x-1}\cos^{2x-1}\theta \cdot r^{2y-1}\sin^{2y-1}\theta \cdot r\,dr$$

$$= 2\int_0^{\pi/2} \cos^{2x-1}\theta \sin^{2y-1}\theta\, d\theta \cdot 2\int_0^\infty r^{2x+2y-1} e^{-r^2}\, dr$$
$$= B(x,y)\,\Gamma(x+y) \tag{A.5}$$

が導かれる．最後の等号は [B2] と式 (A.3) からいえる．式 (A.5) の両辺を $\Gamma(x+y)$ で割ると，[B3] が得られる．

最後に，残った [G3] を示そう．[B3] において $x = y = 1/2$ とおくと

$$B(1/2, 1/2) = \frac{\Gamma(1/2)\,\Gamma(1/2)}{\Gamma(1)} \tag{A.6}$$

となるが，[G1] より $\Gamma(1) = 1$ であり，また，[B2] より明らかに $B(1/2, 1/2) = \pi$ であるから，$\Gamma(1/2)^2 = \pi$ が成り立つ．ガンマ関数は非負の実数値をとるから，式 (A.6) より $\Gamma(1/2) = \sqrt{\pi}$ が得られ，[G3] が示された． □

付録 B
F 分布と t 分布の確率密度関数の導出

ここでは，F 分布の確率密度関数 (7.11) と t 分布の確率密度関数 (7.8) を導出する．これらの導出は少々煩雑なので，他書では省略されていることも多いが，どちらも確率に関する基本的な性質を用いて導けるので，これまでに学んだことを確認する意味でも読んでおくとよい．本付録ではまた，$F_{m,n}(\alpha)$ に関する公式 (7.13) を示す．

B.1　F 分布の確率密度関数

まず，自由度 (m,n) の F 分布の確率密度関数 (7.11) を導出しよう．自由度 (m,n) を任意に固定し，$Z = \dfrac{X/m}{Y/n}$ とおく．X, Y はそれぞれ自由度 m, n の χ^2 分布に従う確率変数であるので，X, Y の確率密度関数はそれぞれ

$$f_X(x) = \frac{1}{2^{\frac{m}{2}} \Gamma(m/2)} x^{\frac{m}{2}-1} e^{-\frac{x}{2}}, \quad f_Y(y) = \frac{1}{2^{\frac{n}{2}} \Gamma(n/2)} y^{\frac{n}{2}-1} e^{-\frac{y}{2}}$$

と表される．以下では，Z の確率密度関数 $f_Z(z)$ が

$$f_Z(z) = \frac{m^{\frac{m}{2}} n^{\frac{n}{2}}}{B(m/2, n/2)} \frac{z^{\frac{m}{2}-1}}{(mz+n)^{\frac{m+n}{2}}} \tag{B.1}$$

となることを示す．

まず，X, Y は独立であるので，Z の分布関数 $F_Z(z) = P(Z \leq z)$ は

$$F_Z(z) = \iint_{D_z} f_X(x) f_Y(y)\, dxdy \tag{B.2}$$

と書ける．ここに，

$$D_z = \left\{ (x,y) \in \boldsymbol{R}^2 : \frac{x/m}{y/n} \leq z, x \geq 0, y \geq 0 \right\}$$

と定義した．いま，$u = \dfrac{x/m}{y/n}, v = y$ と変数変換すると，積分領域 D_z は

$$D_z' = \{ (u,v) \in \boldsymbol{R}^2 : 0 \leq u \leq z, v \geq 0 \}$$

と表される．また，u, v の定義から $x = \dfrac{m}{n} uv$ となるので，ヤコビ行列式は

$$\begin{vmatrix} \dfrac{\partial x}{\partial u} & \dfrac{\partial x}{\partial v} \\ \dfrac{\partial y}{\partial u} & \dfrac{\partial y}{\partial v} \end{vmatrix} = \begin{vmatrix} \dfrac{m}{n}v & \dfrac{m}{n}u \\ 0 & 1 \end{vmatrix} = \dfrac{m}{n}v \geq 0$$

となり，結局 $F_Z(z)$ は新しい変数 u, v を用いて

$$\begin{aligned}
F_Z(z) &= \iint_{D'_z} \frac{1}{2^{\frac{m}{2}}\Gamma(m/2)} \left(\frac{m}{n}uv\right)^{\frac{m}{2}-1} e^{-\frac{1}{2}\frac{m}{n}uv} \cdot \frac{1}{2^{\frac{n}{2}}\Gamma(n/2)} v^{\frac{n}{2}-1} e^{-\frac{v}{2}} \cdot \frac{m}{n}v \, du dv \\
&= \frac{1}{2^{\frac{m}{2}}\Gamma(m/2)} \frac{1}{2^{\frac{n}{2}}\Gamma(n/2)} \left(\frac{m}{n}\right)^{\frac{m}{2}} \iint_{D'_z} u^{\frac{m}{2}-1} v^{\frac{m+n}{2}-1} e^{-\frac{1}{2}\left(\frac{m}{n}u+1\right)v} \, du dv \\
&= \frac{1}{2^{\frac{m}{2}}\Gamma(m/2)} \frac{1}{2^{\frac{n}{2}}\Gamma(n/2)} \left(\frac{m}{n}\right)^{\frac{m}{2}} \int_0^z u^{\frac{m}{2}-1} \left[\int_0^\infty v^{\frac{m+n}{2}-1} e^{-\frac{1}{2}\left(\frac{m}{n}u+1\right)v} \, dv\right] du
\end{aligned}$$
(B.3)

と表される．最後の等号は D'_z の定義を用いた．

以下では，式 (B.3) に含まれる v についての積分を計算する．u を定数とみて $w = \dfrac{1}{2}\left(\dfrac{m}{n}u+1\right)v$ とおくと $v = \dfrac{2w}{\dfrac{m}{n}u+1}$ であり，$dv = \dfrac{2}{\dfrac{m}{n}u+1}dw$ となる．よって，式 (B.3) の v についての積分は

$$\begin{aligned}
\int_0^\infty v^{\frac{m+n}{2}-1} e^{-\frac{1}{2}\left(\frac{m}{n}u+1\right)v} \, dv &= \int_0^\infty \left(\frac{2w}{\frac{m}{n}u+1}\right)^{\frac{m+n}{2}-1} e^{-w} \cdot \frac{2}{\frac{m}{n}u+1} \, dw \\
&= \left(\frac{2}{\frac{m}{n}u+1}\right)^{\frac{m+n}{2}} \int_0^\infty w^{\frac{m+n}{2}-1} e^{-w} \, dw \\
&= \left(\frac{2n}{mu+n}\right)^{\frac{m+n}{2}} \Gamma\left(\frac{m+n}{2}\right)
\end{aligned}$$
(B.4)

と計算できる．すると，式 (B.4) を式 (B.3) に代入して整理することで

$$\begin{aligned}
F_Z(z) &= \frac{\Gamma\left(\dfrac{m+n}{2}\right)}{\Gamma(m/2)\Gamma(n/2)} m^{\frac{m}{2}} n^{\frac{n}{2}} \int_0^z \frac{u^{\frac{m}{2}-1}}{(mu+n)^{\frac{m+n}{2}}} \, du \\
&= \frac{m^{\frac{m}{2}} n^{\frac{n}{2}}}{B(m/2, n/2)} \int_0^z \frac{u^{\frac{m}{2}-1}}{(mu+n)^{\frac{m+n}{2}}} \, du
\end{aligned}$$
(B.5)

が導かれる．最後の等号はベータ関数の性質 [B3]（定理 A.2）による．自由度 (m,n) の F 分布の確率密度関数 $f_Z(z)$ は式 (B.5) の $F_Z(z)$ を z で微分したものであるから，式 (B.1) が導かれた．

B.2　t 分布の確率密度関数

t 分布の確率密度関数 (7.8) は，$T = \dfrac{X}{\sqrt{Y/n}}$ を 2 乗して得られる $T^2 = \dfrac{X^2}{Y/n}$ が自由度 $(1,n)$ の F 分布に従うことを利用すると，比較的簡単に導出できる．確率変数 T の定義より，X と Y は独立であり，X が標準正規分布 $N(0,1)$ に従うことから，X^2 は自由度 1 の χ^2 分布に従うことに注意しよう（第 3 章例題 3.5）．

以下では，自由度 n を任意に固定し，$T = \dfrac{X}{\sqrt{Y/n}}$ の確率密度関数 $f_T(t)$ が

$$f_T(t) = \frac{1}{\sqrt{n}B(n/2, 1/2)}\left(1 + \frac{t^2}{n}\right)^{-\frac{n+1}{2}} \tag{B.6}$$

となることを示す．それに先立ち，$f_T(t)$ が偶関数であること（$f_T(t) = f_T(-t)$ が任意の実数 $t \geq 0$ に対して成り立つこと）をいう．いま，$f_X(x), f_Y(y)$ を X, Y の確率密度関数とすると，X, Y が独立であって，かつ $T = \dfrac{X}{\sqrt{Y/n}} \geq t$ は $X \geq t\sqrt{Y/n}$ を意味することから，

$$P(T \geq t) = \int_0^\infty \left[\int_{t\sqrt{y/n}}^\infty f_X(x)f_Y(y)\,dx\right]dy = \int_0^\infty \left[\int_{t\sqrt{y/n}}^\infty f_X(x)\,dx\right]f_Y(y)\,dy$$

となるが，$f_X(x)$ は標準正規分布の確率密度関数であるから $f_X(x) = f_X(-x)$ が成り立ち，

$$P(T \geq t) = \int_0^\infty \left[\int_{-\infty}^{-t\sqrt{y/n}} f_X(x)\,dx\right] f_Y(y)\,dy = P(T \leq -t)$$

がいえる．よって，

$$\int_t^\infty f_T(u)\,du = \int_{-\infty}^{-t} f_T(u)\,du$$

がいえ，上式の両辺を t で微分すると $f_T(t) = f_T(-t)$ が得られる．すなわち，$f_T(t)$ は偶関数である．

さて，$f_T(t)$ の具体的な形を求めてみよう．$f_T(t)$ は偶関数なので，正定数 t に対して

$$P(|T| \leq t) = 2\int_0^t f_T(u)\,du \qquad \text{(B.7)}$$

が成り立つが，他方，T^2 が自由度 $(1, n)$ の F 分布に従うことから，式 (B.7) の確率は自由度 $(1, n)$ の F 分布の確率密度関数を用いて

$$P(|T| \leq t) = P(T^2 \leq t^2) = \int_0^{t^2} \frac{n^{\frac{n}{2}}}{B(1/2, n/2)} \frac{z^{-\frac{1}{2}}}{(z+n)^{\frac{1+n}{2}}}\,dz \qquad \text{(B.8)}$$

と書くこともできる．よって，式 (B.7), (B.8) より

$$\int_0^t f_T(u)\,du = \frac{1}{2}\int_0^{t^2} \frac{n^{\frac{n}{2}}}{B(1/2, n/2)} \frac{u^{-\frac{1}{2}}}{(u+n)^{\frac{1+n}{2}}}\,du \qquad \text{(B.9)}$$

が成り立つ．上式の両辺を t で微分することにより（合成関数の微分），

$$f_T(t) = \frac{1}{2}\frac{n^{\frac{n}{2}}}{B(1/2, n/2)} \frac{(t^2)^{-\frac{1}{2}}}{(t^2+n)^{\frac{1+n}{2}}} \cdot 2t$$

$$= \frac{1}{\sqrt{n}B(n/2, 1/2)}\left(1 + \frac{t^2}{n}\right)^{-\frac{1+n}{2}} \qquad \text{(B.10)}$$

が導かれる．最後の等号では，ベータ関数の性質 [B1]（定理 A.2）より $B(1/2, n/2) = B(n/2, 1/2)$ が成り立つことを用いた．

B.3　F 分布の性質

第 7 章の式 (7.13) で言及した次の性質を示す．

> **定理 B.1**
> 任意の $m, n \geq 1$ と $\alpha \in (0, 1)$ に対して $F_{m,n}(\alpha) = \dfrac{1}{F_{n,m}(1-\alpha)}$ が成り立つ．ここに，$F_{m,n}(\alpha)$ は式 (7.12) で定義される値である．

証明　$m, n \geq 1$ と $\alpha \in (0, 1)$ を任意に固定する．自由度 (m, n) の F 分布の確率密度関数および $F_{m,n}(\alpha)$ の定義より

$$\alpha = \int_{F_{m,n}(\alpha)}^{\infty} \frac{m^{\frac{m}{2}} n^{\frac{n}{2}}}{B(m/2, n/2)} \frac{u^{\frac{m}{2}-1}}{(mu+n)^{\frac{m+n}{2}}} \, du$$

が成り立っている．被積分関数の 2 番目の分数部分の分子分母を $u^{\frac{m+n}{2}}$ で割ると

$$\alpha = \int_{F_{m,n}(\alpha)}^{\infty} \frac{m^{\frac{m}{2}} n^{\frac{n}{2}}}{B(m/2, n/2)} \frac{u^{-\frac{n}{2}-1}}{(m+nu^{-1})^{\frac{m+n}{2}}} \, du$$

となることから，$v = 1/u$ と変数変換して整理すると

$$\begin{aligned}
\alpha &= \int_{F_{m,n}(\alpha)^{-1}}^{0} \frac{m^{\frac{m}{2}} n^{\frac{n}{2}}}{B(m/2, n/2)} \frac{v^{\frac{n}{2}+1}}{(m+nv)^{\frac{m+n}{2}}} \left(-\frac{1}{v^2}\right) dv \\
&= \int_{0}^{F_{m,n}(\alpha)^{-1}} \frac{m^{\frac{m}{2}} n^{\frac{n}{2}}}{B(m/2, n/2)} \frac{v^{\frac{n}{2}-1}}{(m+nv)^{\frac{m+n}{2}}} \, dv \\
&= \int_{0}^{F_{m,n}(\alpha)^{-1}} \frac{n^{\frac{n}{2}} m^{\frac{m}{2}}}{B(n/2, m/2)} \frac{v^{\frac{n}{2}-1}}{(nv+m)^{\frac{m+n}{2}}} \, dv \quad \text{(B.11)}
\end{aligned}$$

が得られる．式 (B.11) の被積分関数は自由度 (n, m) の F 分布の確率密度関数であり，区間 $[0, \infty)$ で積分すると 1 となるから，

$$1 - \alpha = \int_{F_{m,n}(\alpha)^{-1}}^{\infty} \frac{n^{\frac{n}{2}} m^{\frac{m}{2}}}{B(n/2, m/2)} \frac{v^{\frac{n}{2}-1}}{(nv+m)^{\frac{m+n}{2}}} \, dv \quad \text{(B.12)}$$

が導かれる．式 (B.12) は $F_{m,n}(\alpha)^{-1} = F_{n,m}(1-\alpha)$ であることを意味する． □

問と章末問題の解答

■ 第1章

問 1.1 $2^\Omega = \{\phi, \{1\}, \{2\}, \{3\}, \{1,2\}, \{2,3\}, \{1,3\}, \{1,2,3\}\}$

問 1.2 $\Omega = \{1, 2, \ldots, m\}$ の部分集合には，1 が属するか否か，2 が属するか否か，$\cdots$，m が属するか否かで，全部で 2^m 通りある．なお，$1, 2, \ldots, m$ すべてが属する集合は Ω，すべてが属さない集合は ϕ である．

問 1.3 [C1] より $\Omega \in \mathcal{F}$ なので，$\Omega^c = \phi$ と [C2] より $\phi \in \mathcal{F}$ がいえ，[C4] が示される．すると，[C3] で $A_{k+1} = A_{k+2} = \cdots = \phi$ とすれば，$\bigcup_{i=1}^{\infty} A_i = \bigcup_{i=1}^{k} A_i$ となるので，[C5] がいえる．一方，[C6] はド・モルガンの法則から $\left(\bigcap_{i=1}^{\infty} A_i\right)^c = \bigcup_{i=1}^{\infty} A_i^c$ であり，[C2], [C3] より $\bigcup_{i=1}^{\infty} A_i^c \in \mathcal{F}$ となるから，再び [C2] より $\bigcap_{i=1}^{\infty} A_i \in \mathcal{F}$ が成り立つ．[C7] は [C6] において $A_{k+1} = A_{k+2} = \cdots = \Omega$ とすればよい．

問 1.4 [P4] は，$A_1 = \Omega$, $A_2 = A_3 = \cdots = \phi$ とおけば，$\bigcup_{i=1}^{\infty} A_i = \Omega$ かつ A_i が排反であることから，[P3] より $P(\Omega) = P(\Omega) + P(\phi) + P(\phi) + \cdots$ がいえる．これは，$P(\phi) = 0$ を意味する．[P5] は，[P3] において $A_{k+1} = A_{k+2} = \cdots = \phi$ とおき，[P4] を用いることで得られる．[P9] は，B_i $(i = 1, 2, \ldots)$ が排反であることから $A \cap B_i$ $(i = 1, 2, \ldots)$ も排反となるため，[P5] から得られる．

問 1.5 まず，[P11] を示す．$B_1 = A_1$, $B_i = A_i \cap A_{i-1}^c$ $(i \geq 2)$ とおくと，$B_1, B_2, \ldots$ は排反かつ $\mathcal{F}$ の要素で，$A_n = \bigcup_{i=1}^{n} B_i$ および $\bigcup_{i=1}^{\infty} A_i = \bigcup_{i=1}^{\infty} B_i$ が成り立つ．[P5] より，すべての $n \geq 1$ に対して $P(A_n) = \sum_{i=1}^{n} P(B_i)$ であるから，$n \to \infty$ として

$$\lim_{n \to \infty} P(A_n) = \sum_{i=1}^{\infty} P(B_i) = P\left(\bigcup_{i=1}^{\infty} B_i\right) = P\left(\bigcup_{i=1}^{\infty} A_i\right)$$

がいえる．ここで，2 番目の等号は，[P3] の完全加法性による．

[P12] では，$A_1 \supset A_2 \supset \cdots \supset A_n \supset \cdots$ だから，補集合に対して $A_1^c \subset A_2^c \subset \cdots \subset A_n^c \subset \cdots$ が成り立つ．よって，[P11] より $P\left(\bigcup_{i=1}^{\infty} A_i^c\right) = \lim_{i \to \infty} P(A_i^c) = 1 - \lim_{i \to \infty} P(A_i)$ がいえる．最後の等号は [P6] による．ド・モルガンの法則 $\left(\bigcup_{i=1}^{\infty} A_i^c\right)^c = \bigcap_{i=1}^{\infty} A_i$ より $P\left(\bigcap_{i=1}^{\infty} A_i\right) = 1 - P\left(\bigcup_{i=1}^{\infty} A_i^c\right)$ となるから，[P12] が導かれる．

問 1.6 第 1 子が男児である事象を A, 第 2 子が男児である事象を B とする．$A \cap B = \{$男男$\}$ なので $P(A \cap B) = 1/4$, $B = \{$男男, 女男$\}$ となるから $P(B) = 1/2$ となり，$P(A|B) = P(A \cap B)/P(B) =$

1/2 となる．

問 1.7 式 (1.12) は，確率の性質 [P9] と積の公式から $P(A) = \sum_{i=1}^{\infty} P(A \cap B_i) = \sum_{i=1}^{\infty} P(B_i)P(A|B_i)$ と導かれる．式 (1.13) も，積の公式 $P(A \cap B_j) = P(B_j)P(A|B_j) = P(A)P(B_j|A)$ より $P(B_j|A) = P(B_j)P(A|B_j)/P(A)$ として，分母の $P(A)$ に式 (1.12) を代入して導かれる．

問 1.8 式 (1.14) の両辺を $P(A)$ から引くと $P(A) - P(A \cap B) = P(A) - P(A)P(B)$ となる．この式の左辺は [P5] より $P(A \cap B^c)$ に，右辺は [P6] より $P(A)(1 - P(B)) = P(A)P(B^c)$ に等しいので，$P(A \cap B^c) = P(A)P(B^c)$ がいえる．よって，両辺を $P(B^c)$ で割ると，式 (1.7)（で B の代わりに B^c を用いたもの）より $P(A) = P(A|B^c)$ が導かれる．

問 1.9 事象 A が起こるのは 1 回目に 4, 5, 6 の目のいずれかが出るときだから $P(A) = 1/2$，事象 B が起こるのは 2 回目に 3 または 6 が出るときだから $P(B) = 1/3$，事象 C が起こるのは 1 回目の目を x，2 回目の目が y の事象を (x,y) と書くと，$(1,1), (2,2), \ldots, (6,6)$ の 6 通りの場合なので $6/36 = 1/6$ である．事象 A, B はそれぞれ 1 回目，2 回目の目に関する事象なので独立なのは明らかで，$P(A \cap B) = P(A)P(B)$ が成り立つ．事象 $B \cap C$ が起こるのは $(3,3), (6,6)$ の場合で $P(B \cap C) = 2/36 = 1/18 = P(B)P(C)$．事象 $A \cap C$ が起こるのは $(4,4), (5,5), (6,6)$ の場合で $P(A \cap C) = 3/36 = 1/12 = P(A)P(C)$．事象 $A \cap B \cap C$ が起こるのは $(6,6)$ の場合で $P(A \cap B \cap C) = 1/36 = P(A)P(B)P(C)$．したがって，事象 A, B, C は独立である．

問 1.10 出る目の最小値が 3 以上である事象を A，出る目の最小値が 4 以上である事象を B とすると，求める確率は $P(A) - P(B)$ である．事象 A が起こるのは，3 個のさいころがいずれも 3 以上の目になるときだから，$P(A) = (4/6)^3$ であり，同様に $P(B) = (3/6)^3$ となる．したがって，求める確率は $(4/6)^3 - (3/6)^3 = 37/216$ となる．

■ **章末問題**

1.1 $2^{10} = 1024$．

1.2 積の公式より $P(A \cap B) = P(A)P(B|A)$ だから，$P(B|A) = (1/5)/(2/3) = 3/10$．

1.3 和の公式より $P(A \cup B) = P(A) + P(B) - P(A \cap B) = 2/3$．

1.4 事象 A, B が独立なので，$P(A \cap B) = P(A)P(B) = 1/3$．

1.5 余事象の公式より $P(A^c) = 1 - P(A) = 1/4$ である．また，全確率の公式から $P(B) = P(A)P(B|A) + P(A^c)P(B|A^c) = 7/12$．ベイズの公式から $P(A|B) = P(A \cap B)/P(B) = P(A)P(B|A)/P(B) = 6/7$．

1.6 (1) 積の公式より $P(A \cap B) = P(A)P(B|A)$ であるから，$P(A \cap B) = 1/4 \cdot 1/2 = 1/8$．
(2) (1) と同様に $P(A \cap B) = P(B)P(A|B)$ であるから $1/8 = P(B) \cdot 1/3$．よって，$P(B) = 3/8$．
(3) 和の公式から $P(A \cup B) = P(A) + P(B) - P(A \cap B)$ だから，$P(A \cup B) = 1/4 + 3/8 - 1/8 = 1/2$．

1.7 事象 A, B は独立だから，$P(A \cap B) = P(A)P(B) = (2/5)P(B)$ である．和の公式から $P(A \cup B) = P(A) + P(B) - P(A \cap B)$ だから，$7/10 = 2/5 + P(B) - (2/5)P(B)$．よって，$P(B) = 1/2$．

1.8 事象 A, B は独立だから，$P(A \cap B) = P(A)P(B) = 1/14$．他方，和の公式から $P(A \cup B) = P(A) + P(B) - P(A \cap B)$ なので，$P(A) + P(B) = 13/28 + 1/14 = 15/28$．よって，2 次方程式の解と係数の関係により，$P(A), P(B)$ は 2 次方程式 $t^2 - (15/28)t + 1/14 = 0$，すなわち $28t^2 - 15t + 2 = 0$ の解である．これを解いて，$P(A) = 1/4, P(B) = 2/7$．

1.9 2 個のうち 1 個のさいころの目が 6 となる事象を A，2 個のさいころの目の和が 10 以

上である事象を B とする．2 個のうち 1 個のさいころの目が 6 となるのは $(1,6),(2,6),\ldots,$ $(6,6),(6,1),(6,2),\ldots,(5,6)$ の 11 通りあるので，$P(A) = 11/36$．このうち目の和が 10 以上になるのは $(4,6),(6,4),(5,6),(6,5),(6,6)$ の 5 通りなので，$P(A\cap B) = 5/36$．よって，$P(B|A) = P(A\cap B)/P(A) = 5/11$．

1.10 今日雨が降る事象を A，バスが遅れる事象を B とする．題意より $P(B|A) = 0.7$, $P(B|A^c) = 0.2$, $P(A) = 0.4$ である．全確率の公式から，$P(B) = P(A)P(B|A)+P(A^c)P(B|A^c) = 0.4 \cdot 0.7 + 0.6 \cdot 0.2 = 0.4$．

1.11 病気にかかっている事象を A，検査で陽性を示す事象を B とする．題意より $P(B|A) = 99/100$, $P(B|A^c) = 2/100$, $P(A) = 1/1000$ が成り立っている．よって，全確率の公式より，$P(B) = P(A)P(B|A)+P(A^c)P(B|A^c) = (1/1000)(99/100)+(999/1000)(2/100) = 2097/100000$．他方，$P(A\cap B) = P(A)P(B|A) = (1/1000)(99/100) = 99/100000$ であるから，ベイズの公式より $P(A|B) = P(A\cap B)/P(B) = 99/2097 = 11/233$．

1.12 (1) S が k 回目のシュートで勝つことは，S と T の $k-1$ 回目までのシュートがすべて外れて，S の k 回目のシュートが決まることを意味するから，次式が成り立つ．

$$P(A_k) = \left(\frac{4}{5}\right)^{k-1} \cdot (1-t)^{k-1} \cdot \frac{1}{5} = \frac{1}{5}\left\{\frac{4(1-t)}{5}\right\}^{k-1}$$

(2) 事象 A_k $(k\geq 1)$ は互いに排反だから，無限等比級数の公式を用いて $\sum_{k=1}^{\infty}P(A_k) = 1/(4t+1)$．

(3) (2) より $1/(4t+1) = 1/2$ であればよいので，$t = 1/4$．

■第 2 章

問 2.1 (i) $x < x'$ を任意に固定し，2 つの事象を $E = \{\omega \in \Omega : X(\omega) \leq x\}$, $E' = \{\omega \in \Omega : X(\omega) \leq x'\}$ とおくと，X が確率変数であることから $E, E' \in \mathcal{F}$ であり，かつ $E \subset E'$ であるから，性質 [P7] より $P(E) \leq P(E')$ が成り立つ．これは，$F(x) \leq F(x')$ が成り立つことを意味する．また，$x_1 > x_2 > \cdots > x_i > \cdots$ かつ $x_i \to x$ $(i \to \infty)$ となる任意の数列 $\{x_i\}$ に対して $E_i = \{\omega \in \Omega : X(\omega) \leq x_i\}$ $(i \geq 1)$ とおくと，$E_1 \supset E_2 \supset \cdots E_i \supset \cdots$ かつ $E = \bigcap_{i=1}^{\infty} E_i$ が成り立ち，性質 [P12] より $P(E) = \lim_{i\to\infty} P(E_i)$，すなわち $F(x) = \lim_{i\to\infty} F(x_i)$ がいえる．数列 $\{x_i\}$ は $x_i \downarrow x$ $(i \to \infty)$ を満たす任意の数列であったから，$F(x) = \lim_{x'\downarrow x} F(x')$ が導かれる．

(ii) 前半は，数列 $\{x_i\}$ を $x_1 > x_2 > \cdots > x_i > \cdots$ かつ $x_i \to -\infty$ $(i \to \infty)$ となるように任意にとり，性質 (i) の証明と同様に事象 E_i を定めると，$E_1 \supset E_2 \supset \cdots \supset E_i \supset \cdots$ が成り立ち，E_i は $i \to \infty$ で空集合に近づいていく．ゆえに，$\bigcap_{i=1}^{\infty} E_i = \phi$ となり，性質 [P4], [P12] より $P(E) = \lim_{i\to\infty} P(E_i) = 0$ が導かれる．数列 $\{x_i\}$ の任意性から，これは $\lim_{x\to-\infty} F(x) = 0$ を意味する．後半は，数列 $\{x_i\}$ を $x_1 < x_2 < \cdots < x_i < \cdots$ かつ $x_i \to \infty$ $(i \to \infty)$ を満たすように任意にとると $E_1 \subset E_2 \subset \cdots \subset E_i \subset \cdots$ が成り立ち，$\bigcup_{i=1}^{\infty} E_i = \Omega$ となる．ゆえに，性質 [P2], [P11] より $P(E) = \lim_{i\to\infty} P(E_i) = 1$ が導かれる．数列 $\{x_i\}$ の任意性から，これは $\lim_{x\to\infty} F(x) = 1$ を意味する．

問 2.2 平均と分散の定義より，$E[X] = (1+2+3+4)/4 = 5/2$, $E[X^2] = (1^2+2^2+3^2+4^2)/4 =$

$15/2$, $V[X] = E[X^2] - (E[X])^2 = 15/2 - (5/2)^2 = 5/4$ となる.

問 2.3 2項定理より $\sum_{k=0}^{n} \binom{n}{k} p^k (1-p)^{n-k} = \{p + (1-p)\}^n = 1$ となることが確かめられる.

問 2.4 $X \in \{0, 1, \ldots, n\}$ に注意して次のように計算すればよい.

$$E[X] = \sum_{k=0}^{n} k \binom{n}{k} p^k (1-p)^{n-k} = \sum_{k=1}^{n} k \binom{n}{k} p^k (1-p)^{n-k}$$

$$= \sum_{k=1}^{n} n \binom{n-1}{k-1} p^k (1-p)^{n-k} = \sum_{k=0}^{n-1} n \binom{n-1}{k} p^{k+1} (1-p)^{n-(k+1)}$$

$$= np \sum_{k=0}^{n-1} \binom{n-1}{k} p^k (1-p)^{n-1-k} = n\{p + (1-p)\}^{n-1} = np$$

4番目の等号では $k-1$ を改めて k とし, 6番目の等号は2項定理を用いている.

問 2.5 $\binom{n}{k} = \dfrac{n!}{k!(n-k)!}$ を用いると, $\dfrac{f(k+1)}{f(k)} = \dfrac{(n-k)p}{(k+1)(1-p)}$ と計算できる. $f(k+1)/f(k) \geq 1$ となるのは $k \leq np + p - 1$ のときで, k と np が整数であることを考えると $k \leq np - 1$ のときである. すなわち, $f(0) \leq f(1) \leq \cdots \leq f(np)$ が成り立つ. 同様に, $f(k+1)/f(k) \leq 1$ となるのは $k \geq np + p - 1$ のとき, すなわち $k \geq np - 1$ のときである. ゆえに, $f(np) \geq f(np+1) \geq \cdots \geq f(n)$ が成り立つ. すなわち, $f(k)$ は $k = np$ で最大値をとる.

問 2.6 無限等比級数の和の公式 $\sum_{k=0}^{\infty} x^k = \dfrac{1}{1-x}$ ($|x| < 1$) を用いて, $\sum_{k=0}^{\infty} f(k) = \sum_{k=0}^{\infty} (1-p)^k p = p \cdot \dfrac{1}{1-(1-p)} = 1$ と確かめられる.

問 2.7 問 2.6 の解答で用いた式 $\sum_{k=0}^{\infty} x^k = \dfrac{1}{1-x}$ の両辺を x で微分すると $\sum_{k=1}^{\infty} kx^{k-1} = \dfrac{1}{(1-x)^2}$ であり, さらに両辺に x をかけて $\sum_{k=1}^{\infty} kx^k = \dfrac{x}{(1-x)^2}$ となる. この式の左辺において kx^k は $k = 0$ のときは 0 であるから, 結局 $\sum_{k=0}^{\infty} kx^k = \dfrac{x}{(1-x)^2}$ が導かれる. この公式を用いて, $E[X] = \sum_{k=0}^{\infty} kf(k) = \sum_{k=0}^{\infty} k(1-p)^k p = p \cdot \dfrac{1-p}{\{1-(1-p)\}^2} = \dfrac{1-p}{p}$ と計算できる.

問 2.8 テイラー展開 $e^\lambda = 1 + \lambda + \dfrac{\lambda^2}{2!} + \cdots$ より, $\sum_{k=0}^{\infty} f(k) = \sum_{k=0}^{\infty} e^{-\lambda} \dfrac{\lambda^k}{k!} = e^{-\lambda} \sum_{k=0}^{\infty} \dfrac{\lambda^k}{k!} = e^{-\lambda} \cdot e^\lambda = 1$.

問 2.9 $E[X^2] = \sum_{k=0}^{\infty} k^2 e^{-\lambda} \dfrac{\lambda^k}{k!} = \sum_{k=0}^{\infty} \{k(k-1) + k\} e^{-\lambda} \dfrac{\lambda^k}{k!} = \lambda^2 \sum_{k=2}^{\infty} e^{-\lambda} \dfrac{\lambda^{k-2}}{(k-2)!} + \lambda \sum_{k=1}^{\infty} e^{-\lambda} \dfrac{\lambda^{k-1}}{(k-1)!} = \lambda^2 + \lambda$ である. よって, $V[X] = E[X^2] - (E[X])^2$ と $E[X] = \lambda$ より, $V[X] = \lambda$ となる.

■ 章末問題

2.1 平均，分散の定義はそれぞれ式 (2.5), (2.6) を参照すること．

2.2 (1) $\binom{n}{k}p^k(1-p)^{n-k}$ (2) 2 項分布 (3) np (4) $np(1-p)$

2.3 (1) $p(1-p)^k$ (2) 幾何分布 (3) $\dfrac{1-p}{p}$ (4) $\dfrac{1-p}{p^2}$

2.4 e^x のテイラー展開より $\sum_{k=0}^{\infty} f(k) = Ce^\lambda = 1$ となることから $C = e^{-\lambda}$ となり，この分布はポアソン分布 $Po(\lambda)$ である．

2.5 さいころを 1 回振って 5 の目が出る確率は 1/6 であるから，X は 2 項分布 $B(10000; 1/6)$ に従う．

2.6 2 個のさいころを振って目の和が 4 以下になる確率は 1/6 なので，X は 2 項分布 $B(500; 1/6)$ に従う．2 項分布の性質から，$E[X] = 500 \cdot 1/6 = 250/3$, $V[X] = 500 \cdot 1/6 \cdot 5/6 = 625/9$ であり，標準偏差は $\sqrt{V[X]} = 25/3$ となる．

2.7 X は幾何分布 $Ge(p)$ に従うから，$P(X = k) = p(1-p)^k$ $(k \geq 0)$．よって，$P(X \geq l) = \sum_{i=l}^{\infty} P(X = i) = \sum_{i=l}^{\infty} p(1-p)^i = (1-p)^l$ である．さらに，$P(X \geq k+l$ かつ $X \geq l) = P(X \geq k+l) = (1-p)^{l+k}$ が成り立つ．よって，確率の積の公式から，$P(X \geq k+l \mid X \geq l) = P(X \geq k+l$ かつ $X \geq l)/P(X \geq l) = (1-p)^k$ となり，この値は $P(X \geq k)$ に等しい．

2.8 題意より，$P(X = k) = e^{-1}\dfrac{1}{k!}$ である．求める確率は $P(X \geq 4) = 1 - P(X \leq 3) = 1 - e^{-1}\left(\dfrac{1}{0!} + \dfrac{1}{1!} + \dfrac{1}{2!} + \dfrac{1}{3!}\right) = 1 - \dfrac{8}{3e} \approx 0.0190$．

2.9 r と k を固定すると，表が出る回数は r 回，裏が出る回数は k 回であるから，コイン投げは全部で $r+k$ 回である．また題意より，最後は表が出なければならないから，最後を除いた $r+k-1$ 回のうち裏 k 回の出方は $\binom{r+k-1}{k}$ 通りである．ゆえに，$P(X = k) = \binom{r+k-1}{k}p^{r-1}(1-p)^k p = \binom{r+k-1}{k}p^r(1-p)^k$．

2.10 赤球 a 個と白球 b 個を合わせた $a+b$ 個から n 個を選ぶ方法は $\binom{a+b}{n}$ 通り．また，各 $k = 0, 1, \ldots, n$ に対して，赤球 k 個と白球 $n-k$ 個を選ぶ方法は $\binom{a}{k}\binom{b}{n-k}$ 通り．これらの比が求める確率になる．

2.11 次のように和の順序の交換を用いて示せる．

$$\sum_{k=1}^{\infty} P(X \geq k) = \sum_{k=1}^{\infty} \sum_{l=k}^{\infty} P(X = l) = \sum_{l=1}^{\infty} \sum_{k=1}^{l} P(X = l) = \sum_{l=1}^{\infty} lP(X = l) = E[X]$$

■第3章

問 3.1 平均と正規分布の確率密度関数の定義より $E[X] = \int_{-\infty}^{\infty} x \frac{1}{\sqrt{2\pi\sigma^2}} \exp\left[-\frac{(x-\mu)^2}{2\sigma^2}\right] dx$ であるが, $v = \frac{x-\mu}{\sigma}$ とおくことにより

$$E[X] = \int_{-\infty}^{\infty} (\sigma v + \mu) \cdot \frac{1}{\sqrt{2\pi}} \exp\left[-\frac{v^2}{2}\right] dv = \frac{\sigma}{\sqrt{2\pi}} \int_{-\infty}^{\infty} v \cdot \exp\left[-\frac{v^2}{2}\right] dv + \mu$$

がいえる. ここに, 最後の等号は $\frac{1}{\sqrt{2\pi}} \exp\left[-\frac{v^2}{2}\right]$ が確率密度関数であり全確率が 1 であることを用いた. 上式の最右辺第 1 項の広義積分は, 被積分関数が奇関数だから 0 になるので, $E[X] = \mu$ がわかる.

問 3.2 まず, ガンマ分布の確率密度関数の定義より

$$E[X] = \int_0^\infty xf(x)\,dx = \int_0^\infty x \cdot \frac{1}{\Gamma(\nu)} \alpha^\nu x^{\nu-1} e^{-\alpha x}\,dx = \int_0^\infty \frac{1}{\Gamma(\nu)} (\alpha x)^\nu e^{-\alpha x}\,dx$$

である. $t = \alpha x$ とおくと, $dt = \alpha dx$ であるから

$$E[X] = \int_0^\infty \frac{1}{\Gamma(\nu)} t^\nu e^{-t} \frac{dt}{\alpha} = \frac{1}{\alpha \Gamma(\nu)} \int_0^\infty t^\nu e^{-t}\,dt = \frac{1}{\alpha \Gamma(\nu)} \Gamma(\nu+1) = \frac{\nu}{\alpha}$$

が求められる. 最後の等号はガンマ関数の性質 [G2] (付録 A) を用いた. 同様に

$$E[X^2] = \int_0^\infty x^2 \cdot \frac{1}{\Gamma(\nu)} \alpha^\nu x^{\nu-1} e^{-\alpha x}\,dx = \frac{1}{\alpha} \int_0^\infty \frac{1}{\Gamma(\nu)} (\alpha x)^{\nu+1} e^{-\alpha x}\,dx$$

であるから, 再び $t = \alpha x$ とおいて

$$E[X^2] = \frac{1}{\alpha^2 \Gamma(\nu)} \int_0^\infty t^{\nu+1} e^{-t}\,dt = \frac{\Gamma(\nu+2)}{\alpha^2 \Gamma(\nu)} = \frac{\nu(\nu+1)}{\alpha^2}$$

となるので, $V[X] = E[X^2] - (E[X])^2 = \nu/\alpha^2$ が求められる.

問 3.3 ガンマ関数とベータ関数の関係, およびガンマ関数の性質 (付録 A) を用いて証明する. 平均は

$$\begin{aligned} E[X] &= \int_0^1 x \cdot \frac{1}{B(\alpha,\beta)} x^{\alpha-1} (1-x)^{\beta-1}\,dx = \frac{B(\alpha+1,\beta)}{B(\alpha,\beta)} \\ &= \frac{\Gamma(\alpha+1)\Gamma(\beta)}{\Gamma(\alpha+\beta+1)} \cdot \frac{\Gamma(\alpha+\beta)}{\Gamma(\alpha)\Gamma(\beta)} = \frac{\Gamma(\alpha+1)/\Gamma(\alpha)}{\Gamma(\alpha+\beta+1)/\Gamma(\alpha+\beta)} = \frac{\alpha}{\alpha+\beta} \end{aligned}$$

となる. 最後の等号はガンマ関数の性質 [G2] による. 同様に

$$\begin{aligned} E[X^2] &= \int_0^1 x^2 \cdot \frac{1}{B(\alpha,\beta)} x^{\alpha-1} (1-x)^{\beta-1}\,dx = \frac{B(\alpha+2,\beta)}{B(\alpha,\beta)} \\ &= \frac{\Gamma(\alpha+2)\Gamma(\beta)}{\Gamma(\alpha+\beta+2)} \cdot \frac{\Gamma(\alpha+\beta)}{\Gamma(\alpha)\Gamma(\beta)} = \frac{\alpha(\alpha+1)}{(\alpha+\beta)(\alpha+\beta+1)} \end{aligned}$$

となるから，$V[X] = E[X^2] - (E[X])^2 = \dfrac{\alpha\beta}{(\alpha+\beta+1)(\alpha+\beta)^2}$ が求められる．

■章末問題

3.1 以下のように表される．X は非負の実数値をとるから，$E[X], V[X]$ では積分範囲が $[0, \infty)$ になることに注意しよう．

$$P(\alpha \leq X \leq \beta) = \int_\alpha^\beta f(x)\,dx, \quad E[X] = \int_0^\infty x f(x)\,dx, \quad V[X] = \int_0^\infty (x - E[X])^2 f(x)\,dx$$

3.2 (1) $P(0 \leq X \leq 1) = \displaystyle\int_0^1 \left(1 - \dfrac{x}{2}\right) dx = \dfrac{3}{4}$ (2) $E[X] = \displaystyle\int_0^2 x\left(1 - \dfrac{x}{2}\right) dx = \dfrac{2}{3}$

3.3 (1) $f(x) = \begin{cases} \dfrac{1}{2} & (|x| \leq 1) \\ 0 & (|x| > 1) \end{cases}$ (2) $f(x)$ を区間 $\left[\dfrac{1}{3}, 1\right]$ で積分して，求める確率は $\dfrac{1}{3}$．

3.4 グラフは図 3.5 参照．直線 $x = \mu$ に関して対称になる．$E[X] = \mu$, $V[X] = \sigma^2$ であり，正規分布の場合はパラメータがそのまま平均と分散になる．$\mu = 0$, $\sigma^2 = 1$ の場合が標準正規分布である．

3.5 $\Gamma(1) = 1$, $\Gamma(3) = 2! = 2$, $\Gamma(1/2) = \sqrt{\pi}$, $\Gamma(5/2) = (3/2)(1/2)\Gamma(1/2) = 3\sqrt{\pi}/4$．

3.6 (1) $\displaystyle\int_{-\infty}^\infty f(x)\,dx = 1$ より $\displaystyle\int_{-2}^2 A\,dx = 4A = 1$．したがって，$A = \dfrac{1}{4}$．

(2) $P(-1 \leq X \leq 1) = \displaystyle\int_{-1}^1 \dfrac{1}{4}\,dx = \dfrac{1}{2}$．

(3) $E[X] = \displaystyle\int_{-2}^2 x \cdot \dfrac{1}{4}\,dx = 0$． $E[X^2] = \displaystyle\int_{-2}^2 x^2 \cdot \dfrac{1}{4}\,dx = 2\int_0^2 \dfrac{x^2}{4}\,dx = \dfrac{4}{3}$．

3.7 (1) $\displaystyle\int_{-\infty}^\infty f(x)\,dx = 1$ を用いる．$\displaystyle\int_{-1}^1 B(1 - |x|)\,dx = 2\int_0^1 B(1-x)\,dx = B$ より $B = 1$．

(2) $P\left(\dfrac{1}{2} \leq X \leq 1\right) = \displaystyle\int_{1/2}^1 (1 - x)\,dx = \dfrac{1}{8}$．

(3) $x(1 - |x|)$ は奇関数だから，$E[X] = \displaystyle\int_{-1}^1 x(1 - |x|)\,dx = 0$． $E[X^2] = \displaystyle\int_{-1}^1 x^2(1 - |x|)\,dx = 2\int_0^1 x^2(1-x)\,dx = \dfrac{1}{6}$．

3.8 $1 = \displaystyle\int_0^\infty Cx^3 e^{-2x}\,dx = C\int_0^\infty \left(\dfrac{t}{2}\right)^3 e^{-t}\left(\dfrac{1}{2}\right)dt = \dfrac{C}{16}\Gamma(4) = \dfrac{3C}{8}$ より $C = \dfrac{8}{3}$．$xf(x)$ を区間 $[0, \infty)$ で積分して，$E[X] = 2$．

3.9 X の確率密度関数を $f(x)$ とすれば $\displaystyle\int_0^\infty P(X \geq x)\,dx = \int_0^\infty \left[\int_x^\infty f(t)\,dt\right] dx$ であるが，積分の順序を変更すると $\displaystyle\int_0^\infty \left[\int_0^t f(t)\,dx\right] dt = \int_0^\infty t f(t)\,dt = E[X]$ となる．

3.10 (1) $\Gamma(3) = 2$ (2) $\Gamma(4) = 6$

(3) 与式を $2\int_0^\infty e^{-\frac{x^2}{2}}\,dx$ とし，$\frac{x^2}{2}=t$, $dx=\frac{dt}{\sqrt{2t}}$ と置換して計算すると $\sqrt{2}\cdot\varGamma(1/2)=\sqrt{2\pi}$ となる．

(4) (3) と同様にして $2\sqrt{2}\cdot\varGamma(3/2)=\sqrt{2\pi}$．

3.11 $ax=t$ とおくと $adx=dt$．よって，$I=\int_0^\infty \left(\frac{t}{a}\right)^3 e^{-t}\,dt=\frac{\varGamma(4)}{a^3}=\frac{6}{a^3}$．

3.12 (1) $\int_{-\infty}^\infty f(x)\,dx=1$ を用いる．実際に左辺の定積分を計算すると値が $\sqrt{2\pi\sigma^2}C$ になるので，$C=1/\sqrt{2\pi\sigma^2}$ が求められる．

(2) 全確率が 1 であることから $\int_{-\infty}^0 f(x)\,dx+\int_0^\infty f(x)\,dx=1$, $f(x)$ が偶関数であることから $\int_{-\infty}^0 f(x)\,dx=\int_0^\infty f(x)\,dx$ となるので，求める確率は $\frac{1}{2}$ に等しい．

(3) ガンマ関数を使って積分すると，求める値は σ^2 になる．

3.13 $Y=-\log X/\lambda$ かつ $0\leq X\leq 1$ だから，Y は非負の実数値をとる．任意の正定数 t に対して

$$P(Y\leq t)=P(-\log X\leq \lambda t)=P(X\geq e^{-\lambda t})=\int_{e^{-\lambda t}}^1 1\,ds=1-e^{-\lambda t}$$

となるから，Y の確率密度関数は $\frac{d}{dt}P(Y\leq t)=\lambda e^{-\lambda t}$．ゆえに，$Y$ は指数分布 $Ex(\lambda)$ に従う．

3.14 任意の定数 y に対して

$$P(Y\leq y)=P\left(\tan\left[\pi\left(X-\frac{1}{2}\right)\right]\leq y\right)=P\left(X\leq\frac{1}{2}+\frac{1}{\pi}\tan^{-1}y\right)=\frac{1}{2}+\frac{1}{\pi}\tan^{-1}y$$

となるから，$\frac{d}{dy}(\tan^{-1}y)=\frac{1}{y^2+1}$ に注意して，Y の確率密度関数は $\frac{d}{dy}P(Y\leq y)=\frac{1}{\pi(y^2+1)}$ となる．ゆえに，Y はコーシー分布 $C(0,1)$ に従う．

3.15 付表中の $I(x)$ を用いて表し，計算する．

(1) 1/2 (2) $I(2)-I(1)=0.1359$ (3) $2I(2)=0.9544$ (4) $I(1)+I(3)=0.8403$

3.16 (1) $f(x)\geq 0$ $(x\geq 0)$ は明らかなので，$f(x)$ を区間 $[0,\infty)$ で積分して 1 となることを確かめればよい．実際，$\alpha x^m=t$ とおくと $\alpha m x^{m-1}dx=dt$ となるので，$\int_0^\infty \alpha m x^{m-1}e^{-\alpha x^m}\,dx=\int_0^\infty e^{-t}\,dt=1$．

(2) y を任意の正定数とすると，確率変数 Y の確率分布関数は

$$P(Y\leq y)=P\left(X\leq y^{\frac{1}{m}}\right)=\int_0^{y^{1/m}} f_X(x)\,dx=\int_0^{\alpha y} e^{-u}\,du$$

となる．最後の等号では $u=\alpha x^m$ と変数変換している．ゆえに，Y の確率密度関数 $f_Y(y)$ は

$$f_Y(y)=\frac{d}{dy}\int_0^{\alpha y} e^{-u}\,du=\alpha e^{-\alpha y}$$

と求められ，Y が指数分布 $Ex(\alpha)$ に従うことがわかる．

■第 4 章

問 4.1 すべての $i,j \in \{1,2,3\}$ に対して $f_{XY}(i,j) = \dfrac{1}{9}$, $f_X(i) = \displaystyle\sum_{j=1}^{3} f_{XY}(i,j) = \dfrac{1}{3}$, $f_Y(j) = \displaystyle\sum_{i=1}^{3} f_{XY}(i,j) = \dfrac{1}{3}$ となるので，$f_{XY}(i,j) = f_X(i)f_Y(j)$ が成り立ち，X,Y は独立である．

問 4.2 y について平方完成すると，$x^2 - 2\rho xy + y^2 = (y - \rho x)^2 + (1-\rho^2)x^2$ となるから，

$$f_X(x) = \int_{-\infty}^{\infty} f_{XY}(x,y)\,dy = \frac{1}{2\pi\sqrt{1-\rho^2}} e^{-\frac{x^2}{2}} \int_{-\infty}^{\infty} e^{-\frac{(y-\rho x)^2}{2(1-\rho^2)}}\,dy$$

が成り立つ．ここで，$v = \dfrac{y - \rho x}{\sqrt{1-\rho^2}}$ とおいて変数変換すると

$$\frac{1}{\sqrt{1-\rho^2}} \int_{-\infty}^{\infty} e^{-\frac{(y-\rho x)^2}{2(1-\rho^2)}}\,dy = \int_{-\infty}^{\infty} e^{-\frac{v^2}{2}}\,dv = \sqrt{2\pi}$$

となるから，$f_X(x) = \dfrac{1}{\sqrt{2\pi}} e^{-\frac{x^2}{2}}$ となる．これは標準正規分布の確率密度関数である．

問 4.3 例題 4.1 と同様に $P(X_{\min} > x) = (1-x)^n$ となるから，余事象の公式より $P(X_{\min} \leq x) = 1 - (1-x)^n$ となる．これは $X_{\min}$ の分布関数だから，確率密度関数は x について微分して $n(1-x)^{n-1}$．平均も例題 4.1 と同様に計算して $E[X_{\min}] = \dfrac{1}{n+1}$．

問 4.4 $n=3$ のときは，$U = X_1 + X_2$ とおくと，性質 [E2] より $E[X_1 + X_2 + X_3] = E[U + X_3] = E[U] + E[X_3]$ であるが，再び [E2] より $E[U] = E[X_1 + X_2] = E[X_1] + E[X_2]$ が成り立つので，$E[X_1 + X_2 + X_3] = E[X_1] + E[X_2] + E[X_3]$ が成り立つ．一般の n のときも同様で，$n-1$ までの成立を仮定して $U = X_1 + X_2 + \cdots + X_{n-1}$ とおき，[E2] より $E[U + X_n] = E[U] + E[X_n]$ を用いればよい．

問 4.5 たとえば，$n=3$ のときは，$U = X_1 X_2$ とおくと U と X_3 が独立であることと，性質 [E3] より $E[X_1 X_2 X_3] = E[UX_3] = E[U]E[X_3]$ となり，$E[U] = E[X_1]E[X_2]$ であることから，$E[X_1 X_2 X_3] = E[X_1]E[X_2]E[X_3]$ がいえる．一般の n のときも同様に，$U = X_1 \cdots X_{n-1}$ とおいて [E3] より $E[UX_n] = E[U]E[X_n]$ を用いればよい．

問 4.6 積分を和にすればよい．たとえば，X,Y が非負の整数値をとるとき，性質 [E3] は

$$\sum_{i=0}^{\infty} \sum_{j=0}^{\infty} ij f_{XY}(i,j) = \sum_{i=0}^{\infty} \sum_{j=0}^{\infty} ij f_X(i)f_Y(j) = \left(\sum_{i=0}^{\infty} i f_X(i)\right)\left(\sum_{j=0}^{\infty} j f_Y(j)\right)$$

と導かれる．

問 4.7 問 4.4 と同様なので省略する．

問 4.8 $E[X] = 1/\lambda$ であるから，これを μ とおけば，$E[X^2] = 2/\lambda^2 = 2\mu^2$, $E[X^3] = 6/\lambda^3 = 6\mu^3$ である．$Ex(\lambda)$ の確率密度関数を $f(x)$ とすると

$$\int_0^\infty (x-\mu)^3 f(x)\, dx = \int_0^\infty \left(x^3 - 3\mu x^2 + 3\mu^2 x - \mu^3\right) f(x)\, dx$$
$$= E[X^3] - 3\mu E[X^2] + 3\mu^2 E[X] - \mu^3$$

であり，この値を計算すると，平均のまわりの 3 次モーメントは $2\mu^3 = 2/\lambda^3$ になる．

問 4.9 $U = X + Y$ とおくと，$V[X+Y+Z] = V[U+Z] = V[U] + 2Cov(U,Z) + V[Z]$ である．ここで，$Cov(U,Z) = E[(U-\mu_U)(Z-\mu_Z)]$ であるが，$\mu_U = E[U] = E[X+Y] = \mu_X + \mu_Y$ なので，$E[(U-\mu_U)(Z-\mu_Z)] = E[\{(X-\mu_X) + (Y-\mu_Y)\}(Z-\mu_Z)] = E[(X-\mu_X)(Z-\mu_Z)] + E[(Y-\mu_Y)(Z-\mu_Z)] = Cov(X,Z) + Cov(Y,Z)$ がいえる．式 (4.18) は，この式と $V[U] = V[X] + 2Cov(X,Y) + V[Y]$ より導かれる．

問 4.10 任意の実数 t に対して $V[tX + Y] \geq 0$ が成り立つ．他方，$V[tX + Y] = t^2 V[X] + 2t\, Cov(X,Y) + V[Y]$ なので，$V[tX + Y] \geq 0$ がすべての実数 t で成り立つ条件は，$V[X] > 0$ のときは判別式が $D/4 = Cov(X,Y)^2 - V[X]V[Y] \leq 0$ となることである．$V[X] = 0$ のときは X は確率 1 で μ_X に等しく，$Cov(X,Y) = 0$ となるので題意の不等式が成り立つ．

■ 章末問題

4.1 $t = x/2$ とおき，以下のように計算する．

$$P(2 \leq X \leq 4) = \int_2^4 \frac{1}{2} e^{-\frac{x}{2}} = \left[-e^{-\frac{x}{2}}\right]_2^4 = e^{-1} - e^{-2}$$

$$E[X] = \int_0^\infty x \cdot \frac{1}{2} e^{-\frac{x}{2}}\, dx = \int_0^\infty 2t e^{-t}\, dt = 2\Gamma(2) = 2$$

$$E[X^2] = \int_0^\infty x^2 \cdot \frac{1}{2} e^{-\frac{x}{2}}\, dx = \int_0^\infty 4t^2 e^{-t}\, dt = 4\Gamma(3) = 8$$

$$V[X] = E[X^2] - (E[X])^2 = 8 - 2^2 = 4$$

4.2 X, Y は独立だから，$P(X = 1 \text{ かつ } Y = 1) = P(X = 1)P(Y = 1) = np(1-p)^{n-1} \cdot mp(1-p)^{m-1} = nmp^2(1-p)^{n+m-2}$．

同一のポアソン分布 $Po(\lambda)$ に従う場合は，$P(X = 1 \text{ かつ } Y = 1) = P(X = 1)P(Y = 1) = e^{-\lambda}\lambda \cdot e^{-\lambda}\lambda = \lambda^2 e^{-2\lambda}$．

4.3 $E[X] = 3, V[X] = 2, E[Y] = -1, V[Y] = 1$ である．$E[X+Y] = E[X] + E[Y] = 2$ であり，X, Y は独立だから，$E[XY] = E[X]E[Y] = -3, V[X+Y] = V[X] + V[Y] = 3$ となる．

4.4 $E[X] = 1, V[X] = 2, E[Y] = -2, V[Y] = 3$ である．$E[X - 3Y] = E[X] - 3E[Y] = 7$, $V[X - 3Y] = V[X] + 9V[Y] = 29$．

4.5 共分散の定義は $Cov(X,Y) = E[(X-\mu_X)(Y-\mu_Y)]$．ただし，$\mu_X = E[X], \mu_Y = E[Y]$ である．X, Y が独立であれば $X - \mu_X, Y - \mu_Y$ も独立になるから，$E[(X-\mu_X)(Y-\mu_Y)] = E[X-\mu_X]E[Y-\mu_Y] = (E[X] - \mu_X)(E[Y] - \mu_Y) = 0$．

4.6 $V[X+Y] = V[X] + 2Cov(X,Y) + V[Y] = 1$ である．$E[X]$ と $E[Y]$ の値にはよらない．

4.7 $xe^{-\frac{x^2}{2}}$ は奇関数だから，原点まわりの 1 次モーメントは $E[X] = \displaystyle\int_{-\infty}^\infty \frac{1}{\sqrt{2\pi}} x e^{-\frac{x^2}{2}}\, dx = 0$，他方，原点まわりの 1 次絶対モーメントは次のように計算できる．

$$E[|X|] = \int_{-\infty}^{\infty} \frac{1}{\sqrt{2\pi}} |x| e^{-\frac{x^2}{2}} dx = \frac{2}{\sqrt{2\pi}} \int_0^{\infty} x e^{-\frac{x^2}{2}} dx = \sqrt{\frac{2}{\pi}} \left[-e^{-\frac{x^2}{2}} \right]_0^{\infty} = \sqrt{\frac{2}{\pi}}$$

4.8 $(x,y) \in [0,1] \times [0,1]$ の中で $y \leq 2x$ を満たす領域は $D = D_1 \cup D_2$ である．ここに，$D_1 = \{(x,y) : 0 \leq x \leq 1/2, \ 0 \leq y \leq 2x\}$, $D_2 = \{(x,y) : 1/2 \leq x \leq 1, \ 0 \leq y \leq 1\}$ である．$(x,y) \in [0,1] \times [0,1]$ のときは，題意より同時確率密度関数は $f_{XY}(x,y) = f_X(x)f_Y(y) = 1$ だから，次のように計算できる．

$$P(Y \leq 2X) = \iint_D f_{XY}(x,y)\,dxdy = \iint_{D_1} dxdy + \iint_{D_2} dxdy = \frac{3}{4}$$

4.9 $D = \{(x,y) : x \leq y, x \geq 0, y \geq 0\}$ とおく．題意より同時確率密度関数は $f_{XY}(x,y) = f_X(x)f_Y(y) = \lambda \lambda' e^{-(\lambda x + \lambda' y)}$ であるから，次のように計算できる．

$$P(X \leq Y) = \iint_D f_{XY}(x,y)\,dxdy = \int_0^{\infty} \left[\int_x^{\infty} \lambda \lambda' e^{-(\lambda x + \lambda' y)} dy \right] dx = \frac{\lambda}{\lambda + \lambda'}$$

4.10 $E[X] = \mu$ とおくと，$E[(X-c)^2] = E[(X-\mu+\mu-c)^2] = E[(X-\mu)^2] + 2E[(X-\mu)(\mu-c)] + E[(\mu-c)^2] = V[X] + (\mu-c)^2$ である．仮定より右辺は有界であるから，この値を最小にする c は明らかに $c = \mu$ である．

4.11 3つのさいころの目を確率変数 X, Y, Z で表す．明らかに X, Y, Z は独立であり，題意より $E[X] = E[Y] = E[Z] = (1+2+\cdots+6)/6 = 7/2$ である．よって，出る目の積 XYZ の平均は，性質 [E3] より $E[XYZ] = E[X]E[Y]E[Z] = (7/2)^3 = 343/8$ となる．

4.12 $Z = \dfrac{X - 60}{10}$ とおくと，Z は標準正規分布 $N(0,1)$ に従う．付表の正規分布表から以下がそれぞれ求められる．
(1) $P(X \leq 40) = P(Z \leq -2) = P(Z \geq 2) = 1/2 - P(0 \leq Z \leq 2) = 0.0228$
(2) $P(X \geq 90) = P(Z \geq 3) = 1/2 - P(0 \leq Z \leq 3) = 0.0013$
(3) $P(50 \leq X \leq 80) = P(-1 \leq Z \leq 2) = P(0 \leq Z \leq 2) + P(0 \leq Z \leq 1) = 0.8185$

4.13 (1) 題意より $E[X] = E[Y] = 0$ であるから，$E[Z] = E[X] + \alpha E[Y] = 0$．
(2) X, Y, Z はいずれも平均が 0 に等しいから，$Cov(Y,Z) = E[YZ] = E[Y(X + \alpha Y)] = E[XY] + \alpha E[Y^2] = Cov(X,Y) + \alpha V[Y] = \rho + \alpha$ が成り立つ．この値が 0 に等しいから，$\alpha = -\rho$ である．
(3) $V[Z] = E[Z^2] = E[(X - \rho Y)^2] = E[X^2] - 2\rho E[XY] + \rho^2 E[Y^2]$ であり，X, Y の平均が 0 であることから，$V[Z] = V[X] - 2\rho Cov(X,Y) + \rho^2 V[Y] = 1 - \rho^2$ と計算できる．

4.14 $\mu_X = E[X], \mu_Y = E[Y]$ とおく．$E[aX + bY + c] = a\mu_X + b\mu_Y + c$ であるから，$V[aX + bY + c] = E[\{aX + bY + c - (a\mu_X + b\mu_Y + c)\}^2] = E[\{a(X - \mu_X) + b(Y - \mu_Y)\}^2] = a^2 E[(X - \mu_X)^2] + 2ab E[(X - \mu_X)(Y - \mu_Y)] + b^2 E[(Y - \mu_Y)^2] = a^2 V[X] + 2ab Cov(X,Y) + b^2 V[Y]$ が成り立つ．X, Y が独立のときは，$Cov(X,Y) = 0$ であるから $V[aX + bY + c] = a^2 V[X] + b^2 V[Y]$ となる．

4.15 平均のまわりの 4 次モーメントの定義から，ガンマ関数を用いて計算する．

$$E[(X - \mu)^4] = \int_{-\infty}^{\infty} (x - \mu)^4 \frac{1}{\sqrt{2\pi \sigma^2}} \exp\left[-\frac{(x - \mu)^2}{2\sigma^2} \right] dx = \int_{-\infty}^{\infty} (\sigma t)^4 \frac{1}{\sqrt{2\pi}} e^{-\frac{t^2}{2}} dt$$

$$= \frac{2\sigma^4}{\sqrt{2\pi}} \int_0^\infty t^4 e^{-\frac{t^2}{2}} \, dt = \frac{2\sigma^4}{\sqrt{2\pi}} \int_0^\infty (2s)^2 e^{-s} \frac{ds}{\sqrt{2s}} = \frac{4\sigma^2}{\sqrt{\pi}} \Gamma\left(\frac{5}{2}\right) = 3\sigma^4$$

2番目の等号は $t = \dfrac{x-\mu}{\sigma}$ の変数変換, 3番目の等号は $t^4 e^{-\frac{t^2}{2}}$ が偶関数であること, 4番目の等号は $s = t^2/2$ の変数変換をそれぞれ用いた.

4.16 (1) 各 $i = 0, 1, 2$ に対して $f_X(i) = \sum_{j=0}^{2} f_{XY}(i,j) = \dfrac{1}{3}$, 各 $j = 0, 1, 2$ に対して $f_Y(j) = \sum_{i=0}^{2} f_{XY}(i,j) = \dfrac{1}{3}$ である. $f_{XY}(0,0) \neq f_X(0) f_Y(0)$ であるので X と Y は独立でない.

(2) $E[X] = 1$, $E[Y] = 1$ であるから, $Cov(X,Y) = E[(X-1)(Y-1)] = 1/6 \cdot (-1)^2 + 1/6 \cdot (-1) \cdot 1 + 1/6 \cdot 1 \cdot (-1) + 1/6 \cdot 1^2 + 1/3 \cdot 0^2 = 0$.

[解説] この例は, $Cov(X,Y) = 0$ であっても X と Y が独立にならない例である.

■ 第5章

問 5.1 $f(k)$ $(k \geq 0)$ を Y の確率関数とすると, 任意定数 $a > 0$ に対して

$$P(Y \geq a) = \sum_{k=\lceil a \rceil}^{\infty} f(k) \leq \sum_{k=\lceil a \rceil}^{\infty} \frac{k}{a} f(k) \leq \sum_{k=0}^{\infty} \frac{k}{a} f(k) = \frac{E[Y]}{a}$$

が成り立つ. ここに, $\lceil a \rceil$ は a 以上の最小の整数を表す. 最初の不等号は $a \leq \lceil a \rceil \leq k$ だから, 和をとる範囲内で $k/a \geq 1$ となることによる.

問 5.2 X_i $(i = 1, 2, \ldots, n)$ の独立性を考慮すると, $\dfrac{S_n}{n}$ の平均は $\bar{\mu}$, $V\left[\dfrac{S_n}{n}\right] = \dfrac{1}{n^2} \sum_{i=1}^{n} V[X_i] \leq \dfrac{V_{\max}}{n}$ となる. 後は, 大数の弱法則と同様にチェビシェフの不等式から導かれる.

問 5.3 式 (5.13) において $t' = x - t$ とおき, 変数変換すればよい.

問 5.4 $T = X + Y$ とおくと $S = T + Z$ となり, $f_S = f_T * f_Z = (f_X * f_Y) * f_Z$ が成り立つ. 他方, $T' = Y + Z$ とおくと $S = X + T'$ でもあるから, $f_S = f_X * f_{T'} = f_X * (f_Y * f_Z)$ が成り立つ.

■ 章末問題

5.1 $Y = aX + b$ より $E[Y] = aE[X] + b = a\mu + b$, $V[Y] = a^2 V[Y] = a^2 \sigma^2$ である. $E[Y] = 0$, $V[Y] = 1$ より $a\mu + b = 0$, $a^2 \sigma^2 = 1$ が得られ, $a > 0$ のもとで連立方程式を解くと, $a = 1/\sigma$, $b = -\mu/\sigma$ となる.

5.2 $E[S_n/n] = \mu$, $V[S_n/n] = \sigma^2/n$ (式 (5.1), (5.2) 参照).

5.3 略.

5.4 例題 5.2 参照.

5.5 X, Y は独立なので, S の確率密度関数はたたみ込み積分で計算できる. すなわち, f_X, f_Y, f_S をそれぞれ X, Y, S の確率密度関数とすれば,

$$f_S(x) = \int_{-\infty}^{\infty} f_X(t) f_Y(x-t) \, dt$$

である．X, Y は $U(0,1)$ に従うから，上式において，$f_X(t)$ が正になる t の範囲は $t \in [0,1]$，$f_Y(x-t)$ が正になる t の範囲は $t \in [x-1, x]$ なので，$f_X(t)f_Y(x-t)$ はこの 2 つの区間の共通部分に限り正の値となる．以下，4 つの場合に分けて考える．

(i) $x < 0$ のとき，区間 $[0,1]$ と $[x-1, x]$ は共通部分をもたないから，$f_S(x) = 0$．

(ii) $0 \leq x \leq 1$ のとき，区間 $[0,1]$ と $[x-1, x]$ の共通部分は $[0, x]$ であり，この区間においてのみ被積分関数は正となる．よって，次のように計算できる．

$$f_S(x) = \int_0^x f_X(t) f_Y(x-t)\, dt = \int_0^x 1\, dt = x$$

(iii) $1 < x \leq 2$ のとき，区間 $[0,1]$ と $[x-1, x]$ の共通部分は $[x-1, 1]$ となる．よって，次のように計算できる．

$$f_S(x) = \int_{x-1}^1 f_X(t) f_Y(x-t)\, dt = \int_{x-1}^1 1\, dt = 2 - x$$

(iv) $2 < x$ のとき，区間 $[0,1]$ と $[x-1, x]$ は共通部分をもたないから，$f_S(x) = 0$．

したがって，(i)～(iv) より S の確率関数は次のようになる．

$$f_S(x) = \begin{cases} x & (0 \leq x \leq 1) \\ 2-x & (1 < x \leq 2) \\ 0 & (それ以外) \end{cases}$$

5.6 式 (5.14) を用いて次のように，たたみ込み積分を計算する．

$$f_S(x) = \int_0^x f_X(t) f_Y(x-t)\, dt = \int_0^x \frac{\alpha^{\nu_1}}{\Gamma(\nu_1)} t^{\nu_1 - 1} e^{-\alpha t} \cdot \frac{\alpha^{\nu_2}}{\Gamma(\nu_2)} (x-t)^{\nu_2 - 1} e^{-\alpha(x-t)}\, dt$$

$$= \frac{\alpha^{\nu_1 + \nu_2}}{\Gamma(\nu_1) \Gamma(\nu_2)} e^{-\alpha x} \int_0^x t^{\nu_1 - 1} (x-t)^{\nu_2 - 1}\, dt$$

ここで，$u = t/x$ とおくと，$0 \leq u \leq 1$ であり，$dt = x\,du$ となるから，

$$\int_0^x t^{\nu_1 - 1} (x-t)^{\nu_2 - 1}\, dt = x^{\nu_1 + \nu_2 - 1} \int_0^1 u^{\nu_1 - 1} (1-u)^{\nu_2 - 1}\, du$$

$$= x^{\nu_1 + \nu_2 - 1} B(\nu_1, \nu_2) = x^{\nu_1 + \nu_2 - 1} \frac{\Gamma(\nu_1) \Gamma(\nu_2)}{\Gamma(\nu_1 + \nu_2)}$$

が得られる．最後の等号は，付録 A のベータ関数の性質 [B3] を用いた．よって，

$$f_S(x) = \frac{\alpha^{\nu_1 + \nu_2}}{\Gamma(\nu_1) \Gamma(\nu_2)} e^{-\alpha x} x^{\nu_1 + \nu_2 - 1} \frac{\Gamma(\nu_1) \Gamma(\nu_2)}{\Gamma(\nu_1 + \nu_2)} = \frac{\alpha^{\nu_1 + \nu_2}}{\Gamma(\nu_1 + \nu_2)} x^{\nu_1 + \nu_2 - 1} e^{-\alpha x}$$

となり，S がガンマ分布 $G(\alpha, \nu_1 + \nu_2)$ に従うことが示された．

5.7 (1) X, Y は独立だから，$P(S=4) = P(X=1)P(Y=3) + P(X=2)P(Y=2) + P(X=3)P(Y=1) = 3/64$．

(2) $S = k$ となる場合の数が一番多い $k = 9$ のときに，$P(S = k)$ は最大となる．

5.8 (1) (ア) 6/36　(イ) 4/36

(2) $V = U + Z$ と考える．$2 \leq U \leq 12$, $1 \leq Z \leq 6$ なので，$P(V = 8) = P(U = 2)P(Z = $

$6) + P(U = 3)P(Z = 5) + P(U = 4)P(Z = 4) + P(U = 5)P(Z = 3) + P(U = 6)P(Z = 2) + P(U = 7)P(Z = 1) = (1 + 2 + 3 + 4 + 5 + 6)/216 = 7/72$.

(3) $P(V = k) = \sum_{l=1}^{6} P(Z = l)P(U = k - l) = \frac{1}{6} \sum_{l=1}^{6} P(U = k - l)$ である. 表 5.1 より, $\sum_{l=1}^{6} P(U = k - l)$ の値を最大にする k の値は 10 または 11.

5.9 条件付き確率の定義から, 各 $k = 0, 1, \ldots, l$ に対して, $P(X = k | X + Y = l) = P(X = k$ かつ $X + Y = l)/P(X + Y = l)$ が成り立つ. この式の分子は

$$P(X = k \text{ かつ } X + Y = l) = P(X = k \text{ かつ } Y = l - k) = P(X = k)P(Y = l - k)$$
$$= e^{-\lambda_1} \frac{\lambda_1^k}{k!} e^{-\lambda_2} \frac{\lambda_2^{l-k}}{(l-k)!} = \frac{e^{-(\lambda_1+\lambda_2)}}{l!} \binom{l}{k} \lambda_1^k \lambda_2^{l-k}$$

と書ける (2 番目の等号は X, Y が独立であることから, 3 番目の等号は X, Y がそれぞれ $Po(\lambda_1)$, $Po(\lambda_2)$ に従うことから, 4 番目の等号は 2 項係数の定義から, それぞれいえる). 一方, 分母は, $(X, Y) = (0, l), (1, l-1), \ldots, (l, 0)$ の各場合の確率の和であるから,

$$P(X + Y = l) = \sum_{k=0}^{l} P(X = k \text{ かつ } Y = l - k) = \sum_{k=0}^{l} \frac{e^{-(\lambda_1+\lambda_2)}}{l!} \binom{l}{k} \lambda_1^k \lambda_2^{l-k}$$
$$= \frac{e^{-(\lambda_1+\lambda_2)}}{l!} (\lambda_1 + \lambda_2)^l$$

と変形できる. 最後の等号では 2 項定理を用いた. これらの式から題意の式が得られる.

5.10 (1) 題意より $P(X_1 = k) = P(X_2 = k) = p(1-p)^k$ であるから, 次のように計算できる.

$$f_Y(k) = P(Y = k) = \sum_{l=0}^{k} P(X_1 = l)P(X_2 = k - l) = \sum_{l=0}^{k} p(1-p)^l p(1-p)^{k-l} = (k+1)p^2(1-p)^k$$

(2) $r = 2$ のときは (1) で示した. $r = m \geq 2$ のとき

$$P(X_1 + X_2 + \cdots + X_m = k) = \binom{m + k - 1}{k} p^m (1-p)^k \quad (k = 0, 1, 2, \ldots)$$

が成り立つと仮定する. $V = X_1 + X_2 + \cdots + X_m$ とおくと, $r = m + 1$ のとき V と X_{m+1} は独立であり, 任意整数 $k \geq 0$ に対して

$$P(Z = k) = \sum_{l=0}^{k} P(V = l)P(X_{m+1} = k - l) = \sum_{l=0}^{k} \binom{m + l - 1}{l} p^m (1-p)^l p(1-p)^{k-l}$$
$$= p^{m+1}(1-p)^k \sum_{l=0}^{k} \binom{m + l - 1}{l}$$

が成り立つ. ここで, 2 項係数について成り立つ関係式 $\binom{m}{n} = \binom{m-1}{n} + \binom{m-1}{n-1}$ を繰り返し

用いて, $\binom{m}{0} = \binom{m-1}{0} = 1$ に注意すると, $\sum_{l=0}^{k}\binom{m+l-1}{l} = \binom{m+k}{k}$ がいえる. これで, $r = m+1$ のときも題意が成り立つことが示された.

5.11 (1) 例題 5.3 参照.
(2) $r = 2$ のときは (1) で示した. $r = m \geq 2$ のとき $V = X_1 + X_2 + \cdots + X_m$ がガンマ分布 $G(\lambda, m)$ に従うと仮定する. $r = m+1$ のとき V と X_{m+1} は独立であり, $Z = V + X_{m+1}$ の確率密度関数について

$$f_Z(x) = \int_{-\infty}^{\infty} f_V(t) f_{X_{m+1}}(x-t)\, dt = \int_0^x \frac{1}{\Gamma(m)} \lambda^m t^{m-1} e^{-\lambda t} \lambda e^{-\lambda(x-t)}\, dt$$

$$= \frac{1}{\Gamma(m)} \lambda^{m+1} e^{-\lambda x} \int_0^x t^{m-1}\, dt = \frac{1}{\Gamma(m+1)} \lambda^{m+1} e^{-\lambda x}$$

が成り立つ. これは Z が $G(\lambda, m+1)$ に従うことを意味する.

[解説] 指数分布 $Ex(\lambda)$ はガンマ分布 $G(\lambda, 1)$ と一致するが, 章末問題 5.6 よりガンマ分布は再生性をもつため, Z はガンマ分布 $G(\lambda, n)$ に従うと考えてもよい.

5.12 $t > 0$ であるから $X \geq a$ より $tX \geq ta$ であり, さらに指数関数 e^u が u に関して単調増加であることを使えば, $e^{tX} \geq e^{ta}$ が成り立つ. さらに, e^{tX} が非負の値をとる確率変数であることに注意すれば, マルコフの不等式より $P(X \geq a) = P(tX \geq ta) = P(e^{tX} \geq e^{ta}) \leq E[e^{tX}]/e^{ta}$ となる.

5.13 $m = E[S] = n/2$ であるから, 不等式 (5.17) において $\delta = \sqrt{6 \ln n/n}$ ととれば, 題意の式が得られる.

■第6章

問 6.1 $e^{\lambda z}$ の $z = 0$ のまわりのテイラー展開を利用して, 次のように導かれる.

$$G(z) = \sum_{k=0}^{\infty} e^{-\lambda} \frac{\lambda^k}{k!} z^k = e^{-\lambda} \sum_{k=0}^{\infty} \frac{(\lambda z)^k}{k!} = e^{-\lambda} e^{\lambda z} = e^{\lambda(z-1)}$$

また, $G'(z) = \lambda e^{\lambda(z-1)}$, $G''(z) = \lambda^2 e^{\lambda(z-1)}$ であるから, $E[X] = G'(1) = \lambda$, $V[X] = G''(1) + G'(1) - (G'(1))^2 = \lambda$ である.

問 6.2 $S_r = X_1 + X_2 + \cdots + X_r$ とおく. $r = 2$ のときはすでに示したので, $r \geq 2$ で $G_{S_r}(z) = G_{X_1}(z) \cdots G_{X_r}(z)$ が成り立つと仮定する. このとき, $S_{r+1} = S_r + X_{r+1}$ であり, S_r と X_{r+1} は独立であるから, $G_{S_{r+1}}(z) = G_{S_r}(z) G_{X_{r+1}}(z) = G_{X_1}(z) \cdots G_{X_r}(z) G_{X_{r+1}}(z)$ がいえる.

問 6.3 $i = 1, 2, \ldots, r$ に対して $G_{X_i}(z) = (pz+q)^{n_i}$ であるから, $G_S(z) = G_{X_1}(z) \cdots G_{X_r}(z) = (pz+q)^{n_1+\cdots+n_r}$ がいえる. これは, S が 2 項分布 $B(n_1 + \cdots + n_r; p)$ に従うことを意味する.

問 6.4 $i = 1, 2, \ldots, r$ に対して $G_{X_i}(z) = e^{\lambda_i(z-1)}$ であるから, $G_S(z) = G_{X_1}(z) \cdots G_{X_r}(z) = e^{(\lambda_1+\cdots+\lambda_r)(z-1)}$ がいえる. これは, S がポアソン分布 $Po(\lambda_1 + \cdots + \lambda_r)$ に従うことを意味する.

問 6.5 モーメント母関数の定義より $M(\theta) = \int_{-\infty}^{\infty} e^{\theta x} \frac{1}{\sqrt{2\pi\sigma^2}} e^{-\frac{(x-\mu)^2}{2\sigma^2}}\, dx$ であるが, 指数部は平方完成すると $\theta x - \frac{(x-\mu)^2}{2\sigma^2} = -\frac{1}{2\sigma^2} \{x - (\sigma^2\theta + \mu)\}^2 + \mu\theta + \frac{\sigma^2\theta^2}{2}$ となるので, モーメント母関

数は
$$M(\theta) = e^{\mu\theta + \frac{\sigma^2\theta^2}{2}} \frac{1}{\sqrt{2\pi\sigma^2}} \int_{-\infty}^{\infty} e^{-\frac{1}{2\sigma^2}\{x-(\sigma^2\theta+\mu)\}^2} dx = e^{\mu\theta + \frac{\sigma^2\theta^2}{2}}$$
と計算できる．最後の等号は，変数変換 $x' = \frac{1}{\sigma}\{x - (\sigma^2\theta + \mu)\}$ を用いた．

問 6.6 $Y = aX + b$ のときに $\varphi_Y(t) = e^{itb}\varphi_X(at)$ であり，$\varphi_X(t) = e^{-\frac{t^2}{2}}$ であるから，$\varphi_Y(t) = e^{it\mu}e^{-\frac{(\sigma t)^2}{2}} = e^{i\mu t - \frac{\sigma^2}{2}t^2}$ である．これは正規分布 $N(\mu, \sigma^2)$ の特性関数に一致する．

問 6.7 定理 6.2 の証明と同様なので，省略．

■ 章末問題

6.1 例 6.1 を参照のこと．

6.2 問 6.1 の解答を参照のこと．

6.3 2 項分布 $B(n;p)$ の確率母関数 $G(z) = (pz + 1 - p)^n$ であることから，$p = 9/10$, $n = 8$ となり，X は $B(8; 9/10)$ に従う．

6.4 ポアソン分布 $Po(\lambda)$ の確率母関数は $G(z) = e^{\lambda(z-1)}$ であることから，$\lambda = 1/2$ である．すなわち，X は $Po(1/2)$ に従う．

6.5 確率変数 X, Y は独立なので，X, Y, S の確率母関数の間には $G_S(z) = G_X(z)G_Y(z)$ の関係が成り立つ（定理 6.1）．また，確率関数と確率母関数は 1 対 1 に対応する．すなわち，S の確率母関数が $G(z) = (pz + 1 - p)^{m+n}$ なので，S は 2 項分布 $B(m+n; p)$ に従う．

6.6 章末問題 6.5 と同様に，S の確率母関数は $G(z) = e^{(\lambda_1+\lambda_2)(z-1)}$ となるので，S は $Po(\lambda_1 + \lambda_2)$ に従う．

6.7 $N(\mu, \sigma^2)$ の特性関数と見比べる．$\varphi_Y(t)$ をみると $\mu = 0$, $\sigma^2 = 1$ となっていることがわかるので，Y が従う分布は標準正規分布 $N(0, 1)$ である．同様に，$\varphi_Z(t)$ は $\mu = -1$, $\sigma^2 = 4$ の場合なので，Z が従う分布は $N(-1, 4)$ となる．

6.8 $S = X + Y$ で X, Y は独立だから，S の特性関数について $\varphi_S(t) = \varphi_X(t)\varphi_Y(t)$ が成り立っている（定理 6.2）．一方，$\varphi_X(t) = \exp[it - 2t^2]$ であり，$\varphi_Y(t) = \exp[-2it - (1/2)t^2]$ であるから，$\varphi_S(t) = \exp[-it - (5/2)t^2]$ となる．よって，S は正規分布 $N(-1, 5)$ に従う．

6.9 平均と分散の性質より，$E[S_n^*] = 0$, $V[S_n^*] = 1$ である．

6.10 正規分布に従う独立な確率変数の和が正規分布に従うこと．

6.11 S_n^* の分布が，もとの分布によらず $n \to \infty$ で $N(0, 1)$ に近づく性質（定理 6.3）．

6.12 (1) $G(z) = \sum_{k=0}^{\infty} f(k)z^k = \sum_{k=0}^{\infty} pq^k z^k = p \sum_{k=0}^{\infty} (qz)^k = \frac{p}{1-qz}$.

(2) $G'(z) = pq/(1-qz)^2$, $G''(z) = 2pq^2/(1-qz)^3$ を利用する．$q = 1 - p$ に注意すると，$E[X] = G'(1) = q/p$, $V[X] = G''(1) + G'(1) - (G'(1))^2 = q/p^2$ が求められる．

(3) $X_1, X_2, \ldots, X_r$ は独立に幾何分布 $Ge(p)$ に従うから，定理 6.1 より $G_S(z) = \left(\frac{p}{1-qz}\right)^r$．

(4) (3) で求めた $G_S(z)$ は，表 6.1 の負の 2 項分布 $Nb(r, p)$ の確率母関数と一致する．

6.13 (1) $Ex(\lambda)$ の確率密度関数は，$x \geq 0$ のとき $f(x) = \lambda e^{-\lambda x}$, $x < 0$ のとき $f(x) = 0$ である．よって，任意の $0 \leq \theta < \lambda$ に対して次式が成り立つ．
$$M(\theta) = \int_0^{\infty} e^{\theta x} \lambda e^{-\lambda x} dx = \lambda \left[-\frac{e^{-(\lambda-\theta)x}}{\lambda-\theta}\right]_0^{\infty} = \frac{\lambda}{\lambda-\theta}$$

(2) (1) の結果の分子分母を λ で割り，無限級数の和の公式を用いると $M(\theta) = \dfrac{1}{1-\theta/\lambda} = \sum_{l=0}^{\infty} \dfrac{1}{\lambda^l}\theta^l$ がわかる．他方，式 (6.13) より，モーメント母関数と原点まわりの l 次モーメント $M_l = E[X^l]$ の間には $M(\theta) = \sum_{l=0}^{\infty} \dfrac{M_l}{l!}\theta^l$ の関係があるから，θ^l の係数を比較して，$M_l = \dfrac{l!}{\lambda^l}$ $(l \geq 1)$ となる．

6.14 一様分布 $U(a,b)$ の確率密度関数は $f(x) = \dfrac{1}{b-a}$ $(x \in [a,b])$ であるから，$M(\theta) = \displaystyle\int_a^b \dfrac{e^{\theta x}}{b-a}\,dx = \left[\dfrac{e^{\theta x}}{\theta(b-a)}\right]_a^b = \dfrac{e^{\theta b}-e^{\theta a}}{\theta(b-a)}$．

6.15 (1) ポアソン分布 $Po(\lambda)$ のモーメント母関数は，確率母関数の z を e^θ で置き換えて $M(\theta) = e^{\lambda(e^\theta-1)}$ となるので，$\log M(\theta) = \lambda(e^\theta-1) = \sum_{k=1}^{\infty} \dfrac{\lambda}{k!}\theta^k$ となる．最後の等号は e^θ のテイラー級数展開 $(e^\theta = 1+\theta+\theta^2/2!+\cdots)$ を用いた．よって，$c_k = \lambda$ $(k=1,2,\ldots)$ である．
(2) 正規分布 $N(\mu,\sigma^2)$ のモーメント母関数が式 (6.15) の形になることから明らかである．

6.16 (1) X_i の特性関数は，章末問題 6.13(1) で求めた $M(\theta)$ に $\theta = it$ を代入して，$\varphi_{X_i}(t) = \dfrac{\lambda}{\lambda-it}$ となる．$X_1, X_2, \ldots, X_t$ が独立で同一の分布 $Ex(\lambda)$ に従うから，定理 6.2 より $\varphi_S(t) = \left(\dfrac{\lambda}{\lambda-it}\right)^r$．
(2) 表 6.2 より，ガンマ分布 $G(\lambda,r)$ の特性関数は設問 (1) の $\varphi_S(t)$ と一致する．

6.17 (1) 複素関数 $f(z) = \dfrac{1}{\pi(z^2+1)}$ は $z = \pm i$ で 1 位の極をもつ．十分大きな R に対して実軸上の 2 点 $(-R,0), (R,0)$ を結ぶ線分を C_1，$(R,0)$ から $(-R,0)$ へ至る上半平面内の半円を C_2，$C = C_1 \cup C_2$ とすれば，$\displaystyle\int_{C_1} f(z)e^{itz}\,dz + \int_{C_2} f(z)e^{itz}\,dz = \int_C f(z)e^{itz}\,dz$ であり，留数定理より

$$\int_C f(z)e^{itz}\,dz = 2\pi i \operatorname*{Res}_{z=i} f(z) = 2\pi i\left[(z-i)\dfrac{e^{itz}}{\pi(z+i)(z-i)}\right]_{z=i} = e^{-t}$$

が成り立つ．$\operatorname*{Res}_{z=i} f(z)$ は $z = i$ における $f(z)$ の留数を表す．他方，

$$\int_{C_1} f(z)e^{itz}\,dz = \int_{-R}^{R} \dfrac{e^{itz}}{\pi(x^2+1)}\,dx \to \varphi_X(t) \quad (R\to\infty)$$

であり，$t>0$ に対しては C_2 上の $z = Re^{i\beta}$ $(0 \leq \beta \leq \pi)$ を満たすすべての点で e^{itz} の実部が負になることから，

$$\left|\int_{C_2} f(z)e^{itz}\,dz\right| = \left|\int_0^\pi \dfrac{e^{itRe^{i\beta}}}{\pi(R^2 e^{2i\beta}+1)}\cdot Re^{i\beta}\,d\beta\right| \leq \dfrac{R}{R^2-1} \to 0 \quad (R\to\infty)$$

がいえるので，$\varphi_X(t) = e^{-t}$ が導かれる．$t<0$ の場合も下半平面を通る半円を考えて同様に議論すれば $\varphi_X(t) = e^t$ がいえる．よって，$\varphi_X(t) = e^{-|t|}$ である．この式は，$t=0$ の場合も明らかに成立している．
(2) $Y = \alpha X + \mu$ とすると，Y はコーシー分布 $C(\mu,\alpha)$ に従う．式 (6.21) より，$\varphi_Y(t) = e^{i\mu t}e^{-|\alpha t|} = \exp[i\mu t - \alpha|t|]$ がいえる（$\alpha > 0$ に注意）．

(3) X_i の特性関数は $\varphi_{X_i}(t) = \exp[i\mu_i t - \alpha_i |t|]$ なので，定理 6.2 より $\varphi_S(t) = \exp[i\mu' t - \alpha'|t|]$ がいえる．これは，S がコーシー分布 $C(\mu', \alpha')$ に従うことを意味する．

6.18 $\varphi_X(t) = \exp\left[i\mu t - \dfrac{\sigma^2}{2}t^2\right]$ であり，式 (6.21) より $\varphi_Y(t) = e^{ibt}\varphi_X(at)$ が成り立つから，

$\varphi_Y(t) = \exp\left[i(a\mu + b)t - \dfrac{a^2\sigma^2}{2}t^2\right]$ となる．これは，Y が正規分布 $N(a\mu + b, a^2\sigma^2)$ に従うことを意味する．

[注意] 正規分布の再生性を既知として，平均と分散の性質から $E[Y] = aE[X] + b = a\mu + b$, $V[Y] = a^2 V[X] = a^2\sigma^2$ となることを用いて，$Y \sim N(a\mu + b, a^2\sigma^2)$ を結論づけてもよい．

6.19 X, Y, Z は標準正規分布に従うから，特性関数は $\varphi_X(t) = \varphi_Y(t) = \varphi_Z(t) = e^{-\frac{t^2}{2}}$ である．X, Y, Z は独立なので，U の特性関数は $\varphi_U(t) = \varphi_X(t)\varphi_Y(t)\varphi_Z(t) = e^{-\frac{3}{2}t^2}$．よって，$U$ は $N(0, 3)$ に従う．一方，$W = U/\sqrt{3}$ であり，$\varphi_W(t) = E[e^{itW}] = E[e^{i(t/\sqrt{3})U}] = \varphi_U(t/\sqrt{3})$ であるから，$\varphi_W(t) = e^{-\frac{t^2}{2}}$ がいえ，W は $N(0, 1)$ に従う．

6.20 $X_i \ (1 \leq i \leq n)$ を i 回目のコイン投げの結果が表のとき 1，裏のとき 0 をとる確率変数とすると，$X_1, X_2, \ldots, X_n$ は独立で 2 点分布 $B(1; p)$ に従い，$E[X_1] = 1/2, V[X_1] = 1/4$ である．$S = X_1 + X_2 + \cdots + X_n$ は n 回のコイン投げで表の出る回数だから，中心極限定理より $\dfrac{X - n/2}{\sqrt{n}/2}$ の分布は n が十分大きいときには $N(0, 1)$ で近似できる．正規分布表より

$$P\left(\left|\dfrac{X - n/2}{\sqrt{n}/2}\right| \leq 2.58\right) = P\left(\left|\dfrac{X}{n} - \dfrac{1}{2}\right| \leq \dfrac{2.58}{2\sqrt{n}}\right) = 0.99$$

であるので，$\dfrac{2.58}{2\sqrt{n}} \leq 0.01$ であれば題意を満たす．よって，$n \geq 16641$ となり，およそ 16700 回となる．

■第7章

問 7.1 確率変数 X がガンマ分布 $G(\alpha, \nu)$ に従うとき，$E[X] = \nu/\alpha, V[X] = \nu/\alpha^2$ であり，自由度 n の χ^2 分布の場合は $\alpha = 1/2, \nu = n/2$ であるから，$E[X] = n, V[X] = 2n$ となる．

問 7.2 $\chi^2_{10}(0.025) = 20.5, \quad \chi^2_{10}(0.975) = 3.25$

問 7.3 $\dfrac{X_1 - \mu}{\sigma}, \dfrac{X_2 - \mu}{\sigma}, \dfrac{X_3 - \mu}{\sigma}$ は独立で，いずれも標準正規分布に従うので，それらの 2 乗和となっている確率変数 Y は自由度 3 の χ^2 分布に従う．

問 7.4 $t_{20}(0.05) = 2.086, \quad t_{10}(0.01) = 3.169$

問 7.5 $F_{4,6}(0.05) = 4.53, \quad F_{6,4}(0.95) = 1/F_{4,6}(0.05) = 0.221$

問 7.6 x_i を $\dfrac{x_i - \mu}{\sigma}$ とすると，式 (7.17) は $y_1^2 + y_2^2 + y_3^2 = \dfrac{1}{\sigma^2}\{(x_1 - \mu)^2 + (x_2 - \mu)^2 + (x_3 - \mu)^2\}$ となるので，定理 7.7 の証明と同様に，$f(y_1, y_2, y_3)$ は標準正規分布の確率密度関数になる．

問 7.7 各ベクトルの係数はベクトルの大きさを 1 にするためのものである．e_1 はすべての成分が 1 であり，e_i は第 $i-1$ 成分まで 1，第 i 成分が $-(i-1)$，第 $i+1$ 成分から先は 0 である．各ベクトルが直交することは各自で確認すること．

問 7.8 $\displaystyle\sum_{i=1}^{n}(X_i - \overline{X})^2 = \sum_{i=1}^{n} X_i^2 - 2\overline{X}\sum_{i=1}^{n} X_i + n\overline{X}^2 = \sum_{i=1}^{n} X_i^2 - 2\overline{X} \cdot n\overline{X} + n\overline{X}^2 = \sum_{i=1}^{n} X_i^2 - n\overline{X}^2$

■章末問題

7.1 (1) 母集団分布に従う独立な確率変数で $E[X_i] = \mu$, $V[X_i] = \sigma^2$ $(i = 1, 2, \ldots, n)$ を満たす.
(2) $\overline{X} = \dfrac{1}{n}\sum_{i=1}^{n} X_i$, $E[\overline{X}] = \mu$, $V[\overline{X}] = \dfrac{\sigma^2}{n}$ (3) $S^2 = \dfrac{1}{n-1}\sum_{i=1}^{n}(X_i - \overline{X})^2$, $E[S^2] = \sigma^2$

7.2 中心極限定理より $N(0,1)$ に従うと考えることができる.

7.3 (1) 正規分布 $N(\mu, \sigma^2/n)$ (2) 標準正規分布 $N(0,1)$ (3) 自由度 $n-1$ の χ^2 分布
(4) 独立である（定理 7.7）   (5) 自由度 $n-1$ の t 分布（定理 7.8）

7.4 $n = 100$ は十分大きいと考えて，中心極限定理より $\dfrac{\overline{X} - \mu}{\sigma/\sqrt{n}}$ が $N(0,1)$ に従うと考える（定理 7.3）．$P(\overline{X} > 123) = P\left(\dfrac{\overline{X} - 120}{30/\sqrt{100}} > 1\right)$ であることと正規分布表より，求める答えは 0.1587.

7.5 (1) 自由度 n の χ^2 分布   (2) 自由度 n の t 分布   (3) 自由度 $(2, n-1)$ の F 分布

7.6 (1) 大数の弱法則からいえる.   (2) 中心極限定理より $N(0,1)$ に漸近する.

(3) $E[(X_i - \mu)(\overline{X} - \mu)] = E\left[(X_i - \mu) \cdot \dfrac{1}{n}\sum_{j=1}^{n}(X_j - \mu)\right]$

$= \dfrac{1}{n}E\left[\sum_{j=1, j \neq i}^{n}(X_i - \mu)(X_j - \mu) + (X_i - \mu)^2\right]$

$= \dfrac{1}{n}\sum_{j=1, j \neq i}^{n}E[X_i - \mu]E[X_j - \mu] + \dfrac{1}{n}E[(X_i - \mu)^2] = \dfrac{\sigma^2}{n}$

最後から 2 番目の等号は，平均の性質 [E2], [E3] より従う.

■第 8 章

問 8.1 $E[U^2] = E\left[\dfrac{1}{n}\sum_{i=1}^{n}(X_i - \mu)^2\right] = \dfrac{1}{n}\sum_{i=1}^{n}E[(X_i - \mu)^2] = \dfrac{1}{n}\sum_{i=1}^{n}\sigma^2 = \sigma^2$

問 8.2 $v = \sigma^2$ とおき，式 (8.4) の右辺を $L(\boldsymbol{X}|v)$ とみて（μ は既知なので変数は v のみ）v で微分して 0 とおき，v について解くと，$\hat{\sigma}^2 = \dfrac{1}{n}\sum_{i=1}^{n}(X_i - \mu)^2$ が求められる.

問 8.3 $V = 2.667$, $\chi^2_{12}(0.025) = 23.34$, $\chi^2_{12}(0.975) = 4.404$ より，母分散 σ^2 の 95% 信頼区間は $[1.371, 7.266]$ となる.

■章末問題

8.1 (1) θ を推定したい母集団分布の未知パラメータとし，$X_1, X_2, \ldots, X_n$ を母集団から単純ランダムサンプリングにより抽出された標本とするとき，$E[\hat{\theta}] = \theta$ を満たす推定量 $\hat{\theta} = \hat{\theta}(X_1, X_2, \ldots, X_n)$ を不偏推定量という．不偏推定量の分散はできるだけ小さいほうがよいが，不偏推定量の分散の下界はクラメル・ラオの不等式によって与えらえる．

(2) θ を推定したい母集団分布のパラメータ，$f(x|\theta)$ を母集団分布の確率密度関数とする．母集団から単純ランダムサンプリングにより抽出された標本 $\boldsymbol{X} = (X_1, X_2, \ldots, X_n)$ を固定して定まる尤度

関数 $f_{\boldsymbol{X}}(\boldsymbol{X}|\theta) = \prod_{i=1}^{n} f(X_i|\theta)$ を最大にする母集団分布のパラメータ θ を推定量としたものが，最尤推定量である．

(3) θ を推定したい母集団分布のパラメータとし，$X_1, X_2, \ldots, X_n$ を母集団から単純ランダムサンプリングにより抽出された標本とする．あらかじめ定めた信頼度 $1-\alpha$ に対して，確率 $1-\alpha$ で θ が属すると考えられる区間を推定することを区間推定という．

8.2 $\overline{X}_1, \overline{X}_2$ は母平均の不偏推定量であるから，$E[\overline{X}_1] = E[\overline{X}_2] = \mu$ である．また，不偏分散 S^2 が母分散の不偏推定量であり，$\tilde{S}^2 = \dfrac{n-1}{n}S^2$ が成り立つ（定理 7.5）ことから，$E[\tilde{S}_1^2] = \dfrac{m-1}{m}\sigma^2$，$E[\tilde{S}_2^2] = \dfrac{n-1}{n}\sigma^2$ が成り立つ．これらの関係式と，平均の性質より簡単に題意が従う．

8.3 $E[U] = \theta$ を示せばよい．確率変数 $X_1, X_2, \ldots, X_n$ はいずれも母集団分布に従うので平均は等しく，$E[X_1] = \displaystyle\int_0^\infty xf(x)\,dx = \int_0^\infty \dfrac{1}{\theta^2}x^2 e^{-\frac{x}{\theta}}\,dx = 2\theta$ となる $\left(t = \dfrac{x}{\theta} \text{とおきガンマ関数を利用}\right)$ ので，平均の性質 [E2] より $E[U] = \dfrac{1}{2n}\displaystyle\sum_{i=1}^{n}E[X_i] = \theta$ がいえる．

8.4 確率変数 $X_1, X_2, \ldots, X_n$ は独立で同一の母集団分布に従うので，$V[U] = \dfrac{1}{4n^2}\displaystyle\sum_{i=1}^{n}V[X_i] = \dfrac{1}{4n}V[X_1]$ である．ここで，$E[X_1^2] = \displaystyle\int_0^\infty x^2 f(x)\,dx = \int_0^\infty \dfrac{1}{\theta^2}x^3 e^{-\frac{x}{\theta}}\,dx = 6\theta^2$ であるから，$V[X_1] = E[X_1^2] - (E[X_1])^2 = 2\theta^2$ であり，$V[U] = \dfrac{1}{4n}V[X_1] = \dfrac{\theta^2}{2n}$ となる．他方，フィッシャー情報量は，$\log f(x|\theta) = -\dfrac{x}{\theta} + \log x - 2\log\theta$ より $\dfrac{\partial}{\partial \theta}\log f(x|\theta) = \dfrac{x}{\theta^2} - \dfrac{2}{\theta} = \dfrac{1}{\theta^2}(x - 2\theta)$ となるため，$I(\theta) = E\left[\left(\dfrac{\partial}{\partial \theta}\log f(x|\theta)\right)^2\right] = \dfrac{1}{\theta^4}E[(X_1 - 2\theta)^2] = \dfrac{1}{\theta^4}V[X_1] = \dfrac{2}{\theta^2}$．よって，クラメル・ラオの不等式の右辺 $\dfrac{1}{nI(\theta)} = \dfrac{\theta^2}{2n}$ は $V[U]$ に一致する．

8.5 標本は独立だから，$\boldsymbol{X} = (X_1, X_2, \ldots, X_n)$ の同時確率密度関数 $f_{\boldsymbol{X}}(\boldsymbol{X})$ は $f_{\boldsymbol{X}}(\boldsymbol{X}) = f(X_1)f(X_2)\cdots f(X_n) = \dfrac{1}{(2\theta^3)^n}(X_1 X_2 \cdots X_n)^2 e^{-\frac{n\overline{X}}{\theta}}$ と書けるので，$\log f_{\boldsymbol{X}}(\boldsymbol{X}) = -\dfrac{n\overline{X}}{\theta} + 2\log(X_1 X_2 \cdots X_n) - 3n\log\theta - n\log 2$ である．$\dfrac{\partial}{\partial \theta}\log f_{\boldsymbol{X}}(\boldsymbol{X}) = \dfrac{n\overline{X}}{\theta^2} - \dfrac{3n}{\theta} = 0$ を解いて，$\theta_{\mathrm{ML}} = \dfrac{\overline{X}}{3}$ が求められる．

8.6 ガンマ関数を用いて $E[X_1] = \displaystyle\int_0^\infty xf(x)\,dx = \int_0^\infty \dfrac{1}{2\theta^3}x^3 e^{-\frac{x}{\theta}}\,dx = 3\theta$ が計算できるから，$E[\overline{X}] = E[X_1] = 3\theta$ となり，$E[\hat{\theta}_{\mathrm{ML}}] = E[\overline{X}/3] = \theta$ が得られる．これは最尤推定量 $\hat{\theta}_{\mathrm{ML}}$ が不偏推定量でもあることを意味する．

8.7 $n = 10$ は小標本なので，t 分布を用いた区間推定を行う．標本平均は $\overline{X} = 72$，不偏分散は $S^2 = \dfrac{2}{3}$ であり，S^2 が自由度 9 の χ^2 分布に従うことから $T = \dfrac{\overline{X} - \mu}{S/\sqrt{n}}$ は自由度 9 の t 分布に従う．ま

た，t 分布表より $t_9(0.05) = 2.26$ なので，母平均の 95% 信頼区間は $\overline{X} - 2.26 \frac{S}{\sqrt{n}} \leq \mu \leq \overline{X} + 2.26 \frac{S}{\sqrt{n}}$ となる．具体的に数値を代入して，95% 信頼区間は $[71.42, 72.58]$ となる．

8.8 標本比率は $R = \frac{216}{400} = 0.54$ である．母比率 p の 95% 信頼区間は $R - 1.96\sqrt{\frac{R(1-R)}{n}} \leq p \leq R + 1.96\sqrt{\frac{R(1-R)}{n}}$ より $[0.491, 0.589]$ となる．よって，4910 人以上 5890 人以下と考えられる．

■ 第 9 章

問 9.1 $|Z| = \left|\frac{\overline{X} - 1000}{5/3}\right| \leq 1.96$ を $\overline{X}$ について解いて，$996.73 \leq \overline{X} \leq 1003.27$ となる．

［解説］もちろん，例題 9.1 の $\overline{X} = 1004$ はこの範囲には入らない．

問 9.2 $|Z| = \left|\frac{\overline{X} - 1000}{5/3}\right| \leq 2.58$ を $\overline{X}$ について解いて，$995.70 \leq \overline{X} \leq 1004.30$ となる．

［解説］有意水準 1% にすると，$\overline{X}$ を棄却しない範囲が広がり，例題 9.1 の $\overline{X} = 1004$ はこの範囲に入るが，その分第 2 種の誤り確率も増える．

問 9.3 $Z = \frac{\overline{X} - m}{\sigma/\sqrt{n}} = \frac{\overline{X} - 1000}{5/3} \geq -1.65$ を解いて，$\overline{X} \geq 997.25$ となる．

問 9.4 Z が標準正規分布に従うとき，$P(Z \geq -2.33) = 0.99$ となるから，$Z < -2.33$ なら帰無仮説を棄却し，そうでなければ帰無仮説を棄却しないという検定をすればよい．この場合も $Z = -1.2 > -2.33$ となるから，帰無仮説は棄却されない．

問 9.5 $|T| = \left|\frac{\overline{X} - 1000}{5/3}\right| \leq 2.306$ を $\overline{X}$ について解いて，$996.16 \leq \overline{X} \leq 1003.84$ となる．

［解説］問 9.1 と比べると，分散が未知の分だけ，帰無仮説が棄却されない $\overline{X}$ の範囲は少し広くなる．

■ 章末問題

9.1 9.1 節参照．

9.2 (1) 判断を誤ってしまうのは，表が 5 回または 0 回のときだから，$p = 1/2$ を考慮して，$(1/2)^5 \times 2 = 1/16$．

(2) $p = 2/3$ のときに，表が 5 回または 0 回出る確率を求めればよい．この確率は $(2/3)^5 + (1/3)^5 = 33/243 = 11/81$．意外と小さい値である．

［解説］この問題は，帰無仮説を $H_0 : p = 1/2$，対立仮説を $H_1 : p \neq 1/2$ とするときに，両側検定を用いて第 1 種の誤り確率と検出力を求める問題になっている．

9.3 (1) 判断を誤ってしまうのは，表が 4 回または 5 回のときだから，$p = 1/2$ を考慮して，$5 \cdot (1/2)^5 + (1/2)^5 = 3/16$．

(2) 偏りが検出できるのは表が 4 回または 5 回のときだから，$5 \cdot (3/4)^4 (1/4) + (3/4)^5 = 81/128$．

［解説］この問題は，帰無仮説を $H_0 : p = 1/2$，対立仮説を $H_1 : p > 1/2$ とするときに，片側検定を用いて第 1 種の誤り確率と検出力を求める問題になっている．

9.4 標本の大きさ 100 は大標本である．9.2.3 項の両側検定を用いる．この問題では $Z =$

$\dfrac{1001.5 - 1001.0}{3/\sqrt{100}} = 1.67 < 1.96$ なので,この値は有意水準 5% で有意ではない.

9.5 標本が 8 個でかつ母分散が未知なので,9.2.4 項の t 分布を用いた片側検定を行う.帰無仮説のもとで,$T = \dfrac{\overline{X} - 80}{S/\sqrt{8}}$ は自由度 7 の t 分布に従うことに注意する.実際に $\overline{X} = 79.2$,$S = 1.1$ を代入すると $T = -2.06$ であり,$-t_7(0.1) = -1.895$ より小さいので,有意水準 5% で有意である.したがって,表示は妥当であるといえない.

9.6 $Z = \dfrac{\overline{X}_1 - \overline{X}_2}{\sqrt{\sigma_1^2/n_1 + \sigma_2^2/n_2}}$ は標準正規分布に従うので,$|Z| \geq 1.96$ ならば帰無仮説を棄却する.具体的に数値を代入すると,$Z = 2.00$ となるので帰無仮説が棄却され,有意水準 5% で平均点には有意な差があるといえる.

■第 10 章

■章末問題

10.1 与式の左辺は

$$\sum_{i=1}^{n}(X_i - \mu)^2 = \sum_{i=1}^{n}\{(X_i - \overline{X}) + (\overline{X} - \mu)\}^2 = \sum_{i=1}^{n}\{(X_i - \overline{X})^2 + 2(X_i - \overline{X})(\overline{X} - \mu) + (\overline{X} - \mu)^2\}$$

と変形できるが,第 2 項は $\sum_{i=1}^{n}(X_i - \overline{X})(\overline{X} - \mu) = (\overline{X} - \mu)\left(\sum_{i=1}^{n} X_i - n\overline{X}\right) = 0$ である.

10.2 簡単のため $X_1 \in (-\infty, \infty)$ とすると,$l(x|\theta) = \log f(x|\theta)$ であるから,$l_\theta(x|\theta) = \dfrac{f_\theta(x|\theta)}{f(x|\theta)}$ および $l_{\theta\theta}(x|\theta) = \dfrac{f_{\theta\theta}(x|\theta)f(x|\theta) - f_\theta(x|\theta)^2}{f(x|\theta)^2} = \dfrac{f_{\theta\theta}(x|\theta)}{f(x|\theta)} - \left(\dfrac{f_\theta(x|\theta)}{f(x|\theta)}\right)^2$ が成り立つ.この両辺の平均をとる($f(x|\theta)$ をかけて区間 $(-\infty, \infty)$ で積分する)と,

$$E[l_{\theta\theta}(X|\theta)] = \int_{-\infty}^{\infty} f_{\theta\theta}(x|\theta)\, dx - \int_{-\infty}^{\infty} \dfrac{f_\theta(x|\theta)^2}{f(x|\theta)}\, dx = \int_{-\infty}^{\infty} f_{\theta\theta}(x|\theta)\, dx - I(\theta)$$

となるが,右辺第 1 項は $\int_{-\infty}^{\infty} f_{\theta\theta}(x|\theta)\, dx = \dfrac{\partial^2}{\partial\theta^2}\int_{-\infty}^{\infty} f(x|\theta)\, dx = \dfrac{\partial^2}{\partial\theta^2} 1 = 0$ より,式 (10.27) が成り立つ.

10.3 σ^2 を定数とみて $N(\mu, \sigma^2)$ の確率密度関数を $f(x|\mu)$ と表す.すると,$l(x|\mu) = \log f(x|\mu) = -\dfrac{(x-\mu)^2}{2\sigma^2} - \dfrac{1}{2}\log(2\pi\sigma^2)$ である.よって,$l_\mu(x|\mu) = \dfrac{x-\mu}{\sigma^2}$,$l_{\mu\mu}(x|\mu) = -\dfrac{1}{\sigma^2}$ であり,$I(\mu) = \dfrac{1}{\sigma^2}$ が得られる.次に,$I(\sigma^2)$ を求めるため,簡単のため $\tau = \sigma^2$ とおき,μ を定数とみて $N(\mu, \sigma^2)$ の確率密度関数を $f(x|\tau)$ と表す.すると,$l(x|\tau) = \log f(x|\tau) = -\dfrac{(x-\mu)^2}{2\tau} - \dfrac{1}{2}\log(2\pi\tau)$ である.よって,$l_\tau(x|\tau) = \dfrac{(x-\mu)^2}{2\tau^2} - \dfrac{1}{2\tau}$,$l_{\tau\tau}(x|\tau) = -\dfrac{(x-\mu)^2}{\tau^3} + \dfrac{1}{2\tau^2}$ であり,$E[(X-\mu)^2] = \sigma^2 = \tau$ であることから $E[l_{\tau\tau}(X|\tau)] = -\dfrac{1}{2\tau^2}$ となり,$I(\tau) = \dfrac{1}{2\tau^2}$ すなわち,$I(\sigma^2) = \dfrac{1}{2\sigma^4}$ が得られる.

10.4 σ^2 を定数とみて母集団の確率密度関数を $f(x|\mu)$ と表すと, $f(x|\mu) = \dfrac{1}{\sqrt{2\pi\sigma^2}} \exp\left[-\dfrac{(x-\mu)^2}{2\sigma^2}\right]$ であるから, $\dfrac{\partial}{\partial \mu} f(x|\mu) = \dfrac{1}{\sqrt{2\pi\sigma^2}} \exp\left[-\dfrac{(x-\mu)^2}{2\sigma^2}\right] \cdot \dfrac{x-\mu}{\sigma^2}$ である. 区間 $(-\infty, \infty)$ で積分すると, 右辺は $E\left[\dfrac{X-\mu}{\sigma^2}\right] = 0$ となる.

10.5 $E[Z] = \dfrac{1}{n} \sum_{i=1}^{n} E[(X_i - \mu)^2] = \sigma^2$ より, Z は不偏推定量である. また, $V[Z] = \dfrac{1}{n^2} \sum_{i=1}^{n} V[(X_i - \mu)^2] = \dfrac{1}{n} V[(X_1 - \mu)^2]$ であるが, 章末問題 4.15 の結果より $V[(X_1 - \mu)^2] = E[(X_1 - \mu)^4] - (E[(X_1 - \mu)^2])^2 = 2\sigma^4$ であるから, $V[Z] = \dfrac{2\sigma^4}{n}$ である. 章末問題 10.3 と合わせると, Z はクラメル・ラオの不等式を等号で満たしていることがわかる.

10.6 定理 7.7 より $\dfrac{(n-1)S^2}{\sigma^2} = \dfrac{1}{\sigma^2} \sum_{i=1}^{n} (X_i - \overline{X})^2$ は自由度 $n-1$ の χ^2 分布に従うから, 問 7.1 より $V\left[\dfrac{(n-1)S^2}{\sigma^2}\right] = 2(n-1)$ がいえる. ここで, 分散の性質より $V\left[\dfrac{(n-1)S^2}{\sigma^2}\right] = \dfrac{(n-1)^2}{\sigma^4} V[S^2]$ であるから, 結局 $V[S^2] = \dfrac{2\sigma^4}{n-1} > \dfrac{2\sigma^4}{n} = \dfrac{1}{nI(\sigma^2)}$ となり, クラメル・ラオの不等式は等号では満たさない. 章末問題 10.3 より $I(\sigma^2) = \dfrac{1}{2\sigma^4}$ であることに注意しよう.

10.7 問題文中の不等式を用いて, 次のように示せる.

$$\int_{-\infty}^{\infty} f(x|\theta_0) \log \frac{f(x|\theta_0)}{f(x|\theta)} \, dx \geq \int_{-\infty}^{\infty} f(x|\theta_0) \left(1 - \frac{f(x|\theta)}{f(x|\theta_0)}\right) dx$$

$$= \int_{-\infty}^{\infty} f(x|\theta_0) \, dx - \int_{-\infty}^{\infty} f(x|\theta) \, dx = 1 - 1 = 0$$

付　表

正規分布表

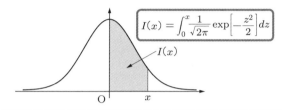

$$I(x) = \int_0^x \frac{1}{\sqrt{2\pi}} \exp\left[-\frac{z^2}{2}\right] dz$$

x	0.00	0.01	0.02	0.03	0.04	0.05	0.06	0.07	0.08	0.09
0.0	0.0000	0.0040	0.0080	0.0120	0.0160	0.0199	0.0239	0.0279	0.0319	0.0359
0.1	0.0398	0.0438	0.0478	0.0517	0.0557	0.0596	0.0636	0.0675	0.0714	0.0753
0.2	0.0793	0.0832	0.0871	0.0910	0.0948	0.0987	0.1026	0.1064	0.1103	0.1141
0.3	0.1179	0.1217	0.1255	0.1293	0.1331	0.1368	0.1406	0.1443	0.1480	0.1517
0.4	0.1554	0.1591	0.1628	0.1664	0.1700	0.1736	0.1772	0.1808	0.1844	0.1879
0.5	0.1915	0.1950	0.1985	0.2019	0.2054	0.2088	0.2123	0.2157	0.2190	0.2224
0.6	0.2257	0.2291	0.2324	0.2357	0.2389	0.2422	0.2454	0.2486	0.2517	0.2549
0.7	0.2580	0.2611	0.2642	0.2673	0.2704	0.2734	0.2764	0.2794	0.2823	0.2852
0.8	0.2881	0.2910	0.2939	0.2967	0.2995	0.3023	0.3051	0.3078	0.3106	0.3133
0.9	0.3159	0.3186	0.3212	0.3238	0.3264	0.3289	0.3315	0.3340	0.3365	0.3389
1.0	0.3413	0.3438	0.3461	0.3485	0.3508	0.3531	0.3554	0.3577	0.3599	0.3621
1.1	0.3643	0.3665	0.3686	0.3708	0.3729	0.3749	0.3770	0.3790	0.3810	0.3830
1.2	0.3849	0.3869	0.3888	0.3907	0.3925	0.3944	0.3962	0.3980	0.3997	0.4015
1.3	0.4032	0.4049	0.4066	0.4082	0.4099	0.4115	0.4131	0.4147	0.4162	0.4177
1.4	0.4192	0.4207	0.4222	0.4236	0.4251	0.4265	0.4279	0.4292	0.4306	0.4319
1.5	0.4332	0.4345	0.4357	0.4370	0.4382	0.4394	0.4406	0.4418	0.4429	0.4441
1.6	0.4452	0.4463	0.4474	0.4484	0.4495	0.4505	0.4515	0.4525	0.4535	0.4545
1.7	0.4554	0.4564	0.4573	0.4582	0.4591	0.4599	0.4608	0.4616	0.4625	0.4633
1.8	0.4641	0.4649	0.4656	0.4664	0.4671	0.4678	0.4686	0.4693	0.4699	0.4706
1.9	0.4713	0.4719	0.4726	0.4732	0.4738	0.4744	0.4750	0.4756	0.4761	0.4767
2.0	0.4772	0.4778	0.4783	0.4788	0.4793	0.4798	0.4803	0.4808	0.4812	0.4817
2.1	0.4821	0.4826	0.4830	0.4834	0.4838	0.4842	0.4846	0.4850	0.4854	0.4857
2.2	0.4861	0.4864	0.4868	0.4871	0.4875	0.4878	0.4881	0.4884	0.4887	0.4890
2.3	0.4893	0.4896	0.4898	0.4901	0.4904	0.4906	0.4909	0.4911	0.4913	0.4916
2.4	0.4918	0.4920	0.4922	0.4925	0.4927	0.4929	0.4931	0.4932	0.4934	0.4936
2.5	0.4938	0.4940	0.4941	0.4943	0.4945	0.4946	0.4948	0.4949	0.4951	0.4952
2.6	0.4953	0.4955	0.4956	0.4957	0.4959	0.4960	0.4961	0.4962	0.4963	0.4964
2.7	0.4965	0.4966	0.4967	0.4968	0.4969	0.4970	0.4971	0.4972	0.4973	0.4974
2.8	0.4974	0.4975	0.4976	0.4977	0.4977	0.4978	0.4979	0.4979	0.4980	0.4981
2.9	0.4981	0.4982	0.4982	0.4983	0.4984	0.4984	0.4985	0.4985	0.4986	0.4986
3.0	0.4987	0.4987	0.4987	0.4988	0.4988	0.4989	0.4989	0.4989	0.4990	0.4990
3.1	0.4990	0.4991	0.4991	0.4991	0.4992	0.4992	0.4992	0.4992	0.4993	0.4993
3.2	0.4993	0.4993	0.4994	0.4994	0.4994	0.4994	0.4994	0.4995	0.4995	0.4995
3.3	0.4995	0.4995	0.4995	0.4996	0.4996	0.4996	0.4996	0.4996	0.4996	0.4997
3.4	0.4997	0.4997	0.4997	0.4997	0.4997	0.4997	0.4997	0.4997	0.4997	0.4998
3.5	0.4998	0.4998	0.4998	0.4998	0.4998	0.4998	0.4998	0.4998	0.4998	0.4998

χ^2 分布表

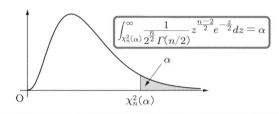

$$\int_{\chi_n^2(\alpha)}^{\infty} \frac{1}{2^{\frac{n}{2}}\Gamma(n/2)} z^{\frac{n-2}{2}} e^{-\frac{z}{2}} dz = \alpha$$

n \ α	.995	.990	.975	.950	.900	.500	.100	.050	.025	.010	.005
1	3.93×10^{-5}	1.57×10^{-4}	9.82×10^{-4}	3.93×10^{-3}	0.0158	0.455	2.71	3.84	5.02	6.63	7.88
2	0.0100	0.0201	0.0506	0.103	0.211	1.39	4.61	5.99	7.38	9.21	10.6
3	0.0717	0.115	0.216	0.352	0.584	2.37	6.25	7.81	9.35	11.3	12.8
4	0.207	0.297	0.484	0.711	1.06	3.36	7.78	9.49	11.1	13.3	14.9
5	0.412	0.554	0.831	1.15	1.61	4.35	9.24	11.1	12.8	15.1	16.7
6	0.676	0.872	1.24	1.64	2.20	5.35	10.6	12.6	14.4	16.8	18.5
7	0.989	1.24	1.69	2.17	2.83	6.35	12.0	14.1	16.0	18.5	20.3
8	1.34	1.65	2.18	2.73	3.49	7.34	13.4	15.5	17.5	20.1	22.0
9	1.73	2.09	2.70	3.33	4.17	8.34	14.7	16.9	19.0	21.7	23.6
10	2.16	2.56	3.25	3.94	4.87	9.34	16.0	18.3	20.5	23.2	25.2
11	2.60	3.05	3.82	4.57	5.58	10.3	17.3	19.7	21.9	24.7	26.8
12	3.07	3.57	4.40	5.23	6.30	11.3	18.5	21.0	23.3	26.2	28.3
13	3.57	4.11	5.01	5.89	7.04	12.3	19.8	22.4	24.7	27.7	29.8
14	4.07	4.66	5.63	6.57	7.79	13.3	21.1	23.7	26.1	29.1	31.3
15	4.60	5.23	6.26	7.26	8.55	14.3	22.3	25.0	27.5	30.6	32.8
16	5.14	5.81	6.91	7.96	9.31	15.3	23.5	26.3	28.8	32.0	34.3
17	5.70	6.41	7.56	8.67	10.1	16.3	24.8	27.6	30.2	33.4	35.7
18	6.26	7.01	8.23	9.39	10.9	17.3	26.0	28.9	31.5	34.8	37.2
19	6.84	7.63	8.91	10.1	11.7	18.3	27.2	30.1	32.9	36.2	38.6
20	7.43	8.26	9.59	10.9	12.4	19.3	28.4	31.4	34.2	37.6	40.0
21	8.03	8.90	10.3	11.6	13.2	20.3	29.6	32.7	35.5	38.9	41.4
22	8.64	9.54	11.0	12.3	14.0	21.3	30.8	33.9	36.8	40.3	42.8
23	9.26	10.2	11.7	13.1	14.8	22.3	32.0	35.2	38.1	41.6	44.2
24	9.89	10.9	12.4	13.8	15.7	23.3	33.2	36.4	39.4	43.0	45.6
25	10.5	11.5	13.1	14.6	16.5	24.3	34.4	37.7	40.6	44.3	46.9
26	11.2	12.2	13.8	15.4	17.3	25.3	35.6	38.9	41.9	45.6	48.3
27	11.8	12.9	14.6	16.2	18.1	26.3	36.7	40.1	43.2	47.0	49.6
28	12.5	13.6	15.3	16.9	18.9	27.3	37.9	41.3	44.5	48.3	51.0
29	13.1	14.3	16.0	17.7	19.8	28.3	39.1	42.6	45.7	49.6	52.3
30	13.8	15.0	16.8	18.5	20.6	29.3	40.3	43.8	47.0	50.9	53.7
40	20.7	22.2	24.4	26.5	29.1	39.3	51.8	55.8	59.3	63.7	66.8
50	28.0	29.7	32.4	34.8	37.7	49.3	63.2	67.5	71.4	76.2	79.5
60	35.5	37.5	40.5	43.2	46.5	59.3	74.4	79.1	83.3	88.4	92.0
70	43.3	45.4	48.8	51.7	55.3	69.3	85.5	90.5	95.0	100.4	104.2
80	51.2	53.5	57.2	60.4	64.3	79.3	96.6	101.9	106.6	112.3	116.3
90	59.2	61.8	65.6	69.1	73.3	89.3	107.6	113.1	118.1	124.1	128.3
100	67.3	70.1	74.2	77.9	82.4	99.3	118.5	124.3	129.6	135.8	140.2

t 分布表

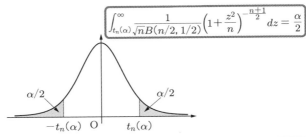

α \\ n	0.5	0.4	0.3	0.2	0.1	0.05	0.02	0.01
1	1.000	1.376	1.963	3.078	6.314	12.706	31.821	63.657
2	0.816	1.061	1.386	1.886	2.920	4.303	6.965	9.925
3	0.765	0.978	1.250	1.638	2.353	3.182	4.541	5.841
4	0.741	0.941	1.190	1.533	2.132	2.776	3.747	4.604
5	0.727	0.920	1.156	1.476	2.015	2.571	3.365	4.032
6	0.718	0.906	1.134	1.440	1.943	2.447	3.143	3.707
7	0.711	0.896	1.119	1.415	1.895	2.365	2.998	3.499
8	0.706	0.889	1.108	1.397	1.860	2.306	2.896	3.355
9	0.703	0.883	1.100	1.383	1.833	2.262	2.821	3.250
10	0.700	0.879	1.093	1.372	1.812	2.228	2.764	3.169
11	0.697	0.876	1.088	1.363	1.796	2.201	2.718	3.106
12	0.695	0.873	1.083	1.356	1.782	2.179	2.681	3.055
13	0.694	0.870	1.079	1.350	1.771	2.160	2.650	3.012
14	0.692	0.868	1.076	1.345	1.761	2.145	2.624	2.977
15	0.691	0.866	1.074	1.341	1.753	2.131	2.602	2.947
16	0.690	0.865	1.071	1.337	1.746	2.120	2.583	2.921
17	0.689	0.863	1.069	1.333	1.740	2.110	2.567	2.898
18	0.688	0.862	1.067	1.330	1.734	2.101	2.552	2.878
19	0.688	0.861	1.066	1.328	1.729	2.093	2.539	2.861
20	0.687	0.860	1.064	1.325	1.725	2.086	2.528	2.845
21	0.686	0.859	1.063	1.323	1.721	2.080	2.518	2.831
22	0.686	0.858	1.061	1.321	1.717	2.074	2.508	2.819
23	0.685	0.858	1.060	1.319	1.714	2.069	2.500	2.807
24	0.685	0.857	1.059	1.318	1.711	2.064	2.492	2.797
25	0.684	0.856	1.058	1.316	1.708	2.060	2.485	2.787
26	0.684	0.856	1.058	1.315	1.706	2.056	2.479	2.779
27	0.684	0.855	1.057	1.314	1.703	2.052	2.473	2.771
28	0.683	0.855	1.056	1.313	1.701	2.048	2.467	2.763
29	0.683	0.854	1.055	1.311	1.699	2.045	2.462	2.756
30	0.683	0.854	1.055	1.310	1.697	2.042	2.457	2.750
40	0.681	0.851	1.050	1.303	1.684	2.021	2.423	2.704
50	0.679	0.849	1.047	1.299	1.676	2.009	2.403	2.678
60	0.679	0.848	1.045	1.296	1.671	2.000	2.390	2.660
70	0.678	0.847	1.044	1.294	1.667	1.994	2.381	2.648
80	0.678	0.846	1.043	1.292	1.664	1.990	2.374	2.639
90	0.677	0.846	1.042	1.291	1.662	1.987	2.368	2.632
100	0.677	0.845	1.042	1.290	1.660	1.984	2.364	2.626
∞	0.674	0.842	1.036	1.282	1.645	1.960	2.326	2.576

F 分布表 ($\alpha = 0.05$)

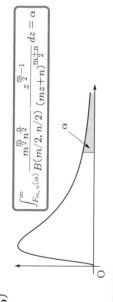

$$\int_{F_{m,n}(\alpha)}^{\infty} \frac{m^{\frac{m}{2}} n^{\frac{n}{2}}}{B(m/2, n/2)} \frac{z^{\frac{m}{2}-1}}{(mz+n)^{\frac{m+n}{2}}} dz = \alpha$$

n \\ m	1	2	3	4	5	6	7	8	9	10	12	15	20	24	30	40	50	100	∞
1	161	199	216	225	230	234	237	239	241	242	244	246	248	249	250	251	252	253	254
2	18.5	19.0	19.2	19.2	19.3	19.3	19.4	19.4	19.4	19.4	19.4	19.4	19.4	19.5	19.5	19.5	19.5	19.5	19.5
3	10.1	9.55	9.28	9.12	9.01	8.94	8.89	8.85	8.81	8.79	8.74	8.70	8.66	8.64	8.62	8.59	8.58	8.55	8.53
4	7.71	6.94	6.59	6.39	6.26	6.16	6.09	6.04	6.00	5.96	5.91	5.86	5.80	5.77	5.75	5.72	5.70	5.66	5.63
5	6.61	5.79	5.41	5.19	5.05	4.95	4.88	4.82	4.77	4.74	4.68	4.62	4.56	4.53	4.50	4.46	4.44	4.41	4.37
6	5.99	5.14	4.76	4.53	4.39	4.28	4.21	4.15	4.10	4.06	4.00	3.94	3.87	3.84	3.81	3.77	3.75	3.71	3.67
7	5.59	4.74	4.35	4.12	3.97	3.87	3.79	3.73	3.68	3.64	3.57	3.51	3.44	3.41	3.38	3.34	3.32	3.27	3.23
8	5.32	4.46	4.07	3.84	3.69	3.58	3.50	3.44	3.39	3.35	3.28	3.22	3.15	3.12	3.08	3.04	3.02	2.97	2.93
9	5.12	4.26	3.86	3.63	3.48	3.37	3.29	3.23	3.18	3.14	3.07	3.01	2.94	2.90	2.86	2.83	2.80	2.76	2.71
10	4.96	4.10	3.71	3.48	3.33	3.22	3.14	3.07	3.02	2.98	2.91	2.85	2.77	2.74	2.70	2.66	2.64	2.59	2.54
11	4.84	3.98	3.59	3.36	3.20	3.09	3.01	2.95	2.90	2.85	2.79	2.72	2.65	2.61	2.57	2.53	2.51	2.46	2.40
12	4.75	3.89	3.49	3.26	3.11	3.00	2.91	2.85	2.80	2.75	2.69	2.62	2.54	2.51	2.47	2.43	2.40	2.35	2.30
13	4.67	3.81	3.41	3.18	3.03	2.92	2.83	2.77	2.71	2.67	2.60	2.53	2.46	2.42	2.38	2.34	2.31	2.26	2.21
14	4.60	3.74	3.34	3.11	2.96	2.85	2.76	2.70	2.65	2.60	2.53	2.46	2.39	2.35	2.31	2.27	2.24	2.19	2.13
15	4.54	3.68	3.29	3.06	2.90	2.79	2.71	2.64	2.59	2.54	2.48	2.40	2.33	2.29	2.25	2.20	2.18	2.12	2.07
16	4.49	3.63	3.24	3.01	2.85	2.74	2.66	2.59	2.54	2.49	2.42	2.35	2.28	2.24	2.19	2.15	2.12	2.07	2.01
17	4.45	3.59	3.20	2.96	2.81	2.70	2.61	2.55	2.49	2.45	2.38	2.31	2.23	2.19	2.15	2.10	2.08	2.02	1.96
18	4.41	3.55	3.16	2.93	2.77	2.66	2.58	2.51	2.46	2.41	2.34	2.27	2.19	2.15	2.11	2.06	2.04	1.98	1.92
19	4.38	3.52	3.13	2.90	2.74	2.63	2.54	2.48	2.42	2.38	2.31	2.23	2.16	2.11	2.07	2.03	2.00	1.94	1.88
20	4.35	3.49	3.10	2.87	2.71	2.60	2.51	2.45	2.39	2.35	2.28	2.20	2.12	2.08	2.04	1.99	1.97	1.91	1.84
30	4.17	3.32	2.92	2.69	2.53	2.42	2.33	2.27	2.21	2.16	2.09	2.01	1.93	1.89	1.84	1.79	1.76	1.70	1.62
40	4.08	3.23	2.84	2.61	2.45	2.34	2.25	2.18	2.12	2.08	2.00	1.92	1.84	1.79	1.74	1.69	1.66	1.59	1.51
50	4.03	3.18	2.79	2.56	2.40	2.29	2.20	2.13	2.07	2.03	1.95	1.87	1.78	1.74	1.69	1.63	1.60	1.52	1.44
100	3.94	3.09	2.70	2.46	2.31	2.19	2.10	2.03	1.97	1.93	1.85	1.77	1.68	1.63	1.57	1.52	1.48	1.39	1.28
∞	3.84	3.00	2.60	2.37	2.21	2.10	2.01	1.94	1.88	1.83	1.75	1.67	1.57	1.52	1.46	1.39	1.35	1.24	1.00

付表 **181**

F 分布表 ($\alpha = 0.025$)

$$\int_{F_{m,n}(\alpha)}^{\infty} \frac{m^{\frac{m}{2}} n^{\frac{n}{2}}}{B(m/2, n/2)} \frac{z^{\frac{m}{2}-1}}{(mz+n)^{\frac{m+n}{2}}} dz = \alpha$$

$m \backslash n$	1	2	3	4	5	6	7	8	9	10	12	15	20	24	30	40	50	100	∞
1	648	799	864	900	922	937	948	957	963	969	977	985	993	997	1001	1006	1008	1013	1018
2	38.5	39.0	39.2	39.2	39.3	39.3	39.4	39.4	39.4	39.4	39.4	39.4	39.4	39.5	39.5	39.5	39.5	39.5	39.5
3	17.4	16.0	15.4	15.1	14.9	14.7	14.6	14.5	14.5	14.4	14.3	14.3	14.2	14.1	14.1	14.0	14.0	14.0	13.9
4	12.2	10.6	9.98	9.60	9.36	9.20	9.07	8.98	8.90	8.84	8.75	8.66	8.56	8.51	8.46	8.41	8.38	8.32	8.26
5	10.0	8.43	7.76	7.39	7.15	6.98	6.85	6.76	6.68	6.62	6.52	6.43	6.33	6.28	6.23	6.18	6.14	6.08	6.02
6	8.81	7.26	6.60	6.23	5.99	5.82	5.70	5.60	5.52	5.46	5.37	5.27	5.17	5.12	5.07	5.01	4.98	4.92	4.85
7	8.07	6.54	5.89	5.52	5.29	5.12	4.99	4.90	4.82	4.76	4.67	4.57	4.47	4.41	4.36	4.31	4.28	4.21	4.14
8	7.57	6.06	5.42	5.05	4.82	4.65	4.53	4.43	4.36	4.30	4.20	4.10	4.00	3.95	3.89	3.84	3.81	3.74	3.67
9	7.21	5.71	5.08	4.72	4.48	4.32	4.20	4.10	4.03	3.96	3.87	3.77	3.67	3.61	3.56	3.51	3.47	3.40	3.33
10	6.94	5.46	4.83	4.47	4.24	4.07	3.95	3.85	3.78	3.72	3.62	3.52	3.42	3.37	3.31	3.26	3.22	3.15	3.08
11	6.72	5.26	4.63	4.28	4.04	3.88	3.76	3.66	3.59	3.53	3.43	3.33	3.23	3.17	3.12	3.06	3.03	2.96	2.88
12	6.55	5.10	4.47	4.12	3.89	3.73	3.61	3.51	3.44	3.37	3.28	3.18	3.07	3.02	2.96	2.91	2.87	2.80	2.73
13	6.41	4.97	4.35	4.00	3.77	3.60	3.48	3.39	3.31	3.25	3.15	3.05	2.95	2.89	2.84	2.78	2.74	2.67	2.60
14	6.30	4.86	4.24	3.89	3.66	3.50	3.38	3.29	3.21	3.15	3.05	2.95	2.84	2.79	2.73	2.67	2.64	2.56	2.49
15	6.20	4.77	4.15	3.80	3.58	3.41	3.29	3.20	3.12	3.06	2.96	2.86	2.76	2.70	2.64	2.59	2.55	2.47	2.40
16	6.12	4.69	4.08	3.73	3.50	3.34	3.22	3.12	3.05	2.99	2.89	2.79	2.68	2.63	2.57	2.51	2.47	2.40	2.32
17	6.04	4.62	4.01	3.66	3.44	3.28	3.16	3.06	2.98	2.92	2.82	2.72	2.62	2.56	2.50	2.44	2.41	2.33	2.25
18	5.98	4.56	3.95	3.61	3.38	3.22	3.10	3.01	2.93	2.87	2.77	2.67	2.56	2.50	2.44	2.38	2.35	2.27	2.19
19	5.92	4.51	3.90	3.56	3.33	3.17	3.05	2.96	2.88	2.82	2.72	2.62	2.51	2.45	2.39	2.33	2.30	2.22	2.13
20	5.87	4.46	3.86	3.51	3.29	3.13	3.01	2.91	2.84	2.77	2.68	2.57	2.46	2.41	2.35	2.29	2.25	2.17	2.09
30	5.57	4.18	3.59	3.25	3.03	2.87	2.75	2.65	2.57	2.51	2.41	2.31	2.20	2.14	2.07	2.01	1.97	1.88	1.79
40	5.42	4.05	3.46	3.13	2.90	2.74	2.62	2.53	2.45	2.39	2.29	2.18	2.07	2.01	1.94	1.88	1.83	1.74	1.64
50	5.34	3.97	3.39	3.05	2.83	2.67	2.55	2.46	2.38	2.32	2.22	2.11	1.99	1.93	1.87	1.80	1.75	1.66	1.55
100	5.18	3.83	3.25	2.92	2.70	2.54	2.42	2.32	2.24	2.18	2.08	1.97	1.85	1.78	1.71	1.64	1.59	1.48	1.35
∞	5.02	3.69	3.12	2.79	2.57	2.41	2.29	2.19	2.11	2.05	1.94	1.83	1.71	1.64	1.57	1.48	1.43	1.30	1.00

参考文献

　本書を執筆するにあたり参考にさせていただいた本のリストである．本文中で明示的に引用した文献も含まれる．

[1] K. L. Chung: *A Course in Probability Theory* (2nd ed.), Academic Press (2000).

[2] 西尾真喜子：確率論，実教出版 (1978).

[3] 伏見正則：確率と確率過程，朝倉書店 (2004).

[4] シナイ：確率論入門コース，丸善出版 (2012).

[5] 服部哲也：理工系の確率・統計入門（増補版），学術図書 (2010).

[6] 竹内啓：数理統計学，東洋経済 (1963).

[7] 竹村彰通：現代数理統計学，創文社 (1991).

[8] M. Mitzenmacher and E. Upfal: *Probability and Computing: Randomization and Probabilistic Techniques in Algorithms and Data Analysis* (2nd ed.), Cambridge University Press (2017).

　[1][2] は確率論の本であり，本書では第 1 章を書くにあたり参考にさせていただいた．[1] は世界的にも有名な本であり，論文などで引用されていることも多い．

　[3] は発行が 2004 年であるが，旧バージョンは 1987 年に「確率と確率過程（理工学者が書いた数学の本）」として講談社より発行されている．筆者が大学学部時代に何度も読み返した本であり，本書の確率に関する章（第 1 章～第 6 章）を書くにあたっては一番影響を受けている．本書では述べられなかった確率過程について知りたい人は，ぜひ読んでみてほしい．

　[4] も [1][2] と同様に確率論の本であるが，さまざまな話がコンパクトにまとまっていてよい本である．演習問題はついていないが，確率論がある程度わかった後で読むと有用であろう．

　[5] は大学学部生向けの確率統計の教科書である．とくに，統計は具体例が多く挙げられており，わかりやすい．

　[6][7] は大学院生向けの統計の教科書である．[6] は 50 年以上前に発行された本であるが，非常にシャープな議論が展開されている．第 10 章の順序統計量の記述で参考にさせていただいた．[7] は理論的にきっちり書かれている統計の本である．統計の理論をさらに深く勉強したい読者には，この本をお薦めしたい．

　[8] は確率論の工学的な応用を述べた本であり，最近第 2 版が出版された．基礎的なことから応用まで幅広い記述があり，応用面に興味がある読者にお薦めしたい．

索引

■ 数字・欧文
2 項分布　　22, 74, 135
2 項分布のポアソン近似　　26
2 次元正規分布　　57
2 点分布　　22
F 分布　　95, 130, 152
F 分布表　　95, 130, 180, 181
i.i.d.　　45
l 次絶対モーメント　　55
l 次モーメント　　55
t 分布　　94, 101, 111, 124
t 分布表　　95, 112, 124, 179
χ^2 分布　　37, 92, 99, 112, 125
χ^2 分布表　　93, 113, 178

■ あ 行
一様分布　　33, 48, 61, 84, 134
一致推定量　　106, 108

■ か 行
ガウス分布　　35
確率
　　完全加法性　　7
　　積の公式　　9
　　単調性　　5, 7
　　定義（一般の集合）　　7
　　定義（有限集合）　　4
　　有限加法性　　7
　　連続性　　9
　　和の公式　　5, 8
確率関数　　19
　　2 項分布　　22
　　2 点分布　　22
　　幾何分布　　23
　　ポアソン分布　　24
確率空間　　7
確率分布の再生性　　68

　　2 項分布　　70, 77
　　ガンマ分布　　71
　　コーシー分布　　88
　　正規分布　　70, 82, 97
　　ポアソン分布　　68, 77
確率変数　　16
　　定義（一般の集合）　　18
　　定義（有限集合）　　17
　　離散型　　16, 19
　　連続型　　16, 29
　　和の分布　　65
確率母関数　　73, 83
　　2 項分布　　74
　　幾何分布　　87
　　ポアソン分布　　75
確率密度関数　　29
　　F 分布　　95, 149
　　t 分布　　94, 151
　　χ^2 分布　　37, 92
　　一様分布　　33
　　ガンマ分布　　37
　　コーシー分布　　39
　　指数分布　　34
　　正規分布　　35
　　標準正規分布　　35
　　ベータ分布　　38
可算無限集合　　2
片側検定　　118, 121
カルバック・ライブラー情報量　　142
完全加法性　　7
完全加法族　　6
ガンマ関数　　34, 146
ガンマ分布　　37
規格化定数　　40
幾何分布　　23
棄却域　　117
危険率　　117

期待値　20
帰無仮説　116
キュムラント　88
キュムラント母関数　88
共分散　55
区間推定　103
　　母比率　113
　　母分散　112
　　母平均　109–111
クラメル・ラオの不等式　105, 108, 138
検出力　118
検定　91, 116
　　母分散　125
　　母分散の比　130
　　母平均　118
　　母平均の差　128
検定統計量　117
高次モーメント　55
コーシー分布　39, 94
根元事象　1

■さ 行
最尤推定量　106, 141
　　母分散　107, 108
　　母平均　107
差事象　3
試行　1
事象　1, 6
指数分布　34, 84, 134
従属　45
自由度
　　F 分布　95
　　t 分布　94
　　χ^2 分布　92
十分統計量　136
周辺確率関数　44
周辺確率密度関数　46
順序統計量　132
条件付き確率　9
小標本　109, 111, 118, 123
信頼区間　108
信頼限界　109
信頼度　108

推定　91, 103
推定量　103
正規分布　35
正規分布表　36, 54, 109, 177
正規母集団　91, 98, 109, 111, 118, 123
積事象　2
全確率の公式　10, 12
漸近有効性　141
全数調査　90
相関係数　56

■た 行
第 1 種の誤り（過誤）　117
第 2 種の誤り（過誤）　117
大数の強法則　65
大数の弱法則　60, 61, 97
対数尤度関数　106
ダイバージェンス　142, 145
大標本　109, 110, 118, 123
対立仮説　116
たたみ込み積分　69
単調性　7
チェビシェフの不等式　64
チェルノフ限界　72
中心極限定理　84, 97, 110, 114, 123
超幾何分布　28
点推定　103
統計量　91
同時確率関数　44
同時確率密度関数　46
特性関数　79, 83
　　ガンマ分布　88
　　コーシー分布　88
　　指数分布　88
　　正規分布　80
　　標準正規分布　80
独立
　　—確率変数　44, 46
　　—事象　13
独立同分布　45

■は 行
排反　2

反転公式　80
標準化　53, 84, 97
標準正規分布　35, 94, 97, 99, 109, 110, 121, 123
標準偏差　21, 51
標本　90
標本空間　1
標本抽出　90
標本調査　90
標本の大きさ　90
標本比率　113
標本分散　92
標本平均　92, 96, 104, 137
フィッシャー情報量　105, 138
負の 2 項分布　28, 72, 88
部分集合族　6
不偏推定量　103, 139
　　母分散　104
　　母平均　104
不偏分散　92, 97, 104, 137
分散　20, 31, 51
分散共分散行列　57
分散の性質　52
分布関数　18, 29
分離定理　136
平均　20, 31, 48
平均の性質　50
ベイズの公式　11, 12
べき集合　3
ベータ関数　146
ベータ分布　38
変量　89
ポアソン分布　24
母集団　89

母集団分布　90
母標準偏差　90
母比率　113
母分散　90
母平均　90
ボレル集合体　8

■ま 行
マルコフの不等式　64
モーメント母関数　77
　　一様分布　88
　　指数分布　88
　　正規分布　79
　　標準正規分布　78

■や 行
有意　118
有意水準　117
有効推定量　105
尤度関数　106
余事象　2
余事象の公式　5, 7

■ら 行
ラオ・ブラックウェルの定理　138
離散型確率変数　16, 19
両側検定　118, 119
連続型確率変数　16, 29

■わ 行
ワイブル分布　42
和事象　2
和の公式　8

著者略歴

古賀　弘樹（こが・ひろき）
　1995 年　東京大学大学院工学系研究科計数工学専攻 博士課程修了
　1995 年　東京大学大学院工学系研究科計数工学専攻 助手
　1999 年　筑波大学機能工学系 講師
　2004 年　筑波大学機能工学系 助教授
　2015 年　筑波大学大学院システム情報工学研究科 教授
　　　　　現在に至る
　　　　　博士（工学）

編集担当　太田陽喬(森北出版)
編集責任　上村紗帆(森北出版)
組　　版　ウルス
印　　刷　ワコープラネット
製　　本　ブックアート

一段深く理解する　確率統計　　　　　　　　　Ⓒ 古賀弘樹　2018
2018 年 2 月 20 日　第 1 版第 1 刷発行　　【本書の無断転載を禁ず】
2020 年 8 月 14 日　第 1 版第 2 刷発行

著　　者　古賀弘樹
発 行 者　森北博巳
発 行 所　森北出版株式会社
　　　　　東京都千代田区富士見 1-4-11（〒102-0071）
　　　　　電話 03-3265-8341 ／ FAX 03-3264-8709
　　　　　https://www.morikita.co.jp/
　　　　　日本書籍出版協会・自然科学書協会　会員
　　　　　JCOPY ＜(一社)出版者著作権管理機構　委託出版物＞

落丁・乱丁本はお取替えいたします．
Printed in Japan／ISBN978-4-627-06221-4